21世纪全国高等院校艺术设计专业 21 SHIJI QUANGUO GAODENG YUANXIAO YISHU SHEJI ZHUANYE
[规划教材] GUIHUA JIAOCAI

FLASH DONGHUA SHEJI

Flash动画设计

主　编　　任龙泉
副主编　　范　忠　毕泗庆　余龙江

西南交通大学出版社
·成 都·

图书在版编目（CIP）数据

Flash 动画设计 / 任龙泉主编. —成都：西南交通大学出版社，2013.1
21 世纪全国高等院校艺术设计专业规划教材
ISBN 978-7-5643-2072-0

Ⅰ. ①F… Ⅱ. ①任… Ⅲ. ①动画制作软件－高等学校－教材 Ⅳ. ①TP391.41

中国版本图书馆 CIP 数据核字（2012）第 289205 号

21 世纪全国高等院校艺术设计专业规划教材
Flash 动画设计
主编 任龙泉

责任编辑	牛 君
特邀编辑	黄庆斌
封面设计	墨创文化
出版发行	西南交通大学出版社 （成都二环路北一段 111 号）
发行部电话	028-87600564 028-87600533
邮政编码	610031
网 址	http://press.swjtu.edu.cn
印 刷	四川省印刷制版中心有限公司
成品尺寸	210 mm × 285 mm
印 张	9
字 数	219 千字
版 次	2013 年 1 月第 1 版
印 次	2013 年 1 月第 1 次
书 号	ISBN 978-7-5643-2072-0
定 价	48.00 元

《21世纪全国高等院校艺术设计专业规划教材》

专家指导委员会

（以姓氏笔画为序）

《Flash动画设计》
编写委员会

主　编　任龙泉（重庆文理学院）

副主编　范　忠（湖北青年职业学院）
　　　　毕泗庆（绍兴职业技术学院）
　　　　余龙江（重庆信息技术职业学院）

参　编　（按姓氏音序排列）
　　　　黄　敏（武汉大学城市设计学院）
　　　　江朝伟（长沙理工大学）
　　　　梁亚飞（四川省什邡市职业中专学校）
　　　　刘　璞（武昌理工学院）
　　　　佘　杨（西南大学育才学院美术学院）
　　　　舒文婷（广州现代信息工程职业技术学院）
　　　　唐　飞（辽宁科技大学）
　　　　汤进峰（湖北职业技术学院）
　　　　田雅岚（重庆文理学院）
　　　　王鹏威（重庆科创职业学院）
　　　　吴　涛（河南工程学院）
　　　　夏　菲（湖南人文科技学院）
　　　　徐　旸（华中农业大学）
　　　　杨　忠（深圳市宝安职业技术学校）
　　　　运梅园（北华大学）

前 言

动画是最能体现技术与艺术完美结合的视听艺术。学习Flash动画，不仅要对Flash技术有一定的操作能力，还要对（传统）动画艺术有一定的设计能力。目前，Flash相关的书籍已经出版很多，但能够将Flash技术和动画艺术紧密结合，使动画制作水平达到产业要求的教科书却寥寥无几，这也正是我们策划并编写此书的主要原因。

本书的几位编者，学、教动画已有十余年，同时又在动画产业中磨炼，积累了一定的教学经验，这从根本上确保了本书的质量。本书的编写，遵循由浅入深、循序渐进的原则。在编写过程中，本书兼顾了动画、艺术设计、计算机、数字艺术等各相关专业和学科的特点，在教或学的过程中，教师或学生应根据自身特点，对各章节有所侧重。针对Flash动画初学者，本书第二章使用了Flash CS 5.5中文版本，介绍了Flash的工作环境；针对习惯使用Flash老版本的用户，本书第四、五章的部分章节使用了Flash MX2004、Flash 8.0版本，以方便读者学习Flash的动画制作。

本书的出版，首先要感谢西南交通大学出版社的大力支持，能让我们坚持编完；其次要感谢我的恩师吴云初导演和孙能子美术师，是他们精湛的专业技艺，使我有专业自信；再次要感谢所有听我课的老师和学生，是他们给了我写作的勇气和动力；最后，对书中所选用的若干Flash动画案例和实例截图的动画公司和作者表示衷心感谢。

本书第一、二、三章由任龙泉编写，第四章由毕泗庆、范忠编写，第五章由范忠编写。另外，其他老师对本书提出了建设性的意见，或提供了宝贵的素材，从各个角度完善了本书。

由于编者才疏学浅，书中难免出现不足之处，希望广大同仁和读者批评指正，以便本书再版时得到及时更正。

任龙泉

2012年9月

于重庆永川天秀锦地

目 录

第一章

动画基础

第一节　动画发展概况

动画作为综合性的学科，它有着文学的内涵、造型艺术的形象、电影的语言结构和音乐的灵魂，而且具有表现形式自由，充满着个性与创意的特点。动画具有高度假定性，还具有创作题材繁多、故事情节离奇、角色表演夸张和充满幽默意味等多种视听艺术的共同特性。

动画作为一种艺术文化类型，是文化信息的大众传播媒介；动画电影（Animated Film）作为电影片种之一，是集文学、美术、电影、音乐等于一体的独特影片形式。动画既是艺术创作，又是商品生产；既是艺术的把握，又是技术的体现；既是集体的创作，又是个人的创造。

一、动画的概念

任何一部动画片都包括两个方面的内容：一是技术方面，用"逐格/帧"制作方式；二是艺术方面，以某种"美术"形式呈现。用语言描述为：动画片是一种以"逐格/帧"制作方式，并以一定的"美术"形式作为其内容载体的影片样式。

"动画"一词为国际上的通用中文名词，其英文名词为"Animation"，在词典中解释为"赋予（某物、某人）生命"。因此被用来表示"使……活起来"的意思。动画是根据人的"视觉暂留"原理，按照一定的规律，创建一系列相关联的连续图像，在一定时间内，连续快速地播放这一系列图像，而形成连续运动的活动影像。

二、动画的起源

考古学家发现，在25000年前的旧石器时代，西班牙北部的阿尔塔米拉山洞穴、法国的拉斯科山洞穴等多处洞穴内，发现绝大多数是描绘狩猎的经过与被猎取的动物，许多形象生动有趣，充满活力。其中有快速奔跑的野猪，腿被重复绘画了很多次，很有可能是描绘野猪的运动状态，如图1-1-1（a）所示。许多国家都有类似的现象，在我国青海发现的距今5000年前的马家窑文化时期的"彩陶舞蹈纹盆"，描绘了三组人物拉手舞蹈动作，每组边上的两个人物的手臂边上都画了两道动态线表现连续运动，如图1-1-1（b）所示；在山东济宁两城山石室内发现了距今1900年前（东汉时期）的浮雕，该浮雕雕刻了七幅狗奔跑的连续画面，如图1-1-1（c）所示；当代民间工艺美术家王桂英的剪纸《喂鸡》中，用三只头表现了公鸡啄米的情景，如图1-1-1（d）所示；又如走马灯［图1-1-1（e）］、皮影戏［图1-1-1（f）］等也有尝试连续运动的迹象。不过，动的效果一直没有真正产生出来。

为了让静止的画动起来，人类的实践和探索一直未曾间断。1824年，英国科学家彼得·马可·罗杰（Peter Mark Roget）破解了图画"动"起来的秘密——"视觉暂留"现象；1907年，美国纽约维太格拉斯公司的制片厂里，一名摄影师发明了"逐格拍摄"方法；1913年，加拿大籍法国画家和动画家拉奥尔·巴利发明了在纸上打定位孔的方法；1915

（a）八条腿奔跑的野猪

（d）王桂英剪纸《喂鸡》

（b）彩陶舞蹈纹盆

（c）两城山浮雕局部

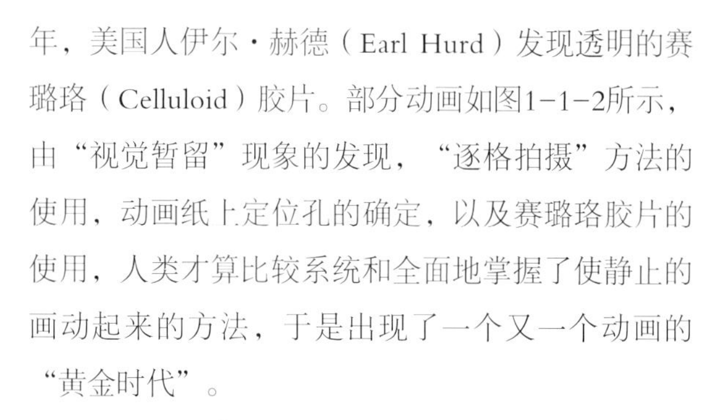

（f）艺人正在操控皮影

（e）走马灯原理

图1-1-1 动画的起源

年，美国人伊尔·赫德（Earl Hurd）发现透明的赛璐珞（Celluloid）胶片。部分动画如图1-1-2所示，由“视觉暂留”现象的发现，“逐格拍摄”方法的使用，动画纸上定位孔的确定，以及赛璐珞胶片的使用，人类才算比较系统和全面地掌握了使静止的画动起来的方法，于是出现了一个又一个动画的“黄金时代”。

动画从无声到有声，从黑白到彩色，从短片到长片，发展到今天，已走过了百余年的历史路程。以手工业为主的传统动画行业承受着繁重的体力劳动的压力，以致长久以来许多人都认为：在众多的艺术门类中，有两种艺术是最需要付出巨大的体力劳动的，一种是芭蕾舞，另一种就是动画。然而今天的动画已发生了极大的变化。从20世纪80年代开始，以计算机技术为标志的高新技术大规模地应用在动画制作上，使原有的传统动画行业受到了巨大的冲击，数字动画的创作和加工得到了前所未有的大发展。不同时期的优秀动画如图1-1-3所示。

三、动画的产业化

1. 动画产业

动画是一门艺术，由于它风趣幽默、直观易懂，而成为一种世界文化，为各国人民普遍喜爱和欢迎。动画更是一种具有吸引力和渗透力的娱乐文化，它可以影响一代人，在精神文明建设中起着不可低估的作用。动画又是一种产业，而且是一种能够为国家创造巨大产值的产业，已经受到许多国家政府和企业的重视，成为发展经济的一个新的增长

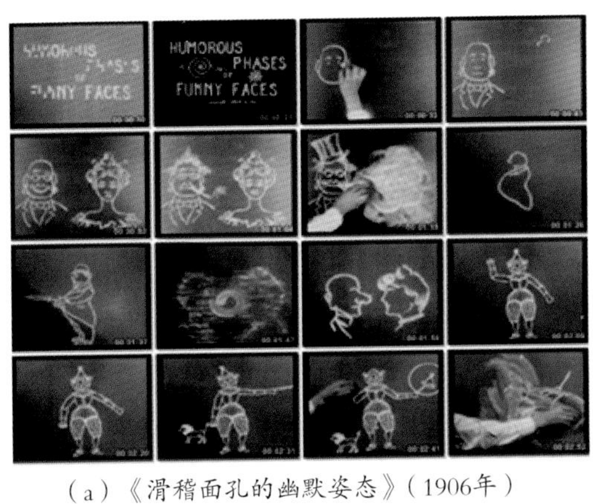

（a）《滑稽面孔的幽默姿态》（1906年）

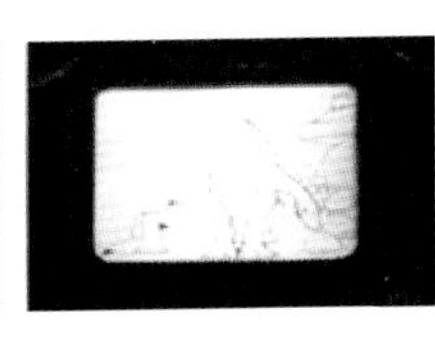
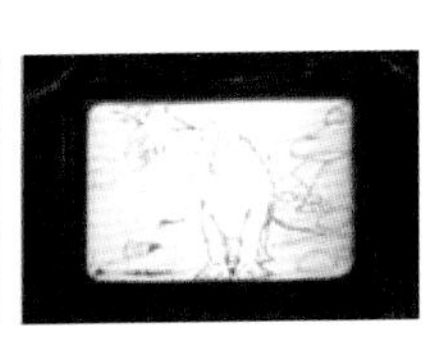

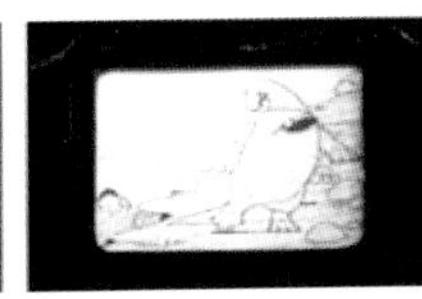
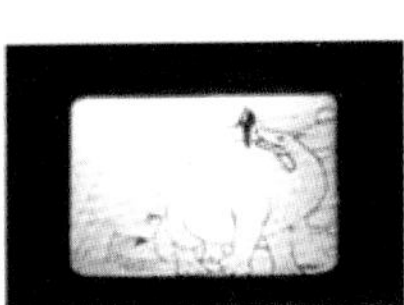

（b）《恐龙葛蒂》（1914年）

（c）《花与树》（上色原稿）（1932年）

（d）《白雪公主》（1937年）

图1-1-2 部分早期优秀动画

（a）《大闹天宫》（1961年、1964年）

（b）《狮子王》（1994年）

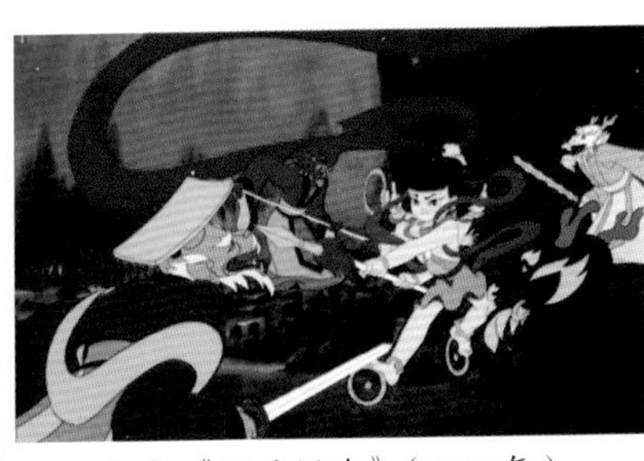

（c）《哪吒闹海》（1979年）

（d）《埃及王子》（1998年）

（e）《千与千寻》（2001年）

（f）《千年女优》（2002年）

图1-1-3 不同时期的优秀动画

点。因此，动画受到我国政府和社会各界的广泛关注和重视。动画已作为一种现代产业，由影视片出品，延伸到期刊画册、录像带、DVD等音像制品，进而发展到以动画人物、形象为依托的文具、玩具、服装、工艺品等其他衍生产品，甚至扩大到与此相关的公园、游乐场等，因此，大大超越了其原有的范畴。

动画周边产品的开发更使商业潜力无限。外国动画的大量引进，极大地促进了这一领域的发展，小至家家户户的电视节目，大到书店、报亭、玩具店、礼品店等，无不充斥着外国动画的周边产品，如漫画、宣传品、装饰品、服装鞋帽、日用品和玩具等。不仅获得了巨额利润，而且极大地促进了下一部影片的成功推出。如米老鼠、皮卡丘和史努比等大批动画明星早已为人们所熟知。

目前，众多的无线内容服务商在极力争夺动画内容市场，但移动媒体上所需的动画和我们当前的动画内容在技术上和艺术上的要求是截然不同的。

当今，在美国、日本、韩国等许多国家，动画已作为一种现代产业发展。动画产业是指以“创意”为核心，以动画为表现形式，包含动画内容的图书、报刊、电影、电视、音像制品、电子出版物、舞台剧、动画主题公园和基于现代信息传播技术手段的动画新产品等动画直接产品的开发、生产、出版、播出、演出和销售，以及与动画形象相关的服装、玩具、电子游戏等延伸产品的生产和经营产业。随着信息技术的发展，动画还扩大应用到了其他不同行业及领域，如手机游戏、Flash网页、互动多媒体、影视广告、电视节目制作、科技成果演示、教学课件、模型玩具、虚拟漫游、医疗造像、军事模拟和制造业等，并过渡到商业化阶段。很多人喜欢从卡通漫画、游戏的角度来理解动画，这说明了动画边缘产业也很发达，在游戏、漫画书、绘画、网络和广告中都有动画的存在。可见，动画既有很高的艺术性，又有很强的商业性。这就要求我们动画人既要有美术、电影、音乐和文学等方面的知识，又要具有商业意识。

2. 动画衍生产品

所谓动画衍生产品，即是由动画片的媒体播出而衍生出的形象或名称以及相关的系列授权产品。动画衍生产品的种类涵盖了生活的方方面面，主要包括：出版物（音像、图书、杂志）、玩具、文具、服装服饰、日常生活用品、居室用品、饰品、收藏品、工艺品、电子游戏、手机彩信、动漫会展、游乐场和主题公园等。

我国动画片制作长期存在“小儿科”问题，衍生产品的开发也同样存在着这样的问题。不管市场如何变化，衍生产品总是围绕着低幼儿童打转，总是离不开玩具、文具、书包、小贴画等。事实上，低幼儿童是不具有自主消费能力的。因此，开发低幼儿童消费品市场的商家真正要面对的是家长。长期以来，有一个动画消费群体被我们忽视，那就是15～30岁的少年、青年和成年人。我国动画业界更应该瞄准这些人群，开发适合这类人群欣赏和消费口味的产品。

动画产业中70%以上的利润是通过衍生产品来实现的，而其中又以授权衍生产品为主。动画形象授权贯穿于整个动画产业链。第一个环节是播出市场，也就是动画片的播映权，主要有电影院或电视台；第二个环节是出版物市场，主要包括图书和音像制品；第三个环节就是动画形象衍生产品市场。版权、形象授权衍生产品的开发，已成为动画产业成本回收的主要途径。

3. 产业化环节

从动画片产生开始，就沿着艺术和商业两个方向发展。美国是商业动画大国，从一开始，美国的动画人和投资者就看到了动画片的发展前景，迅速发展的动画产业带来了滚滚财源。如今，包括电影产业在内的美国文化产业是仅次于航空业的第二大产业。在日本，动漫业则更是由于它所具有的商业性，成为继相扑、艺妓和茶道之后的第四大产业。

动画作为人们（特别是儿童）喜闻乐见的艺术

形式，如今无论在内容、形式、品味到观念，都有了很大变化，新时代动画片的受众越来越广，优秀的动画片在影院中一样很卖座，有着良好的票房。例如，国产影院动画片《宝莲灯》，1999年7月初在全国28个省市上映，8月底票房就突破2 200万，成为该年度票房过2 000万的第五部影片。影片的衍生产品，如实用背包、文具、服饰、装饰品等，至少收获500多万。影片上映一个月就收回投资并开始盈利。此外，《宝莲灯》还发行了粤语版，并在台湾地区和日、韩、新、马、泰等国家上映，不仅取得了很好的经济回报，还赢得了很好的社会效益。

振兴我国动画业，也日益进入党和国家重要的议事日程，动画随着民族文化产业的发展被上升成为综合国力的重要指标。从1996年江泽民鼓励上海美术电影制片厂的来信，到现任领导人对未成年人成长高度的关切和任务部署；从李长春明确要求发展我国动画产业的题词，到国家广播电影电视总局出台的一系列举措，都体现了举国上下振兴国产动画的决心。

中央电视台少儿频道已经在4个直辖市和296个省辖市落地，收视率稳居中央电视台15个频道的前5位。2011年上半年平均收视列全国58个上星电视频道第5位。从2004年湖南金鹰卡通卫视、上海炫动卡通卫视、北京卡酷动画卫视、广东嘉佳卡通卫视、江苏优漫卡通卫视等陆续上星开播以来，收视情况喜人，运营效果良好。此外，全国各省级和副省级电视台少儿频道也都取得了不俗的业绩，庞大的国产动画片播出平台已初步建立。随着动画播出平台的扩大，有效地拉动了动画播出价格的提升，改变了过去电视片播出价格每分钟3～5元，甚至无偿播放的局面。主要动画所列卫视LOGO如图1-1-4所示。

国家动画产业已引起各级政府的高度关注和积极支持。目前，北京、上海、杭州、大连、南京、苏州、无锡、常州、武汉、长沙、广州、深圳、重庆、成都、昆明等地都已经出台或正在研究制定发展本地区动画产业的优势政策。

4. 产业开发案例

（1）Flash动画开发案例。

以Flash制作为主的网络动画的发展，带给人们一种全新的传播平台和挑战机遇，使动画产品更有效且更普遍地得到了流动和传播，有很多动画作品就是借助网络这种新的媒体传播方式，与观众接触并快速传播的。

① 中国娃娃PUCCA。

中国娃娃PUCCA（又叫炸酱面小妹）是韩国Flash作品中与流氓兔齐名的动画人物，其恶搞风格与流氓兔有过之而无不及，特别是当一系列的搞笑事件通过一个小女孩来完成时，更显示出它的特别之处。

中国娃娃PUCCA是根据真实故事衍生出来的

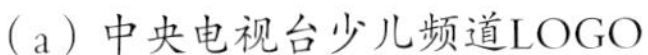
（a）中央电视台少儿频道LOGO

（b）湖南金鹰卡通卫视LOGO

（c）上海炫动卡通卫视LOGO

（d）北京卡酷动画卫视LOGO

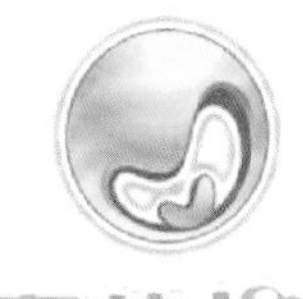

（e）广东嘉佳卡通卫视LOGO

（f）江苏优漫卡通卫视LOGO

图1-1-4 主要动画卫视LOGO

动画作品，是来自韩国的中国餐馆老板的千金，在餐馆中，PUCCA最爱的是炸酱面，但是自从搬来一户新邻居之后，也多了一个叫GARU的小男生。因为两人都是12岁，所以PUCCA产生了单恋，炸酱面对她而言已经不是最爱的东西，现在她的最爱是GARU。她的故事在当地造成了小小的轰动，这些故事由漫画家将真人真事改变为最有趣的动画，带来了全亚洲的流行。

PUCCA在形象的设计上采用了简单可爱的造型方法，并且给每一个形象赋予了独特的个性，其知名度甚高，并且在韩国连续3年被评为最受欢迎的动画人物。

网络的火爆也带来了周边市场的繁荣，韩国VOOZ公司于2001年进行开发PUCCA的卡通形象商品化的工作，将PUCCA的网络火爆成功引到现实中，2002年以亚洲为基础，PUCCA成为一个世界性品牌，在中国、法国、英国和日本等72个国家开发销售多达3 000多种周边产品，涉及品牌专卖、电视动画、移动通信市场、网络游戏、出版和书籍等多个领域。

（a）中国娃娃PUCCA专卖店店面外观

（b）iPhone平台游戏*Pucca's Restaurant*

图1-1-5 中国娃娃PUCCA开发案例

中国娃娃PUCCA开发案例如图1-1-5所示。

② 小破孩。

小破孩是诞生在网络、发展于网络的Flash动画，这个动画形象在互联网的各个空间角落无处不在，可以说是个家喻户晓的人物。动画片主角是小破孩和小丫两个胖乎乎的中国小孩，造型简洁流畅，着装及习惯也具有典型的中国风格。影片的取材和表现也融入了很多中国元素，如有的片集取材了中国传统故事、传说等，许多背景音乐使用了民族乐器。整体思想也传达了中国人的观念，故事是具有中国特色的现代动

（a）《小破孩》VCD封面

（b）小破孩壁纸

图1-1-6 小破孩开发案例

画片。在国外动画大举入侵中国时，小破孩典型的中国特色给人带来了清新的感觉。

小破孩的发展之路：

建立大型小破孩主题网站，丰富网站功能。建立小破孩社区，建立小破孩游戏频道和小破孩交友、聊天系统。以此来吸引更多的长期受众群体；

制作系统的小破孩Flash动画、网络游戏、手机游戏，部分内容采用收费方式；

制作更加丰富的小破孩网站应用、手机无线增值服务、新媒体内容，如QQ秀、MMS、3G等；

在传统领域内投放小破孩电视动画、图书和音像等产品，吸引更多的受众；

开发小破孩衍生产品的形象授权业务，如玩具、服装和文具等；

制作小破孩影院版动画片，把小破孩的影响力提高到更高的层次。小破孩开发案例如图1-1-6所示。

③ 招财童子。

沈阳治图文化传媒有限公司致力于打造本土原创动画巨星——招财童子，中国第一吉祥符。业务包括互联网、手机增值（手机动画、手机游戏、彩信、待机彩图、彩铃QQ表情、MSN动画传情等下载）、动画剧集（《招财童子》系列剧集、100集手机动画《吉祥手机》、500集大型国学经典剧集等）、游戏、广告、教育、音像、产品代言和产品授权等领域。

招财童子《粉墨登场》剧照如图1-1-7（a）所示，招财童子公仔如图1-1-7（b）所示。

（2）海尔集团与动画公司的联动。

随着我国与国际市场的进一步接触和合作，许多行业无不打上文化的烙印，我国的企业家在探索企业经营之路的同时，对企业文化也有一个重新的认识过程，是每一个企业成功的基础。美国著名的哈佛大学MBA教案中，列举了中国著名企业海尔集团的成功案例，其中说到非常重要的一点就是海尔的企业文化，他们投资拍摄动画片《海尔兄弟》，在少年儿童当中潜移默化地培养潜在消费者及形象

（a）招财童子《粉墨登场》剧照

（b）招财童子公仔

图1-1-7 招财童子开发案例

化、故事化的品牌形象宣传。

海尔集团总裁张瑞敏非常重视延伸海尔企业文化，通过自己的企业形象投资于老少咸宜的动画艺术市场。20世纪90年代初开始，海尔集团以该集团的标志“中德两个儿童”形象作为创作原型，与北京红叶电脑动画制作技术有限公司联合投资共6 000余万元打造科普动画片《海尔兄弟》。到2001年5月，完成第四部的摄制，总计212集。合作协议是由双方共同出资拍摄。海尔集团平均每集付15万元，200多集总投入超过3 000万元。商定动画片的收益中红叶应得70%，海尔集团应得30%。第二部以后，海尔集团决定将动画片的经济收益全归红叶电脑动画制作技术有限公司，要求是保证《海尔兄弟》能在电视台播出。

海尔投资拍摄动画片显示了海尔决策层的独具匠心。像海尔这样一个全球化集团公司，每年的广告费都要花几亿元，但这几亿元砸出去，真正在人们心中

沉淀下来的不会有多少。动画片对儿童的影响十分深远，儿时留下的印象往往也是最深刻的，投资几千万元拍摄一部动画片，可能会影响一代人，看过《海尔兄弟》的人在潜移默化中就会认可海尔。

海尔集团授权华融集团负责品牌资产海尔兄弟童装、童鞋等儿童用品的研发、生产、销售。借助《海尔兄弟》动画片在儿童中的知名度和美誉度，以海尔兄弟品牌生产包括童鞋、童装和文具、玩具等配件在内的上千款高品质、大众化的系列儿童用品产品，主攻中国儿童用品市场。

《海尔兄弟》为海尔集团带来了巨大的社会效益和经济效益，对中国的少年儿童和中国亟待发展的动画市场也起到了巨大的推动作用。《海尔兄弟》的运作模式简单地说就是艺术与企业联动，即海尔集团投资拍摄、民营企业红叶电脑动画制作技术有限公司制作。目前还是此种合作方式成功的首例，此种合作方式也是中国动画业规模化、产业化的一条途径。海尔兄弟开发案例如图1-1-8所示。

（3）《蓝猫淘气3000问》的推广案例。

多角度的挖掘动画作品自身价值和衍生价值，从而使其价值最大化，同时实现经济效益和社会效益。在市场推广和产业开发这一领域，中国动画产业发展起步较晚，与迪斯尼这类起步早、经验丰富、资源雄厚的世界知名动画公司相比，略显单薄。在中国动画产业开发这一领域，三辰集团《蓝猫淘气3000问》这一产品的产业链相对完整，开发模式比较成功，作为中国动画产业开发的成功案例，颇具代表性。

1999年在国产动画发展的低谷期，三辰集团投资建设湖南动画制作基地，“以知识卡通”为创作核心概念，制作大型原创科普动画系列《蓝猫淘气3000问》，多元延伸，自此开始在动画产业领域迅速成长。“蓝猫”动画节目逐渐在国内电视台大规模播出，并输出海外市场，逐步形成中国最具影响力的原创动画品牌。在此基础上，“蓝猫”开始品牌授权衍生，拓展特许专卖网络，形成产业集群。

动画产品的制作环节有两个盈利点，即节目收入与随片广告收入。但是在中国当时的市场环境下，制作成本为每分钟6 000～8 000元人民币的动画片，卖

（a）海尔集团标志中的两个儿童形象

（b）海尔兄弟童装LOGO

（c）海尔兄弟连锁店

（d）《海尔兄弟》VCD封面

图1-1-8 海尔兄弟开发案例

(a)《蓝猫淘气3000问》VCD封面

(b)蓝猫幼儿成长丛书

(c)蓝猫"咕噜噜"产品

(d)蓝猫专卖店

图1-1-9 蓝猫开发案例

给电视台的收入仅有5～10元，同时随片广告由于受到电视台的限制，销售难度极大。随着三辰卡通集团"蓝猫"品牌知名度的提升，"蓝猫"形象走下荧屏，三辰卡通集团开始在衍生产品生产领域进行探索，"蓝猫专卖店"连锁经营体系大规模扩张。

为了解决衍生产品的来源问题，2001年10月，汕头三辰蓝猫产品发展有限公司成为第一家蓝猫卡通衍生产品授权公司，三辰卡通集团开始对产业下游生产资源进行整合，音像、图书、文具、玩具、服装、鞋帽、食品、饮品、日化、保健品、自行车及家用电器等十几个行业，6 000多种儿童消费品在"蓝猫"品牌下涌现，"蓝猫产业群"初具规模，"蓝猫"衍生产品获得市场的高度认同。短期内成立了14家专业公司、11家区域销售公司、2 400多家"蓝猫专卖店"。由三辰卡通集团、代理商、专卖店和生产商结成的商业经济结合体已经形成。

这里的成功案例，开创了中国动画产业新的经营模式。三辰卡通集团首创国内第一条"艺术生产流水线"，成功地打造出中国第一条以动画形象为龙头、跨行业的"艺术形象—品牌商标—生产供应—整合营销"的"产业生态链"；以"蓝猫"动画形象作为卡通产业链的起点与源头，拉动"生产供应"、"整合营销"等后续环节；以节目制造商为基石，以衍生产品生产商与销售渠道商为双翼，实现动画产业一体化发展，截止2003年2月，已经实现销售额6亿元码洋。三辰集团动画衍生品的开发涉及范围很广，产品具有多样性。

从以上内容来看，三辰集团以《蓝猫淘气3000问》这一动画产品作为产业链发展的起点以及中心点，多角度地向周围多种产业进行延伸，最后实现完整的产业链条。以动画产品带动相关产业的发展，以相关产业的发展和渗透更进一步拓展了动画产品的知名度和影响面，从而形成了产业链的良性循环，进而实现了较好的经济效益和社会效益。三辰卡通集团《蓝猫淘气3000问》动画产品的产业开发模式是值得我们思考和借鉴的。蓝猫开发案例如图1-1-9所示。

第二节　无纸动画软件概况

近年来，随着高科技的迅猛发展，动画已经深入影视、网络及各个领域，许多繁复的中期制作、后期合成工作已由计算机来代替。同时，计算机技术的日新月异也大大丰富了动画效果。现在的动画创作正处在传统技术与现代科技相结合的发展阶段。目前，电影动画和电视动画的制作都大量运用了计算机上色合成等技术，使动画片的制作周期和制作成本大大缩短或减少。无纸动画是近年来随着计算机图形图像（Computer Graphics，CG）技术的发展而逐渐成熟完善的一种新的动画制作方式。从前期创作到中期制作、后期合成，“无纸动画制作”提供了一种数字化的制作平台，其岗位分工具体，技术量化指标明确。因此，新兴动画公司已经普遍接受和采用了无纸动画流程。

一、无纸动画简介

无纸动画是相对传统动画而言的，是指完全在计算机上完成全程制作动画作品，基本采用“计算机+数位板（含压感笔）+CG应用软件”的全新工作流程，其绘画方式与传统动画十分接近，因此能够很容易地从纸上绘画过渡到这一平台，同时它还可以大大提高工作效率，易修改并且方便输出，这些特性让这种工作方式快速普及。无纸动画与传统动画相比，具有软件易操作、图像品质高、成片输出简单、制作成本低、商业风险少等多方面优势，因此“无纸动画流程”是近年来伴随着网络时代的不断发展而发展起来的，逐渐成为“二维动画”的重要组成部分。

无纸动画软件种类繁多，除了专门开发的商业软件外，还有制作公司自己开发的独立软件，目前国家上普遍使用的软件有：Flash、Animo、RETAS、Harmony等，这些软件突出工业化、团队化特点，一般的Flash平台、RETAS平台、Harmony平台都内置自动修线功能，其线条柔滑的功能可以自动矫正每一笔线条的弧度。

二、无纸动画软件

随着数字技术的发展，动画创作和制作中的每一个重要步骤和过程都与计算机紧密联系在一起。采用“计算机+数位板（含压感笔）+CG应用软件”的全新工作流程，其中各种CG软件起到了重要作用，它在极大地提高工作效率的同时，也更加充分地发挥了动画设计者的想象力。

使用范围最广的是Flash软件和Animo软件。国内的无纸动画制作公司中，90%以上都是使用Flash软件制作动画，Flash因其使用简单、文件小，采用全矢量平台，可以随意调整缩放而不影响图像质量，在互联网上备受推崇，是最重要的网络动画形式之一；Animo是世界上最受欢迎、使用最广泛的二维动画制作系统之一，它强大的扫描识别和快速上色功能极大地提高了二维动画制作过程的效率。下面分别介绍各个主要的无纸动画制作软件。

1. Animo软件

Animo软件是英国Cambridge Animo公司开发的运行于SGI 02工作站和Windows NT平台上的二维动画制作系统，它是世界上最受欢迎、使用最广泛的系统之一。Animo是一个模块化的动画制作系统，各个应用程序既相对独立，又配合完成整个动画制作。它具有面向动画师设计的工作界面，扫描后的画稿保持了艺术家原始的线条；它的快速上色工具提供了自动上色和自动线条封闭功能，并与颜色模块编辑器集成在一起，提供了不受数目限制的颜色和调色板，一个颜色模块可设置多个“色指定”；它具有多种特技效果处理，包括灯光、阴影、摄影机镜头的推拉、背景虚化和水波等，并可与二维、三维和实拍镜头进行合成。Animo 6.0版，其界面如图1-2-1所示。

2. RETAS软件

RETAS软件是日本Celsys株式会社开发的一套应用于普通PC机和苹果机的专业二维动画制作系统，RETAS PRO一直雄踞日本动画软件销售之冠。

RETAS的动画制作模块与传统动画的制作流程十分相似，它主要由四大模块组成，替代了传统动画制作中的描线、上色、填写摄影表、特效处理和拍摄合成的全部过程。RETAS PRO还可以合成实景以及计算机三维图像，广泛应用于电影、电视、游戏等多种领域。RETAS软件包如图1-2-2所示。

3. Harmony软件

Toon Boom Animation是加拿大一家以专业制作动画软件著称的公司。其使用Harmony软件提供的强大变形工具、反向动力学（Inverse Kinematics，IK）方式和粘合特效功能，大大地提高了无纸动画的制作效率。Harmony将无纸动画生产方式、集成式工作流程和资产管理工具有机地结合在一起，从而有效地提升了整体生产效率，进入到一个全新的领域。融合Toon Boom Storyboard（TBS）的Harmony，以其更完整、更低成本的前期、中期制作流程完成动画的制作，利用不同的输出设备将结果输出到录像带、电影胶片、高清晰度电视以及其他视觉媒体上。Toon Boom 软件包如图1-2-3所示。

4. 其他无纸动画软件

无纸动画软件种类繁多，各具特色，除了上述几种以外，还有很多深受用户欢迎的无纸动画软件，如Animator Pro、Linker Animation Stand、USAnimation和Toonz等。这些软件各具特色，但所有这些无纸动画软件在操作上都较纸上绘制更快捷、更简便。因此，越来越多的二维动画工作者转向用计算机来完成高质量的动画制作。

三、Flash软件简介

Flash软件是美国Macromedia公司推出的一款矢量图形编辑和网络交互的动画创作软件，使用Flash制作的矢量图和动画被广泛应用于网页和多媒体作品中，是设计人员进行艺术创作和商业制作最广泛使用的工具之一。

Flash是一种兼有多种功能及简易操作的多媒体创意工具，使用Flash制作的作品主要由简单的矢量图形组成，通过这些图形的变化和运动，产生动画效果。Flash动画以流的形式进行播放，可实现多媒体的交互。Flash打破了“动画”概念的传统定义。

1. Flash溯源

Flash最初的设计者是乔纳森·盖伊（Jonathan Gay）。盖伊从学生时代就开始进行计算机图像、动画等方面的研究，并于1993年成立了名为Future Wave的软件公司，致力于矢量图形方面的研究工作。当时，由美国著名的多媒体软件提供商Macromedia发布的多媒体软件Director首次将动态影片应用于Internet网络，其所使用的播放器Shockwave播放器也是网上交互电影的唯一解决之道。但是由于Director的设计初衷并不是为了互联网的应用，所以用其制作的精彩影片往往由于带宽的限制而无法在互联网上广为流传。1995年，在很多用户的建议

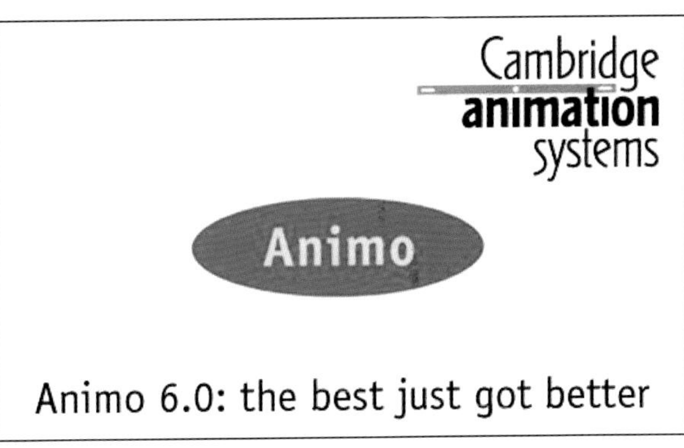

图1-2-1 Animo 6.0版

图1-2-2 RETAS软件包

图1-2-3 Toon Boom软件包

下，Future Wave公司设计出了流式播放和矢量动画的动画软件Future Splash Animator，非常适合制作用于网络传播的动画。

1995年10月，Future Wave公司曾试图将他们的软件技术卖给Adobe公司，但由于演示速度慢而遭到拒绝。Macromedia公司发觉网络动画的巨大市场潜力，于1996年11月与Future Wave公司洽谈合作，并与12月并购了Future Wave公司，将Future Splash Animator更名为Macromedia Flash 1.0。这时的Flash还仅仅是为了扩充Director家族而已，这一点从Flash文件的扩展名就可以看出，swf是Shockwave Flash的缩写。1999年6月推出Flash 4.0版本，有了专业的Flash播放器Flash Player 4.0，使Flash从此摆脱了Director的束缚，成为专业的网络交互多媒体软件。2000年8月，Flash 5.0发展出第一代真正的专用交互语言——Action Script 1.0，掀起了Flash应用的重大革命。在Flash 5.0发布的同时，Macromedia公司将Flash与Dreamweaver和Fireworks整合在一起称为“网页三剑客”。

2005年4月18日，世界图像处理巨头Adobe公司以34亿美元的天价收购了Macromedia公司，为Flash的发展提供了更加雄厚的技术支持以及更广阔的发展空间。8月8日，推出Flash 8.0版本。Flash的推出获得了巨大的成功，成为许多网络动画设计师的首选。在短短几年内，Flash版本又不断升级，从Flash 8.0 Pro到现在的Adobe Flash Professional CS 6。Adobe Flash Professional CS 6启动画面如图1-2-4所示。

Flash动画技术的发展分为三个阶段：简单Flash动画期、复杂Flash动画期、大型Flash动画期。在这两次飞跃中，从第二个阶段到第三个阶段的飞跃对Flash动画制作行业的影响是极其深远的。大型Flash动画就是那些综合应用Flash及其相关的软件，全面地表达了一种明确主题或者完成了一项完整的商业功能的多个意念主题的组合。大型Flash动画综合了多种技术与技巧，整合了多种编程语言（包括前台的HTML/JavaScript、后台的PHP/ASP/CGI等），是多种图像处理工具的结晶（包括3Dmax、Coreldraw、Freehand、Photoshop等）。这种大型的应用由一两个人是根本不可能完成的，团队制作将在这种复杂的应用中表现出强大的生命力。从这种新特性可以看出，Flash制作的趋势向三个方向发展：一是艺术动画或商业动画的制作；二是交互式的商业应用；三是既有动画又有交互内容的综合应用。

图1-2-4 Adobe Flash Professional CS 6启动画面

2. Flash动画的技术特征

Flash打造的网络动画与传统动画相比，在技术上主要呈现出以下特点：

（1）Flash动画受网络资源的制约，一般比较短小，因此在情节和画面上往往更夸张起伏，致力于最短时间内传达最深感受。

（2）Flash动画具有交互性优势，能更好地满足受众的需求，它可以让欣赏者的动作成为动画的一部分，通过点击、选择等动作决定动画的运行过程和结果。

（3）Flash动画的制作相对比较容易，只需要掌握一些简单的命令就可以尝试，一个爱好者很容易就能成为一个制作者。

（4）Flash动画的矢量化具有强烈地视觉冲击，比传统动画更加简洁、明快，它不可否认已经成为了一种新时代的艺术表现形式。

（5）Flash动画可以放在网上供人欣赏和下载。由于使用的是矢量图，因此具有文件小、传输速度快的特点，高速助长了动画的崛起，可以利用独特的优势在网上传播。

（6）Flash动画简化了动画制作难度，多台机器之间可以方便地互相调用所需元件，随时监控动画进展，直观地看到动画效果。

图1-2-5 商业动画《喜羊羊与灰太狼》宣传海报

图1-2-6 中国国家博物馆网站截图

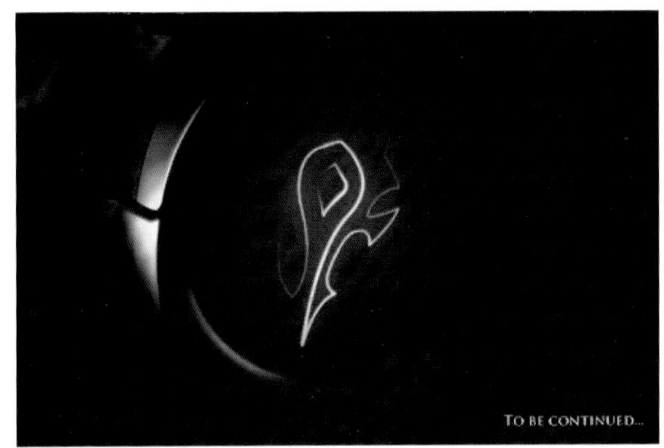

图1-2-7 创新声卡发布WOW广告截图

（7）用Flash制作的动画，大幅度地降低了制作成本，减少了人力、物力资源的消耗。同时，在制作时间上也大大缩短了制作周期。

（8）用Flash制作的动画，可以同时在网络和电视上播出，实现一片两播。

3. Flash的应用领域

Flash作为著名的多媒体公司Macromedia开发的网络动画工具，其诞生之初主要被用以设计制作网络广告、产品展示、片头动画、交互游戏、卡通动画以及教学研究等。随着Flash技术从Flash 3.0、Flash 4.0到Flash MX的日益发展和完善，它已经从单纯的网络动画工具演变到功能强大的多媒体编辑软件。Flash的应用领域还在不断扩大，主要表现在以下几个方面：

（1）Flash动画。

Flash动画具有短小、精悍、表现力强等特点，以流媒体的形式进行播放，是目前最适合网络环境的动画，也正是由于这个原因，Flash动画才发展得如此迅速。目前，在各类网站上都能看到Flash动画的身影，如商业动画、艺术动画、实用动画等。电视广告、电视栏目包装、MV制作等领域也应用广泛。商业动画《喜羊羊与灰太狼》宣传海报如图1-2-5所示。

（2）动态网站建设。

事实上，现在只有极少数人掌握使用Flash建立全Flash站点技术，因为它意味着更高的界面维护能力和整站的架构能力。但它带来的好处也异常明显：全面的控制；无缝的导向跳转；更丰富的媒体内容；更体贴用户的流畅交互；跨平台和小巧客户端的支持；与其他Flash应用方案的无缝连接集成。中国国家博物馆网站截图如图1-2-6所示。

（3）网络广告。

Internet特性决定了网页广告必须具有短小、精悍、表现力强等特点，而Flash能很好地满足这些要求，因此，Flash在网络广告的制作中也得到广泛应用，如商业广告、Logo等。创新声卡发布WOW广告的截图如图1-2-7所示。

（4）电子杂志。

多媒体电子杂志作为一种新型信息承载方式，对人们的阅读方式和信息获得都有巨大的影响和价值功能。网络电子杂志是集合了传统媒体的图、文、声音、视频、动画和交互游戏等全部优势的一种新的阅读和媒体形式。Flash在网络电子杂志的制作中实用又方便。电子杂志《动漫中国》截图如图1-2-8所示。

（5）Flash游戏开发。

Flash游戏是近年来在网络游戏中异军突起的一支，从最开始的令人惊艳到各大网站专设版块甚至专门的大型网站，Flash游戏已经成为当今网络生活中不可或缺的一部分。最初的Flash游戏只是一些小型的益智游戏和图片游戏形式，随着其软件技术以及网络技术的发展，现在的Flash游戏已经不仅仅是小型的娱乐，相当一部分已经正式地成为了直接或间接的商业产品，更有一些很有前瞻性的商业操作者将游戏应用到了手机和电视等媒体上。Flash游戏《QQ农场》截图如图1-2-9所示。

（6）多媒体教学。

与传统教学相比，多媒体教学具有交互性、兼容性、个性化和协作化等特点和优势。由于Flash素材的获取方法多种多样，为多媒体教学提供了一个更易操作的平台，因此被越来越多的教师和学生采用。国家级精品课程“非物质文化遗产概论”截图如图1-2-10所示。

（7）交互式软件开发、多媒体产品展示等。

在Director和Authorware中，都可以导入Flash动画。随着Flash的广泛应用，出现了许多完全使用Flash格式制作的多媒体产品。由于Flash支持交互和数据量小等特性，并且不需要媒体播放器之类的软件支持，这样的多媒体作品取得了很好的效果，因此其应用范围不断扩大。多媒体作品《盛世钟韵》截图如图1-2-11所示。

Flash的应用领域很广泛，互动光盘、电子杂志、电子贺卡、MV动画、Flash动画、交互游戏、网站片头、网络广告和电视广告等，在电子商务中也应用到了Flash技术。Flash作为一个产业，已渗透到音乐、传媒、IT、广告、房地产和游戏等各个领域，开始拓展出无限的商机。

现在能够熟练制作Flash技术，并且兼备创意与绘画才能的人还比较少，因此在Flash的应用领域还有很多的机会。明智的动画人应该抓住这种市场变化，尽早掌握Flash的制作技术，在巩固美术基础的同时开拓自己的视野，这样才能在这个行业中占据有利的位置。

图1-2-8 电子杂志《动漫中国》截图

图1-2-9 Flash游戏《QQ农场》截图

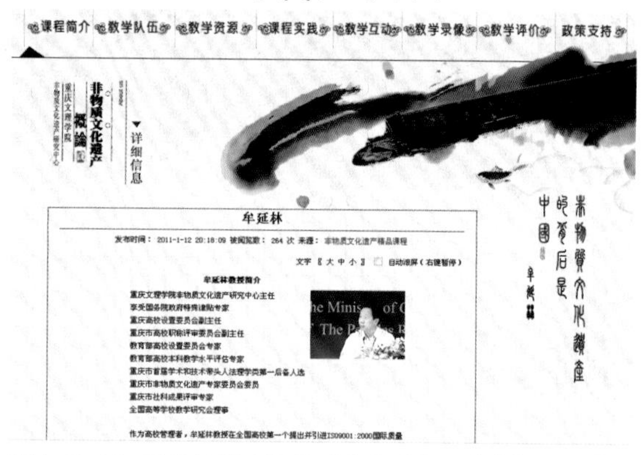

图1-2-10 国家级精品课程“非物质文化遗产概论”截图

图1-2-11 多媒体作品《盛世钟韵》截图

第三节 FLASH动画制作流程

动画制作在动画产业链中属于动画产业中期。早在20世纪二三十年代，动画片的生产和加工流程就已经形成。一代又一代的动画人在前人的基础上将动画制作的过程更加系统化和理论化，并且不断地将新的动画技术融入其中，以达到更高效、更高质量的动画生产水准。

高质量的Flash动画制作，其创作过程与传统动画基本相同，也分为前期创作、中期制作、后期处理三个阶段。

一、前期创作阶段

简称前期，这段工作由少数主要创作人员作动画拍摄前的准备。在这个阶段，首先要考虑和讨论的是关于影片的制作定位、受众群体、资金预算、时间规划等问题。接下来，制片人、编剧和导演要针对故事内容、主题基调、时空背景、制作精度和分工组织等内容进行讨论。

1. 编剧的剧本写作

剧本是动画创作的基础，它为动画创作提供基本的故事情节，塑造人物。透过对故事和人物的处置态度，表露作者的创作意向。

2. 导演的前期创作

导演研究剧本，对全片进行艺术构思，撰写导演阐述，勾画出设计草图并构思影片的整体美术风格，再绘制分镜头台本和摄影表。

动画分镜头台本（Storyboard）是整个动画创作的施工蓝本，导演按照剧本，将剧情通过镜头语言表达出来。这需要先做好美术设计，然后运用电影分镜头方法，将人物放置在场景中，通过不同机位的镜头切换，来控制动画节奏、表达剧情故事。试以Flash动画《Hero108》为例来了解其创作过程。《Hero108》动画分镜头台本如图1-3-1所示。

传统分镜头台本的绘制方法是直接将故事手绘在印有分镜头表格的纸张上，但是也可以直接在计算机的绘图软件中实现这一步骤。这样做的主要优点是：在绘制过程中易于修改，处理方便，便于浏览和传送。

3. 美术设计

美术设计人员在导演领导下，收集创作素材，确立影片美术风格，做出角色造型设计、主要场景设计和道具设计等。同时还应考虑到动画角色的产品开发。产品开发的设计如图1-3-2所示。

角色造型设计的任务包括：角色的标准造型、转面图（正面、3/4正面、正侧面、3/4背面、正背

图1-3-1 《Hero108》动画分镜头台本

（a）美术设计草图1

（b）美术设计草图2

（c）美术风格设计

（d）游戏产品开发

图1-3-2 动画《Hero108》美术设计和产品开发

（a）角色转面图

（b）角色表情图

图1-3-3 《Hero108》部分角色造型设计

面等）、结构图（整体、局部）、比例图（角色与角色、角色与景物、角色与道具）、服饰道具分解图、形体特征说明图（角色特有表情和动作）及局部图（表情、口形、手姿等细节）等。角色转面图如图1-3-3（a）所示，角色表情图如图1-3-3（b）所示。

场景设计师根据剧作内容和导演的整体构思创作出动画场景设计稿。包括影片中各个主场景彩色气氛图、平面坐标图、立体鸟瞰图、景物结构分解图等。场景设计稿提供给导演镜头调度、运动主体调度、视点、视距、视角的选择以及画面构图、景物透视关系、光影变化、空间想象的依据，同时也是镜头画面设计和场景制作的直接参考，起到控制和约束整体美术风格、保证叙事合理性和情境动作准确性的作用。场景彩色气氛图如图1-3-4所示。

4. 先期声音

先期声音包括音乐、语言和音响等。采用先期声音必须根据导演的要求和分镜头台本，经过导演与作曲、配音员等的共同研究和详细讨论，事先应对全片的剧情发展、气氛、节奏、动作和分段长短取得统一的意见，计算出精确的时间。作曲人根据事先讨论的影片主题思想、故事情节、事件、角色动作等进行作曲；配音演员根据分镜头台本中的对话，配音录制成先期语言；拟音师将影片中所涉及的音响效果进行拟音。剪辑师利用剪辑软件，将每个镜头的声音分别剪辑出来，动画制作人员必须依前期声音中的音波起伏变化来进行动画设计。

现代动画的生产方式，只保留了语言录音，不少动画的音乐已由乐团演奏变为电子琴模拟音乐，音乐录制不像以前那么困难了。为了节约成本，很多音响效果往往是在现成的素材库里寻找。导入Flash中的先期声音如图1-3-5所示。

图1-3-4 《Hero108》场景彩色气氛图

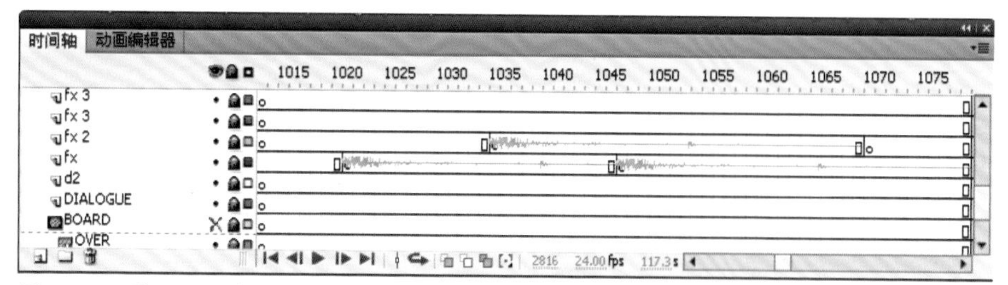

图1-3-5 导入Flash中的先期声音

二、中期制作阶段

中期制作阶段简称中期。传统动画的中期制作，是动画生产中周期最长、涉及人员最多的工作环节，包括设计稿绘制、原画和修型、动画和动检、绘景、扫描和上色等

图1-3-6 《Hero108》动态设计稿

工作。在Flash动画制作阶段中也是最重要的一个阶段，在分镜头台本和所有的角色造型设计、场景设计备齐后，必须将所有材料放在一起进行详细地画面计划和整理，以便后续工作。Flash动画人员将把这些材料带入到动画创作的中期。很多Flash动画公司，往往由一个人完成一集动画，中期制作就成了一个人的事情了。

中期制作的操作步骤可以细分为建立和设置电影文件、设计稿绘制、描线上色、创建元件、动画制作以及测试影片等环节。在Flash动画制作中，要估算每一个镜头的长度是很困难的。因此，在制作之前，最好先有录制好的声音，以此来估算镜头的长短。具体步骤如下：

1. 设计稿绘制

在Flash软件中，设计稿（Layout）人员依据前期的角色、场景设定，根据分镜头台本绘制出每一个镜头的设计稿。成本低的动画片，经常将此步省略，直接进入动画制作环节。高质量的Flash动画，会将分镜头台本和先期音乐导入到Flash软件中，制作成动态设计稿供动画制作人员做动画。动态设计稿如图1-3-6所示。

2. 创建元件

根据分镜头台本要求，进行描线和上色，并创建镜头元件。根据上色方案，对线稿进行上色处理。创建元件时，要把动画角色的各个运动关节分别拆分，为后面的动画做准备。创建角色元件示例如图1-3-7所示。

3. 动画制作

在导演的指导下，根据先期音乐，将角色合理地安排在场景中，注意人景关系，把握好动画的运动节奏，以此实现动画角色的表演。添加简单的符号动画和特效，也能够增加动画表现效果。角色动画（部分）关键帧如图1-3-8所示。

4. 测试影片

完成动画制作后，测试影片，观看舞台中表演过程的效果，以确保达到预期效果。检查通过后，将导出的Flash影片或一系列图像交给后期部门。

图1-3-7 创建角色元件

图1-3-8 角色动画（部分）关键帧

三、后期处理阶段

后期处理阶段简称后期，主要为动画添加特效，完成镜头的剪辑，最后完成声音与画面的合成并输出影片。

1. 特　效

制作高质量的Flash动画时，Flash往往需要做一些特效。一般将每个镜头从Flash中导出序列帧，选择导出图像为PNG格式的序列帧。大多选用After Effects（AE）软件添加效果。如镜头的景深、烟雾、添加阴影等特效。最后渲染输出。序列帧导入AE截图如图1-3-9所示。

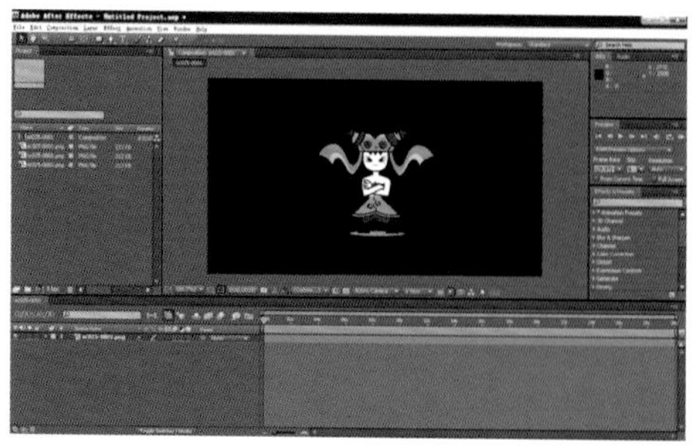

图1-3-9 序列帧导入AE截图

2. 剪　辑

由于动画制作流程的特殊性和资金成本，导演一般不会准备大堆镜头让剪辑去挑选，更不会让已完成的镜头被任意剪去。在前期创作阶段，导演已经将这些本属于后期的工作深思熟虑，并且体现于分镜头台本中了。动画的剪辑，一般只需遵照台本去合成即可。只有在达不到预期效果的情况下，才做少量的修剪和镜头的补充。

（a）Flash动画《Hero108》截图

（b）动画光盘

图1-3-10 Flash动画《Hero108》截图及光盘

3. 合成输出

合成有画画合成、声画合成与声音合成三个方面的内容。画画合成、声音合成一般在特效和剪辑中来完成；声音合成是将所有的声音部分混合编辑在一起，包括对声音的高低、强弱、快慢、节奏、韵律等的处理。

当完成各项制作并确保无误后，就需要将影片进行音频和视频上的输出，对素材进行编码处理，并将其输出为所需要的格式，至此整部Flash动画的制作就完成了。Flash动画截图以及光盘如图1-3-10所示。

最后，在一部Flash动画制作完成时，通常源文件中会积累大量的元件和导入的素材，可以对文件进行一次统一标准的整理。特别是在多人协作的动画项目中，做好这些工作是非常重要的，这样有利于制片人对整个动画的创作、生产发行、产品开发等全过程的管理。动画宣传海报如图1-3-11所示。

虽然很多Flash动画的制作流程与传统动画有所区别，但是规范的创作方法会给工作带来诸多方便，并且是作品成功的保障。

图1-3-11 动画《Hero108》宣传海报

第二章

FLASH工作环境

第一节 FLASH软件基础

Adobe Flash Professional CS 5.5简体中文绿色版，是目前Flash的简体中文最高版。它提供了行业领先、用于制作具有表现力的交互式内容的授权环境，还提供了跨计算机、智能手机、平板电脑和电视平台的一致性体验。此版本只需执行一次快速安装即可使用，包含Adobe Flash Professional CS 5.5、ExtendScript Toolkit CS 5.5、Pixel Bender Toolkit 2.6。Adobe每24个月发布一次新版本，在中途发布.5版，Flash的.5版更新的基本都是一些小细节。

一、Flash的新增功能

Adobe Flash Professional CS 5.5与Macromedia Flash 8 Pro版相比较而言，其主要新增功能如下：

1.全新的用户操作界面

Flash CS 5.5 Pro采用全新的Adobe Creative Suite主界面，对菜单栏、工具栏以及功能面板等做了优化，使整个操作界面更为简洁。为了满足不同的用户群体，Flash CS 5.5 Pro内置包括传统布局在内的6种可供选择的界面布局。Flash CS 5.5 Pro“基本功能”列表如图2-1-1（a）所示，“传统”工作界面布局如图2-1-1（b）所示。

2. 2D对象的3D转换

在Flash CS5.5 Pro中，用户可借助3D的平移和转换工具来实现三维空间，为二维对象创作动画。即实现2D动画元件在3D空间的X、Y、Z轴上的旋转和移动，将本地转换和全局转换应用于任何对象。显

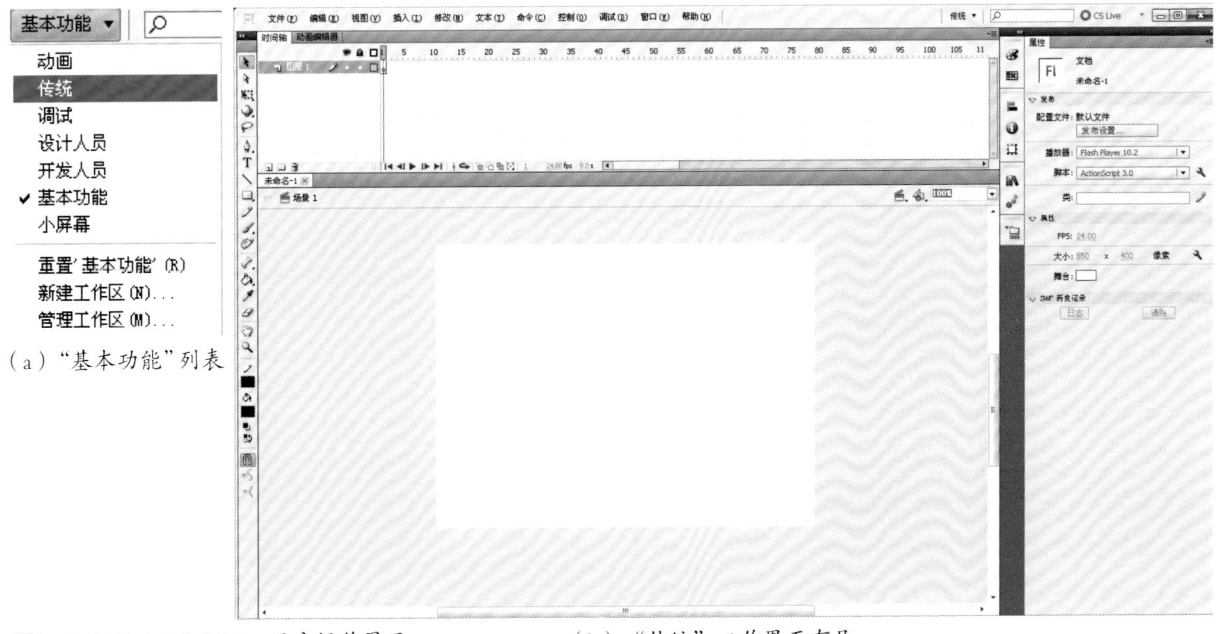

（a）“基本功能”列表

图2-1-1 Flash CS 5.5 Pro用户操作界面 （b）“传统”工作界面布局

示3D平移控件和旋转控件如图2-1-2所示。

（a）显示3D平移控件

（b）显示3D旋转控件

图2-1-2 显示3D平移控件和旋转控件

3.反向动力和骨骼工具

使用一系列链接对象创建骨架的动画效果，或使用全新的骨骼工具来控制单个形状的扭曲及变化。可以通过调节属性面板的参数来实现不同的变化效果。添加IK骨架的角色如图2-1-3所示。

图2-1-3 添加IK骨架的角色

4. 基于对象的动画

在补间动画的基础上，Flash CS 5.5 Pro增加了基于对象的动画形式。它将补间直接作用于对象而不是关键帧，可以通过贝塞尔手柄自由更改对象的运动路径。

二、Flash中的几个概念

在使用Flash软件之前，先认识以下几个重要的概念。

1. 流

流，是一种下载方式，所谓流式下载即是边下载边观看。流式下载的缺点是当播放的速度大于下载的速度时，下载文件会暂停播放。

2. 矢量图

根据图形显示原理的不同，分为矢量图和位图两种类型。矢量图，是由计算机根据矢量数据计算后所生成的，其优点是占用的存储空间非常小，无论将矢量图放大多少倍都不会失真，常见的矢量图有ai、swf、cdr格式。发布后的文件扩展名为swf，保存源文件扩展名为Fla。放大后的矢量图和位图比较如图2-1-4所示。

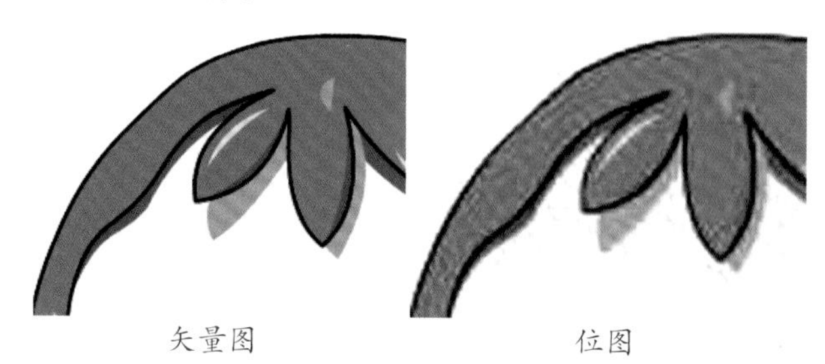

图2-1-4 放大后的矢量图和位图比较

3. 帧

帧的概念，是从电影继承而来，因此使用Flash制作的作品也被统称为Movie（影片）。它由许多静态画面构成，而每一幅静态画面就是一个单独的帧，按时间顺序放映这些连续的画面。在Flash中，1帧是时间轴上的一格，是舞台内容中的一个画面。

4. 影片

Flash把制作完成的动画文件称为影片。实际上，Flash中的许多名词都与影片有关，如帧、舞台和场景等。Flash影片放映时是按帧连续播放的，所输出的影片格式为Flash专有的Flash影片格式。

5. 舞台

在屏幕中间最大的区域称为舞台，相当于Flash Player或Web窗口中播放时所显示的矩形区域。舞台是创作影片中各个帧的图形内容的区域，可以利用Flash绘图工具直接在舞台上绘画，也可以从外部导入Flash允许格式的图像。

6. 时间轴

时间轴是安排并控制帧的排列及将复杂动作组合起来的窗口。帧从左向右依次顺序播放形成动画影片，时间轴上最主要的部分是帧、层和播放指针。

7. 层

层相当于传统动画中的赛璐珞胶片。可以在不同的透明层上作图，再将其叠放到一起组成一个完整的画面。当图像重叠时，排在时间轴窗口上面的层会遮盖下面层的图像。在时间轴上，每一条动画轨道就是一个层，每一层都有一系列的帧，编辑时不同层的对象彼此独立。

8. 场　景

影片需要很多场景，每个场景中的人物、时间和场景可能都是不同的。Flash可以将多个场景中的动作组合成一个连贯的影片。场景的使用可以防止主时间轴上过多的帧使文件难以阅读，也有利于某一重复部分的多次使用。

当发布包含多个场景的Flash影片时，会按在Flash文档中“场景”面板中列出的顺序进行播放，即播放完第一个场景的最后一帧后，从第二个场景的第一帧开始播放。

9. 元　件

元件是指可以重复使用的对象，相当于演员。根据元件在影片中的作用，分为图形元件、影片剪辑元件、按钮元件这三种类型。应用元件只需将其从库中拖拽到舞台即可，当元件从库中拖到舞台时，就为这个元件创建了一个实例。

10. 库

库是用来存放资源的地方，相当于舞台后台。除了可以放置元件外，还可以放置位图、声音、视频等文件。

三、Flash CS 5.5 Pro的主界面

双击Adobe Flash Professional CS 5.5图标，新建Flash文件。Flash CS 5.5 Pro中可以创建的多种文档，包括Flash文件（Action Script 3.0和Action Script 2.0）、AIR、Flash Lite 4、ActionScript文件、Flash JavaScript文件、Flash项目等。新建Flash文件示例如图2-1-5所示。

中文版Flash CS 5.5 Pro的工作界面主要由菜单栏、工具栏、工作区、时间轴和功能面板区等区域组成，如图2-1-6所示。

图2-1-5 新建Flash文件

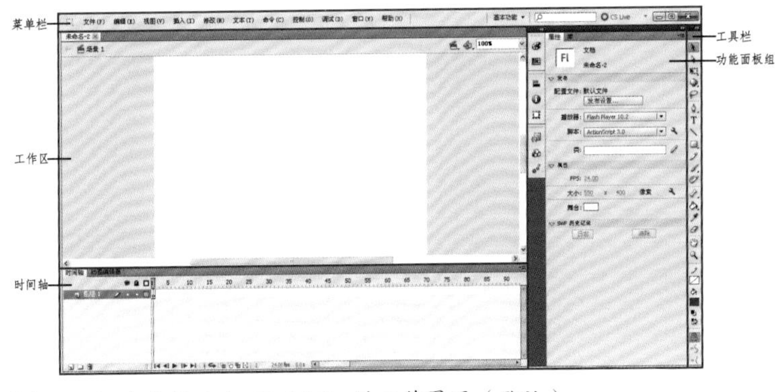

图2-1-6 中文版Flash CS 5.5 Pro的工作界面（默认）

1. 菜单栏

Flash CS 5.5 Pro的菜单栏位于主界面的顶端，与其他的Windows应用程序一样，所有的操作命令都可以从菜单栏中找到，其中包括文件、编辑、视图、插入、修改、文本、命令、控制、调试、窗口和帮助等十多个菜单，每个菜单下又有若干个子菜单。

（1）“文件”菜单，主要有新建、打开、关闭、保存、导入、导出、发布、页面设置和打印等常用命令。可以向影片中导入对象，也可以进行预览、页面设置和打印输出等操作。“文件”菜单如图2-1-7所示。

（2）“编辑”菜单，主要提供了对舞台中的元素进行剪切、

图2-1-7 “文件”菜单

复制等操作命令，与其他的Windows应用程序的“编辑”菜单具有类似的功能。同时，它也对帧进行复制、剪切操作，以及设置参数及快捷键。“编辑”菜单如图2-1-8所示。

图2-1-8 “编辑”菜单

（3）“视图”菜单，提供了用各种方式查看Flash动画内容的功能选项，包括转到、缩放比率、预览模式、标尺、网络、辅助线和合贴紧等命令。“视图”菜单如图2-1-9所示。

图2-1-9 “视图”菜单

（4）“插入”菜单，提供了在动画制作过程中，对舞台中的元素进行创建的操作，以及在时间轴中进行的相关操作，包括新建元件、时间轴、时间轴特效和场景命令。“插入”菜单如图2-1-10所示。

图2-1-10 “插入”菜单

（5）“修改”菜单，提供了在动画制作过程中，对舞台中的元素进行动画修改处理，包括文档、转换为元件、分离、位图、元件、形状、时间轴、变形、排列、对齐和组合等命令。“修改”菜单如图2-1-11所示。

图2-1-11 “修改”菜单

（6）“文本”菜单，提供了对舞台中的文本、图像内容进行设置及修改命令，包括设置与修改字符图形的字体、大小、样式、对齐、字母间距、检查拼写和拼写设置等。“文本”菜单如图2-1-12所示。

文本(T) 命令(C) 控制(O) 调试
字体(F)
大小(S)
样式(Y)
对齐(A)
字母间距(L)
可滚动(R)
检查拼写(C)...
拼写设置(P)...
字体嵌入(E)...
✔ TLF 定位标尺 Ctrl+Shift+T

图2-1-12 “文本”菜单

（7）“命令”菜单，一般与“历史记录”面板结合使用，当在“历史记录”面板中保存某个步骤的操作后，在该菜单下就会显示保存操作的名称，并可进行其他操作。“命令”菜单如图2-1-13所示。

命令(C) 控制(O) 调试(D) 窗口
管理保存的命令(M)...
获取更多命令(G)...
运行命令(R)...
复制 ActionScript 的字体名称
导入动画 XML
导出动画 XML
将元件转换为 Flex 容器
将元件转换为 Flex 组件
将动画复制为 XML

图2-1-13 “命令”菜单

（8）“控制”菜单，提供了动画制作完毕后发布到文件前的播放、调试以及通过播放测试后对动画进行修改等命令。“控制”菜单如图2-1-14所示。

控制(O) 调试(D) 窗口(W) 帮助(H)
播放(P) Enter
后退(R) Shift+
转到结尾(G) Shift+
前进一帧(F)
后退一帧(B)
测试影片(T)
测试场景(S) Ctrl+Alt+Enter
清除发布缓存(C)
清除发布缓存并测试影片(D)
循环播放(L)
播放所有场景(A)
启用简单帧动作(I) Ctrl+Alt+F
启用简单按钮(E) Ctrl+Alt+B
✔ 启用动态预览(W)
静音(N) Ctrl+Alt+M

图2-1-14 “控制”菜单

（9）“调试”菜单，提供了调试影片、继续、结束调试会话、跳入、跳过、跳出等调试功能。“调试”菜单如图2-1-15所示。

调试(D) 窗口(W) 帮助(H)
调试影片(D)
继续(C) Alt+F5
结束调试会话(E) Alt+F12
跳入(I) Alt+F6
跳过(V) Alt+F7
跳出(O) Alt+F8
删除所有断点(A) Ctrl+Shift+B
开始远程调试会话(R)

图2-1-15 “调试”菜单

（10）“窗口”菜单，提供了Flash CS 5.5 Pro中所有功能窗口的开关，包括面板的打开、库窗口的打开、面板位置的设置，以及通过打开这些功能窗口对其进行窗口任意调整等功能。“窗口”菜单如图2-1-16所示。

图2-1-16 “窗口”菜单

（11）“帮助”菜单，提供了Flash CS 5.5 Pro的帮助信息，参考资料、范例教程、网上技术支持以及注册等功能。“帮助”菜单如图2-1-17所示。

要打开各个菜单，可以使用快捷键命令。掌握

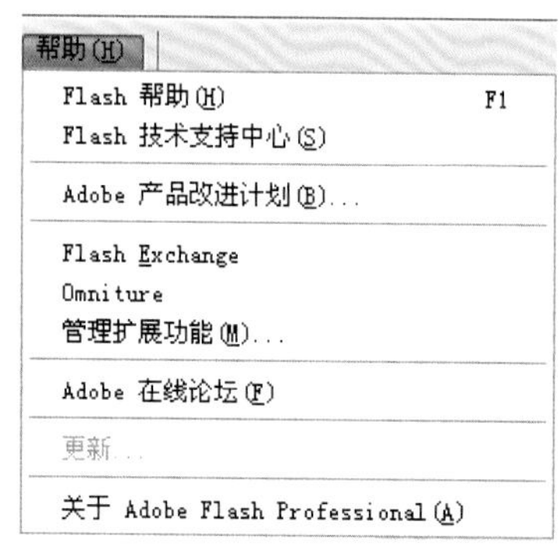

图2-1-17 “帮助”菜单

这些快捷键对于熟练使用Flash非常重要。

2. 主工具栏

Flash CS 5.5 Pro将一些常用的命令以按钮的形式集中到了主工具栏中。熟练掌握这些工具将极大地提高工作效率。如果看不到主工具栏，可以选择【窗口】—【工具栏】—【主工具栏】命令，将其打开使用。主工具栏如图2-1-18所示。

图2-1-18 主工具栏

3. 工具栏

Flash CS 5.5 Pro主界面的右侧栏，是用于绘图的工具栏，可以根据自己的喜好将工具栏设置为单列模式或双列模式。在Flash中绘画，一般先绘制物体外轮廓再填充上色。根据各工具的不同功能，可以将工具栏分为绘图工具、上色工具和绘图辅助工具三大类。Flash CS 5.5 Pro工具栏如图2-1-19所示。

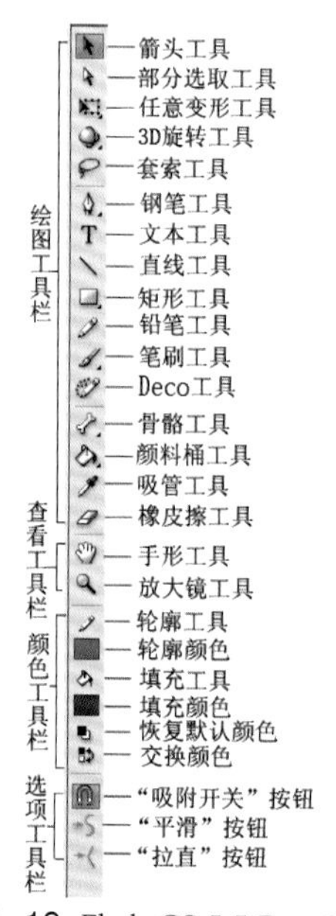

图2-1-19 Flash CS 5.5 Pro 工具栏

4. 工作区

默认状态下，工作区位于Flash主界面的中央。Flash工作区中的舞台是创建Flash文档时放置图形内容的矩形区域，相当于Flash Player或Web浏览器窗口中播放Flash文档的矩形空间。可以放大或缩小显示比例，以更改舞台的视图，在舞台上也可以直接播放。工作区如图2-1-20所示。

舞台默认为白色显示，可以根据实际需要重新设置舞台颜色。在白色区域外部还有一大片灰色区域，这个灰色区域中的内容在最终播放动画时是不会显示出来的。除了舞台外，主窗口中还有场景名、显示比例、编辑场景、编辑元件等内容。

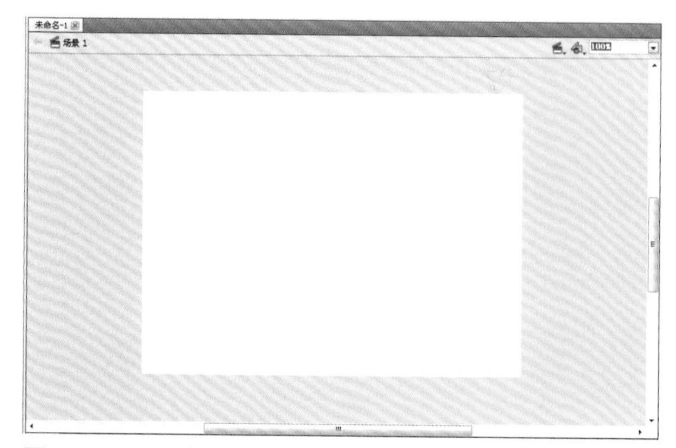

图2-1-20 工作区

5. 时间轴

时间轴用于创建动画和控制动画播放。其左侧为图层区，右侧为时间控制区，包括播放指针、帧格、时间轴标尺和时间轴状态栏。时间轴的显示状态与图层是相对应的，每个图层上都有相对应的时间轴。图层不同，时间轴也不同。“时间轴”面板如图2-1-21所示。

图层区用于进行图层的管理和操作。当舞台中

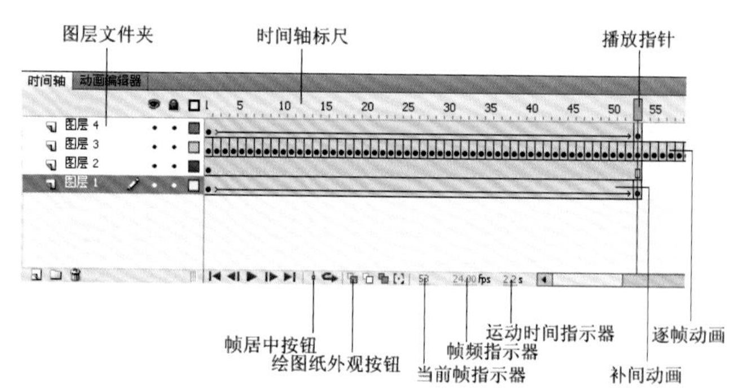

图2-1-21 “时间轴”面板

有很多对象时，往往就需要通过图层将这些对象按一定的顺序播放。图层区的操作也可以使用其中的按钮来进行。

时间线控制区主要用于创建动画和控制动画的播放，主要由播放指针、帧格、时间轴标尺及时间轴状态栏组成。

播放指针是一条红色的垂直直线。播放指针停在哪帧上，舞台中就会显示出该帧中的内容。如果创建了动画，按住鼠标左键拖动播放指针，可以改变当前帧的位置。

帧格是指时间轴上的许多长条形方格，一个帧格就是一帧。上方的1、5、10、15、20等数字表示动画的帧数，播放指针穿过的帧就是动画的当前帧。

时间轴状态栏位于时间轴下方，有帧居中、绘图纸外观、绘图纸外观轮廓、编辑多个帧、修改图纸标记、当前帧、帧频、运行时间等按钮和指示器。

6. 功能面板区

在动画制作工程中，常需要对“属性”面板和“库”面板内容设置属性并进行编辑。

（1）“属性”面板，显示了名称、背景大小、背景色和帧频等信息。“属性”面板如图2-1-22所示。

（2）“库”面板，主要用于储存和组织元素的对象，包括导入的声音、图片和其他动画文件等，在导入这些文件的同时，Flash CS 5.5 Pro会将他们自动存放在库里，图库中的这些元素可以在同一个动画中反复使用。“库”面板由上下两个部分组成，上面用于显示元素，下面用于显示元素的名称。可以通过库下方的功能按钮对其进行修改、设置和删除。“库”面板如图2-1-23所示。

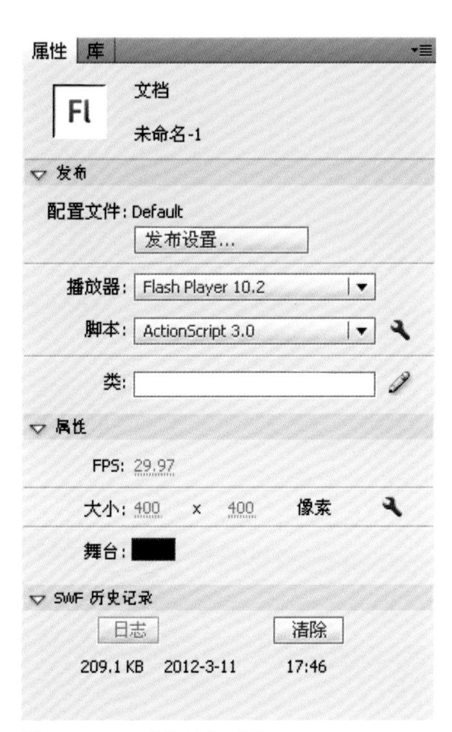

图2-1-22 “属性”面板

图2-1-23 “库”面板

第二节　图形绘制工具

一、绘图工具

1. 线条工具

快捷键：N；

功能：用于绘制各种长度或角度的直线。

单击“线条工具”按钮，使它处于被选择状态，这时在工作区会出现线条“属性”面板。线条工具的笔触颜色如图2-2-1所示。

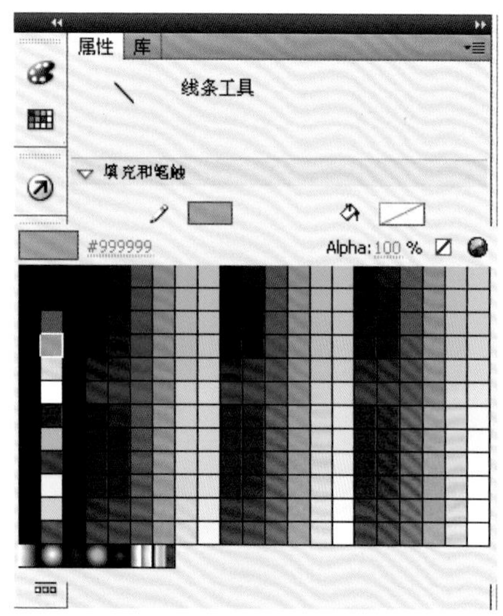

图2-2-1　线条工具的笔触颜色

（1）线条的颜色、粗细和形状。

单击“线条工具”按钮，在工作区中拖动鼠标绘制线条。线条的颜色、粗细、形状和端点等，可以在属性面板中直接调整，非常便捷。

线条线型的选取有极细线、实线、虚线和点画线等线型。线条工具的线型样式如图2-2-2所示。

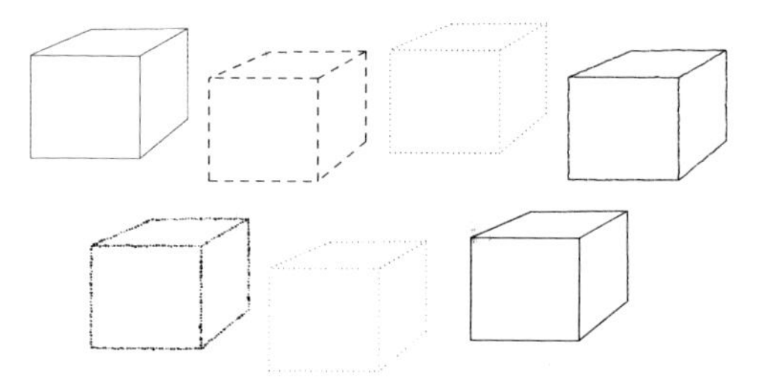

图2-2-2　线条工具的线型样式

“属性”面板中的“自定义”是指自定义线条的笔触样式，单击该按钮打开“笔触样式”界面，可以设置线条的线型和粗细等样式。线条工具的笔触样式如图2-2-3所示。

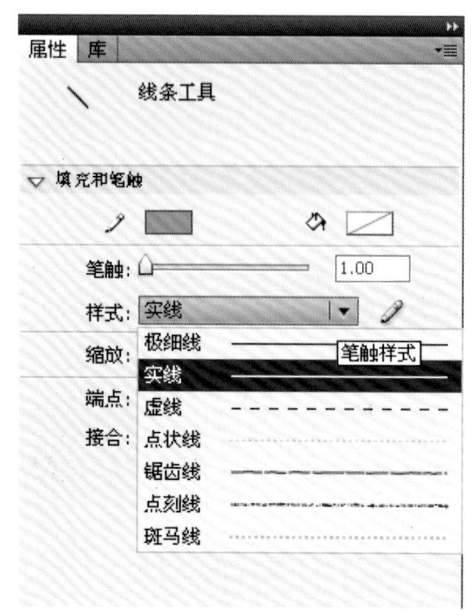

图2-2-3　线条工具的笔触样式

（2）线条的端点和接合。

线条的端点和接合为用力提供了多种线条和接合处的端点形状。从工具栏中选择了直线、铅笔、墨水瓶等工具时，在“属性”面板中可以找到这些设置。线条工具的接合如图2-2-4所示。

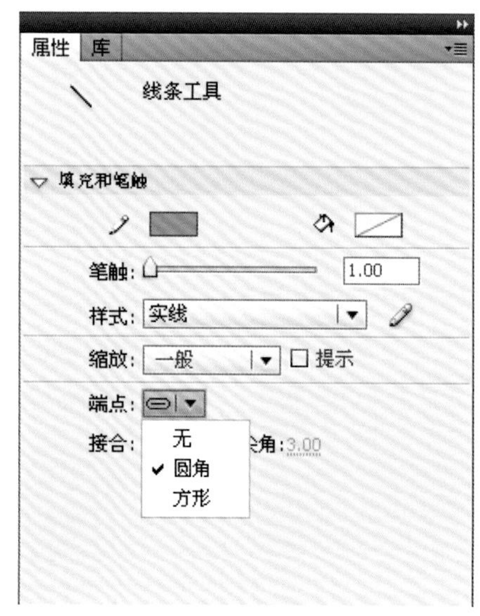

图2-2-4　线条工具的接合

使用线条工具，分别改变端点为“无”、“圆角”和“方形”，当然也可以选择已绘制的线条，对其端点进行改变。其中“无”与“方形”难以区分，只是短了一截儿。线条工具的端点如图2-2-5所示。

图2-2-5 线条工具的端点

接合是指两条线段相接处，也就是拐角的端点形状。在“属性”面板中单击“接合”旁的按钮，接合点的形状分别为尖角、圆角和斜角3种，其中斜角是指被“削平”的方形端点。设置不同接合处的端点形状后，绘制出直线效果。

（3）线条工具的选项工具栏。

当对象绘制按钮按下时，绘制的线条是一个独立的对象，周围有一个淡蓝色的矩形框。当绘制的直线对象贴紧到对象按钮下时，用线条工具在绘制线条时，Flash能够自动捕捉线条的端点，让绘制出的图形进行自动闭合。

2. 铅笔工具

快捷键：Y；

功能：绘制不规则的曲线或直线。

单击“铅笔工具”按钮，使它处于选择状态，这时在工作区会出现铅笔“属性”面板。铅笔工具的笔触样式如图2-2-6所示。

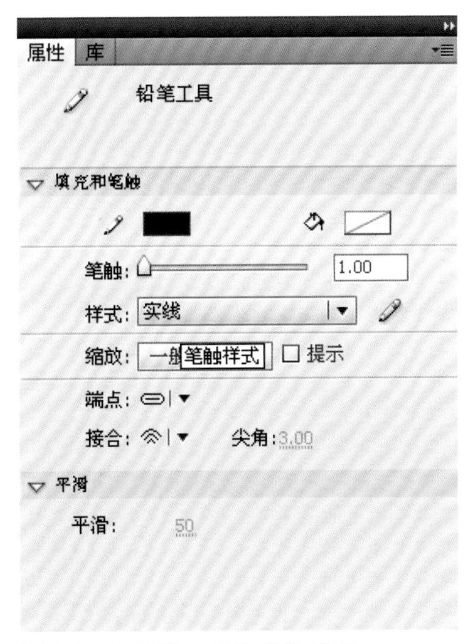

图2-2-6 铅笔工具的笔触样式

线条的颜色、粗线、形状和端点等，都可以在属性面板里直接调整。对应的选项工具栏中有铅笔工具按钮，该按钮决定曲线以何种方式模拟手绘的轨迹。单击按钮可以选择伸直、平滑和墨水3种铅笔模式。

3. 钢笔工具

快捷键：P；

功能：用于绘制精确、光滑的曲线，调整曲线曲率等。

单击“钢笔工具”按钮，使它处于选择状态，此时鼠标箭头呈钢笔形式，在舞台上单击，便可以绘制曲线。钢笔工具的“属性”面板与直线工具的属性面板相类似。钢笔工具“属性”面板如图2-2-7所示。

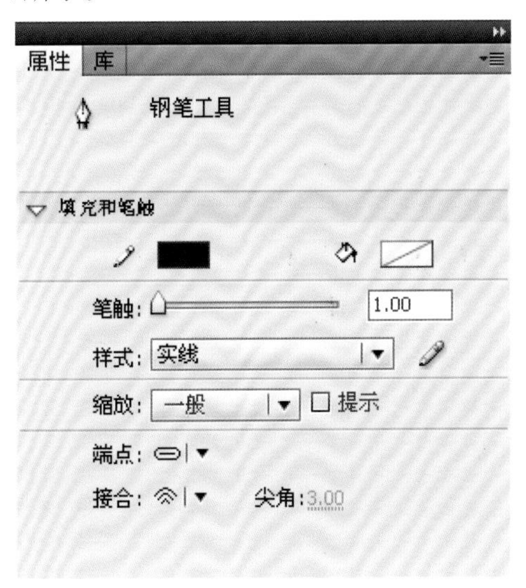

图2-2-7 钢笔工具“属性”面板

钢笔工具可以对绘制的图形具有非常精确的控制，绘制的节点、节点的方向点等都可以得到很好的控制。钢笔工具的节点控制如图2-2-8所示。

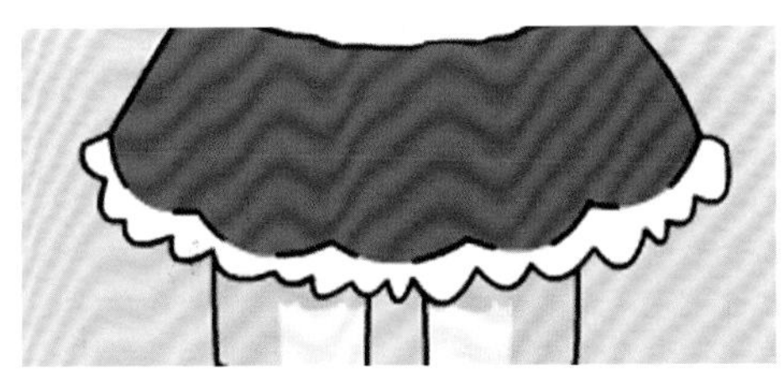

图2-2-8 钢笔工具的节点控制

4. 椭圆工具

快捷键：O；

功能：绘制椭圆或正圆的矢量图形。

单击“椭圆工具”按钮，在“属性”面板会出现矢量笔触颜色和内部填充色的属性。椭圆工具“属性”面板如图2-2-9所示。

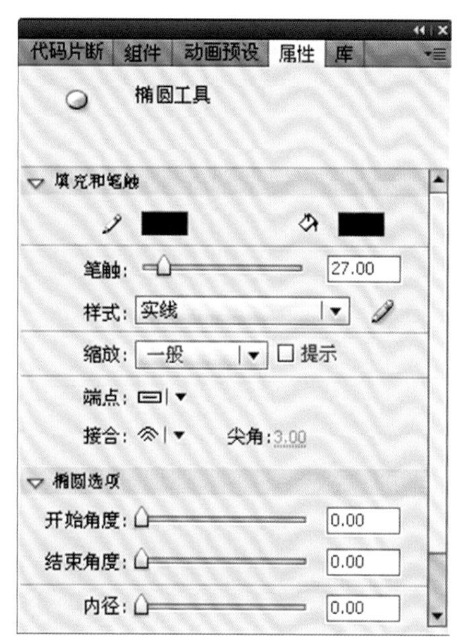

图2-2-9 椭圆工具“属性”面板

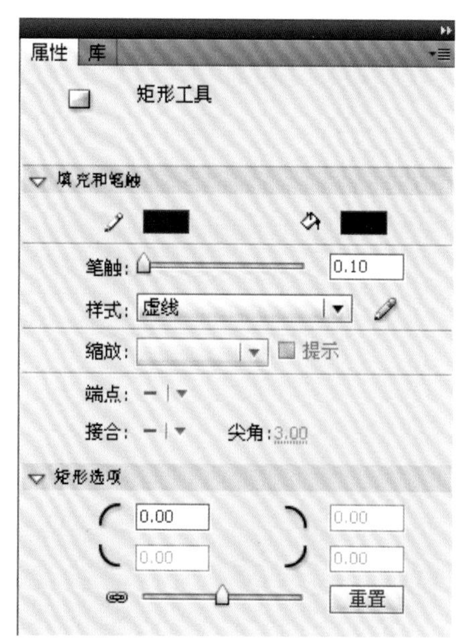

图2-2-10 矩形工具“属性”面板

如果要绘制无外框的椭圆，在“属性”面板中，先单击“笔触色”按钮，然后单击“无色”按钮，取消外部笔触的色彩；如果要绘制无填充的椭圆，在“属性”面板中，先单击“填充色”按钮，然后单击“无色”按钮，取消内部色彩的填充。

设置好椭圆的色彩属性后，移动鼠标到舞台中心，此时，鼠标呈十字形式，在舞台上单击后拖动鼠标，即可绘制。绘制出的椭圆或正圆将以当前笔触方式描边，以当前填充样式填充。

5. 矩形工具

快捷键：Y；

功能：绘制矩形、正方形和多边形的矢量色块或图形。

绘制矩形和正方形：使用矩形工具，选择不同类型的轮廓线，可以在舞台上绘制形式各异的矩形。

绘制圆角矩形：选择基本矩形工具后，在“属性”面板中，调节矩形选项工具下的滑块，可以绘制任意角度的圆角矩形。矩形工具“属性”面板如图2-2-10所示。

绘制星形和多边形：按住矩形工具等待数秒，鼠标上会弹出一个菜单，选中其中的多角星形工具，按住鼠标在舞台上拖动，就可以绘制多边形了。多角星形工具“属性”面板如图2-2-11所示。

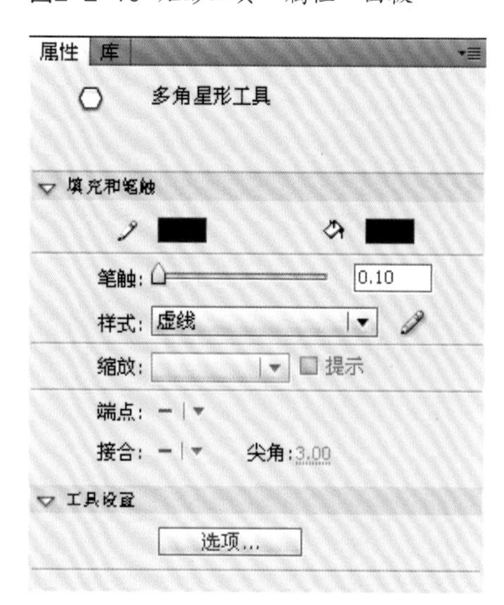

图2-2-11 多角星形工具“属性”面板

多边形在多角星形工具的“属性”面板中，单击下面的“选项”按钮，弹出“工具设置”对话框，可以对多边形工具的属性进行设置。

6. Deco工具

快捷键：U；

功能：图案填充、网格填充、对称效果设置。

藤蔓式填充效果：利用藤蔓式填充效果，可以用藤蔓式图案填充舞台、元件或封闭区域。通过从库中选择元件，可以替换用户自己的叶子和花朵的插图。生成的图案将包含在影片剪辑中，而影片剪辑本身包含组成图案的元件。

选择Deco工具，然后在属性检查器中从“绘制效果”菜单中选择【藤蔓式填充】命令。在Deco工具的属性检查器中，选择默认花朵和叶子形状的填充颜色，并选择默认喷涂点的填充颜色。在舞台上单击鼠标。Deco工具藤蔓式填充效果如图2-2-12所示。

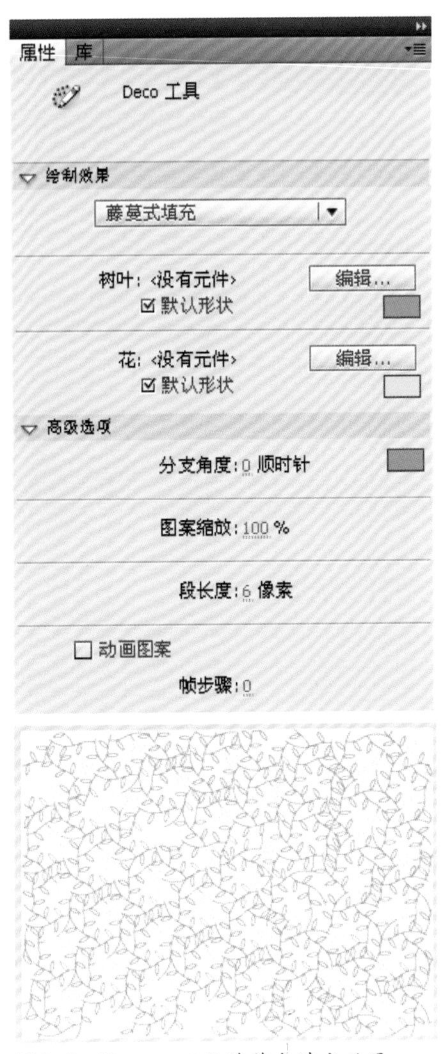

图2-2-12 Deco工具藤蔓式填充效果

或者选择【编辑】命令，从库中选择一个自定义元件，以替换默认花朵元件和叶子元件之一或同时替换两者。选择【文件】—【导入】—【导入到库】命令，在弹出的对话框中选择要导入的图形文件。

单击属性面板的“编辑”按钮，弹出“交换元件”对话框，在其中选择元件1花瓣图形，单击“确定”按钮。可以使用库中的任何影片剪辑或图形元件，将默认的花朵和叶子文件替换为藤蔓式填充效果。

在舞台上要显示图案的位置可单击或拖动鼠标，可以指定填充形状的水平间距、垂直间距和缩放比例。应用藤蔓式填充效果后，将无法更改属性编辑器中的高级选项以改变填充图案。

可以将库中的任何影片剪辑或图形元件作为“粒子”使用。通过这些基于元件的粒子，可以对在Flash中创建的插图进行多种创造性控制。

网格填充效果：使用网络填充效果可以用库中的元件填充舞台、元件或封闭区域。将网格填充绘制到舞台后，如果移动填充元件或调整其大小，则网格填充将随之移动或调整大小。

选择Deco工具，然后在属性编辑器中的“绘制效果”菜单选择【网格填充】命令。Deco工具网格填充效果如图2-2-13所示。

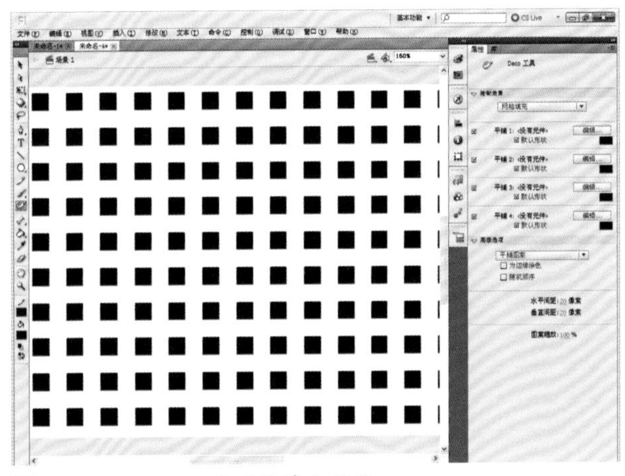

图2-2-13 Deco工具网格填充效果

在Deco绘画工具的属性检查器中，选择默认矩形形状的填充颜色，或者单击“编辑”按钮以从库中选择自定义元件。选择【文件】—【导入】—【导入到库】命令，在弹出的窗口中选择要导入的图形文件。

单击“属性”面板的“编辑”按钮，弹出“交换元件”对话框，在其中选择指定的元件，单击“确定”按钮。可以将库中的任何影片剪辑或图形元件作为元件与网格填充效果一起使用。单击鼠标左键，在舞台上要显示图案的位置单击或拖动。还可以指定填充形状的水平间距、垂直间距和缩放比例。选择“交换元件”填充效果如图2-2-14所示。

应用对称效果：使用对称效果可以围绕中心点对称排列元件。在舞台上绘制元件时，将显示一组手柄。可以使用手柄通过增加元件数、增加对称内容或编辑和修改效果的方式来控制对称效果。还可使用对称效果来创建圆形用户界面元素和旋涡图案。对称效果的默认元件是25像素×25像素、无笔

图2-2-14 选择“交换元件”填充效果

触的黑色矩形形状。

选择Deco工具，然后在属性检查器中的“绘制效果”菜单中选择【对称刷子】命令。

在Deco绘图工具的属性检查器中选择属于默认矩形形状的填充颜色，单击鼠标左键。Deco工具的对称刷子效果如图2-2-15所示。

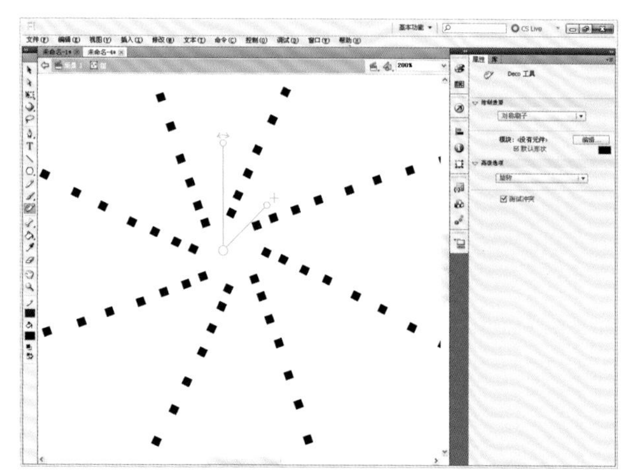

图2-2-15 Deco工具的对称刷子效果

选择【文件】—【导入】—【导入到库】命令，在弹出的对话框中选择要导入的图形文件。

单击属性面板的“编辑”按钮，弹出“交换元件”对话框。在其中选择指定的元件，单击“确定”按钮。可以将库中的任何影片剪辑或图形元件与对称刷子效果一起使用。通过这些基于元件的粒子，可以对在Flash中创建的插图进行多种创造性控制。在舞台上要显示图案的位置单击或拖动鼠标。

在“绘制效果”菜单中选择【对称刷子】命令，在属性检查器中将显示“对称刷子”高级选项。高级选项的设置有：绕点旋转、跨线反射、跨点反射和网络平移等。

二、上色工具

矢量图形的颜色分别为外部轮廓（即笔触）色和内部填充色两种。一般来说，对矢量图形填充颜色可以借助于颜色工具栏或者属性面板中的调色板直接进行，下面学习上色工具的使用方法。

1. 墨水瓶工具

快捷键：S；

功能：改变矢量线段、曲线以及图形轮廓的属性。

单击“墨水瓶工具”按钮，使它处于选中状态，此时鼠标呈墨水瓶形式。墨水瓶工具用于以当前笔触形式对对象进行描边，在属性面板中可以更改线条或形状的轮廓颜色、宽度和样式。

使用墨水瓶工具修改对象的轮廓属性的操作方法如下：

从工具栏中选择墨水瓶工具，然后在颜色工具栏中选择笔触色，从属性面板中选择笔触的样式和高度，接着在场景中在对象的轮廓上单击鼠标，完成对轮廓属性的修改。可以使用渐变色或位图对对象进行描边。如果描边的对象是用钢笔工具绘制的路径以及各种形状的轮廓线，填充后，这些线条还可以和普通路径一样对节点进行编辑。修改轮廓属性的效果如图2-2-16所示。

2. 颜料桶工具

快捷键：K；

功能：改变内部填充区域的色彩属性。

单击“颜料桶工具”按钮，使它处于选中状态，此时鼠标呈颜料桶形式，颜料桶工具以当前填充样式对对象进行填充，可以是纯色、渐变色或位图。修改色彩属性的效果如图2-2-17所示。

图2-2-16 修改轮廓属性的效果

图2-2-17 修改色彩属性的效果

设置缺口宽度：用颜料桶工具填充指定区域时，可以忽略封闭区域的一定缺口的宽度，实现对一些未完全封闭的区域进行填充。单击选项工具栏中的“空隙大小”按钮，将显示无封闭空隙、封闭小空隙、封闭中等空隙和封闭大空隙4种方案。

锁定填充：在颜料桶工具和笔刷工具的选项工具栏中都有一个“锁定填充”按钮，它的作用是确定渐变色的参照基准。

3. 刷子工具

快捷键：B；

功能：绘制任意形状的色块矢量图形。

刷子工具能绘制出笔刷般的笔触，就好像在涂色一样。

单击“刷子工具”按钮，使它处于被选中状态，刷子模式、刷子大小和形状等都可以在选项工具栏中直接调整，还可以选择对象绘制模式。

刷子模式：单击“刷子工具”按钮，刷子模式下拉列表框会出现标准绘画、颜料填充、后面绘画、颜料选择和内部绘画等模式。刷子工具和刷子模式如图2-2-18所示。

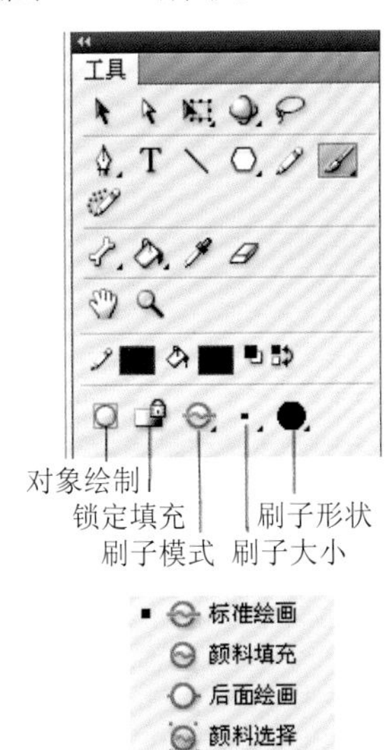

图2-2-18 刷子工具和刷子模式

刷子大小和形状：可以看到刷子从小到大共8种，可根据需要进行选择：刷子形状共9种，不同形状的笔刷可绘制不同的对象。刷子的大小和形状如图2-2-19所示。

刷子工具的应用：利用刷子工具模拟笔压的特性，可以很轻松地实现虚实相间、生动活泼的手绘效果图。可以借助外部输入工具手绘数位板实现理想效果图。

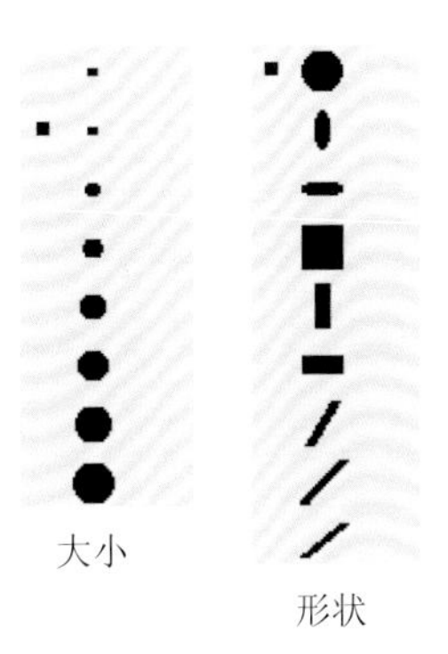

图2-2-19 刷子的大小和形状

4. 滴管工具

快捷键：I；

功能：将舞台中已有对象属性赋予当前绘图工具。

滴管工具不仅可以吸取调色板中的颜色，工作区中任何位置的颜色都可以吸取。

吸取填充：当滴管工具在填充区域中单击时将获取对象的填充属性，并自动转换成颜料桶工具。

吸取轮廓线：当吸管工具在轮廓线上单击时将获取对象的轮廓线属性，并自动转换成墨水瓶工具。

吸取文本：当吸管工具在文本上单击时将获取文本的属性，并自动转换成文本工具。

吸取位图：当吸管工具在位图上单击时，可吸取单击位置上的颜色，这时颜色工具栏中的填充色自动变成了所吸取的颜色。然后选择颜料桶工具，单击其他区域即可将吸取的颜色填充到这些区域中去。

三、“颜色”面板组

对矢量图形填充编辑时，除了可以借助于颜色工具栏或者“属性”面板中的调色板直接进行外，还要用到两个与上色有关的面板：“颜色样本”面板和“混色器”面板。

1. “颜色样本”面板

“颜色样本”面板提供了最为常用的色彩，可以用于快速选择色彩并且允许添加颜色。在“颜色”面板组中，选择“颜色样本”选项卡，即可打开“颜色样本”面板。“颜色样本”面板如图2-2-20所示。

“颜色样本”面板用来保存影片中用到的一些颜

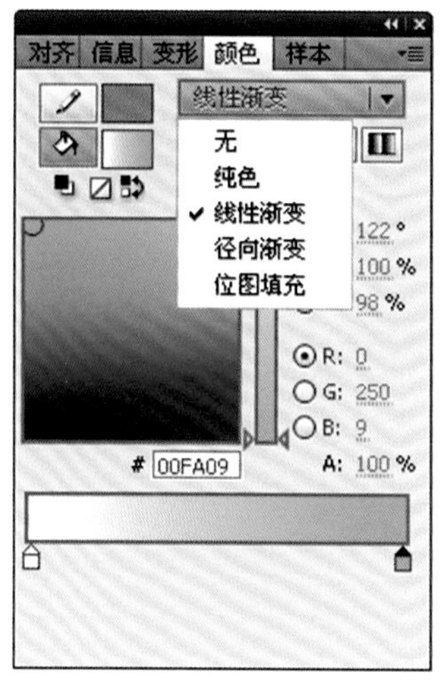

图2-2-20 “颜色样本”面板

色，与Photoshop中的样本色功能相同。Flash本身提供了一些常见的样本色板，通过面板右上的三角按钮可以直接调出来用。

2. “混色器”面板

当需要的颜色在“颜色样本”面板里没有时，可以选择使用“混色器”面板，其功能是编辑填充轮廓和文字的颜色。如果“颜色”面板组没有显示，可以选择【窗口】—【混色器】命令，或按快捷键Shift+F9，打开“混色器”面板。

“默认填充轮廓线”按钮：该按钮允许切换到默认轮廓填充样式，即黑色轮廓白色填充。

“无色”按钮：该按钮为填充或轮廓选择无色。在绘制椭圆、矩形及曲线时可能会不需要轮廓色或填充，就可以使用该按钮。

“交换颜色”按钮：单击该按钮可以将填充色和轮廓色交换。混色器共有“无”、“纯色”、“线性”、“放射状”和“位图”5种填充类型。

选择颜色进行填充：在“混色器”面板中单击“当前笔触色”按钮或“当前填充色”按钮，即可从弹出的颜色表中选择颜色。

编辑渐变色：线性渐变填充显示了一般色黑白线渐变色填充面板，渐变色是以颜色指针来定义的。编辑渐变色时，首先在一个指针上单击，选择该指针，然后在颜色选择区中为该指针另选一种颜色。放射状渐变的编辑和线性渐变类似。

当要增加渐变色指针数量时，可以将鼠标指针移至渐变色条下面的合适位置，这时鼠标指针旁会出现一个“+”号，单击鼠标即可增加一个指针，然后可以对该指针的色彩进行调整。也可以将指针向下拖到色条外，将指针删除。编辑渐变色示例如图2-2-21所示。

设置“溢出”模式：溢出是指允许控制超出线性或放射状渐变限制的颜色。“溢出”模式有扩展（默认模式）、镜像和重复3种。

保存当前所编辑的渐变色：单击“混色器”面板右上角的三角按钮，在展开的下拉菜单中选择【添加样本】命令，即可将当前编辑的渐变色保存到当前的“颜色”面板中，如图2-2-22所示。

位图填充：将位图文件导入到Flash后，就可以使用位图进行填充。先在舞台上面画一个矩形，然后选择【文件】—【导入】—【导入到舞台】命令，或按快捷键Ctrl+R。

在弹出的“导入”对话框中选择要导入的位图，单击“打开”按钮，导入一张位图。在“混色器”面板的“类型”下拉列表框中

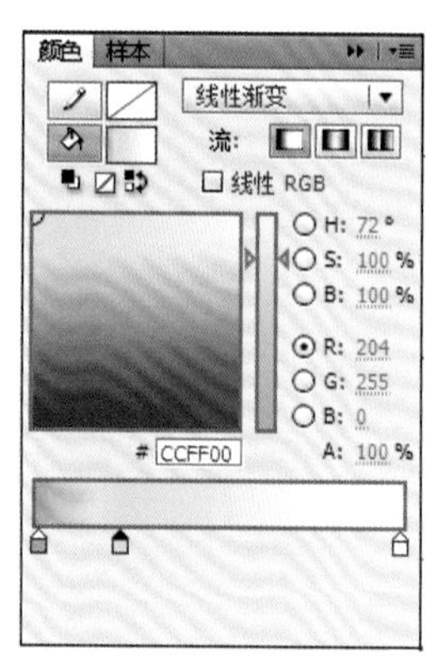

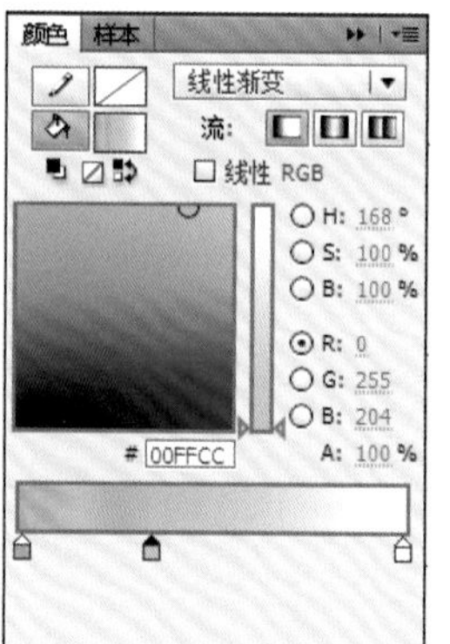

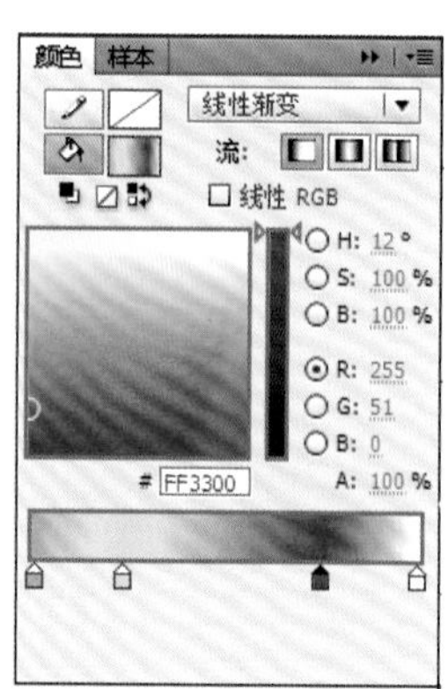

图2-2-21 编辑渐变色

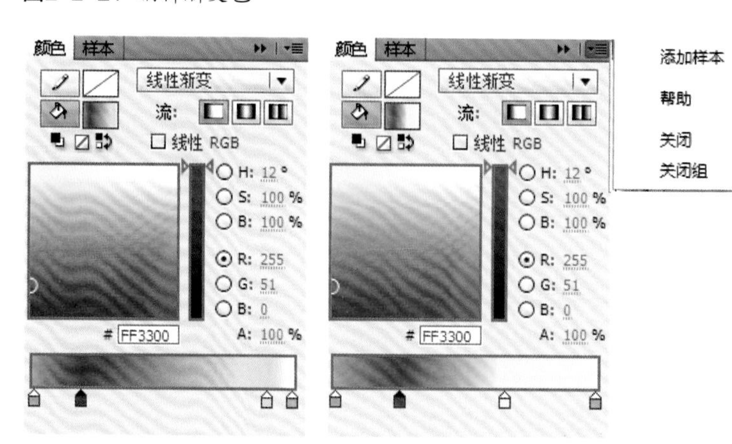

图2-2-22 保存所编辑的渐变色

选择位图填充方式，然后用颜料桶工具对矩形进行填充。位图填充效果如图2-2-23所示。

图2-2-23 位图填充效果

四、选择工具

1. 箭头工具

快捷键：V；

功能：选择、移动、复制对象、编辑对象、编辑线条或轮廓、平滑/拉直线条或轮廓。

（1）选择、移动和复制对象。

选择单个对象：使用箭头工具，单击舞台要选择的对象，即可选中该对象。

选择多个对象：使用箭头工具，在舞台上拖动鼠标进行框选，即可选择选择框触及的对象。按住Shift键的同时单击要选择的对象，可以同时选择多个对象。

选择全部对象：选择【编辑】—【全选】命令，或按住快捷键Ctrl+A，可以选择舞台中的所有对象。

当对象被选中后，可以拖动鼠标移动对象，或按PageDown键移动对象。在按下Ctrl键的同时移动对象，可以复制对象。

（2）编辑线条或轮廓。

选择箭头工具后，还可以直接单击拖动形状的轮廓改变其外形，这是绘图过程中很实用的功能，箭头工具的选项工具栏。

（3）平滑/拉直线条或轮廓。

在当前对象处于选择状态的情况下，可以利用选项工具栏中的“平滑”或“拉直”按钮对选中的线条或轮廓进行平滑或拉直操作。

2. 部分选择工具

快捷键：A；

功能：编辑轮廓、轮廓上的节点以及调节节点的切线方向。

单击选择节点后，可以进行的操作有移动节点和删除节点，还可以通过调节节点切线的端点来调节线条或轮廓的形状。选择轮廓的形状如图2-2-24所示。

图2-2-24 选择轮廓的形状

选择节点：使用部分选择工具，在对象的轮廓上单击，再单击其中的某一节点，即可选择该节点。选中的节点呈实心显示。

移动节点：选择节点后，拖动鼠标即可移动节点。

删除节点：选择节点后，在键盘上按Delete键，即可删除该节点。

调节节点：选择节点后，可以通过拖动节点切线的端点来调节线条或轮廓的形状。

3. 套索工具

快捷键：L；

功能：用于在舞台中选择不规则区域或多个对象。在工具栏中单击“套索工具”按钮，此时的选项工具栏会出现魔术棒、魔术棒设置、多边形模式。套索工具的3种功能如图2-2-25所示。

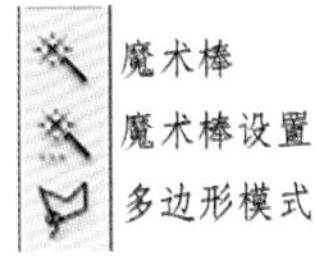

图2-2-25 套索工具的3种功能

魔术棒：选择该模式时，在舞台上单击对象，选择被认为与单击处颜色相同的相邻区域，与图像处理软件Photoshop的魔术棒工具相似。

魔术棒设置：单击该按钮将弹出“魔术棒设置”对话框，在该对话框中可以设置魔术棒的各项参数值。“魔术棒设置”对话框如图2-2-26所示。

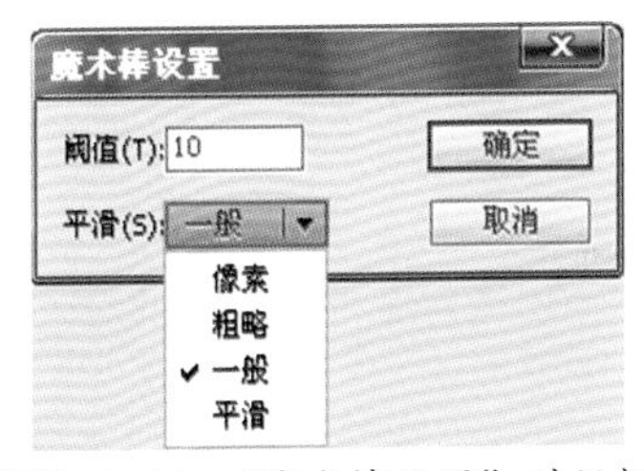

图2-2-26 “魔术棒设置”对话框

多边形模式：在该模式下，将按照鼠标单击后所围成的多边形区域进行选择。

五、编辑工具

1. 任意变形工具

快捷键：Q；

功能：对图形进行缩放、扭曲、封套和旋转变形。

在工具栏中选择任意变形工具，再单击舞台上的一个非元件、非成组的矢量图形时，任意变形工具的选择工具栏的5种功能如图2-2-27所示。

吸附到对象
旋转与倾斜
缩放
扭曲
封套

图2-2-27 任意变形工具的5种功能

变形的中心点就是在变形中保持不变的点，是变形的参照点。变形的参照点是可以通过自由变形工具来根据不同的要求调整的。移动中心点位置后的旋转如图2-2-28所示。

任意变形工具的基本作用：使用变形工具可以对所有的对象进行缩放和旋转操作，如果选择的对象是一个非元件、非成组的矢量图形时，还可以进行扭曲和封套操作。

2. 填充变形工具

快捷键：F；

功能：对填充的渐变色进行变形。

填充变形工具用来编辑渐变色和位图填充的大小、方向、旋转角度和重心位置。增强的渐变功能使用户对舞台上的对象应用更复杂的渐变，其方法是：在工具栏中选择填充变形工具，在舞台上单击要编辑的渐变色或位图填充区域，这时在该区域上会出现一个带有编辑手柄的示意框（矩形、圆形或两条平行线），这些示意框表示了填充区域的渐变色或位图的有效范围。

3. 橡皮擦工具

快捷键：E；

功能：擦出当前工作区中正在编辑对象的填充和轮廓。

在选项工具栏中可以选择橡皮擦外形和橡皮擦模式，它提供了标准擦除、擦除填色、擦除线条、擦除所选择填充、内部擦除5种擦除模式和水龙头模式来擦除对象。橡皮擦外形和橡皮擦模式如图2-2-29所示。

图2-2-28 移动中心点位置后的旋转

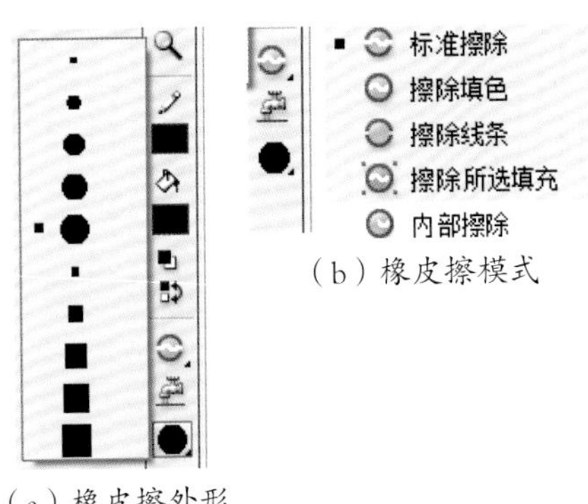

（b）橡皮擦模式

（a）橡皮擦外形

图2-2-29 橡皮擦外形和橡皮擦模式

六、查看工具

1. 手形工具

快捷键：H；

功能：通过鼠标拖动来移动舞台画面，以便更好地观察。

使用这个工具移动舞台画面，可以在放大的图形中观察图形的细节。观察图形的细节如图2-2-30所示。

2. 缩放工具

快捷键：Z；

功能：可以改变舞台画面的显示比例。

单击“缩放工具”按钮后，加号为放大按钮，减号为缩小按钮。

在放大对象时，可以直接选择要放大的区域，便可实现区域放大。

图2-2-30 观察图形的细节

第三节　FLASH动画基础

一、帧

在Flash中，将每一个影格称为帧，帧是Flash中最小的时间单位。

1.帧的种类

根据帧的作用不同，可以将帧分为普通帧、关键帧和过渡帧三类。普通帧包括普通帧和空白帧；关键帧包括关键帧和空白关键帧；过渡帧包括形状过渡帧和动画过渡帧。帧的种类如图2-3-1所示。

2. 帧的基本概念

（1）关键帧。

关键帧有别于其他帧，它是一段动画起止的原型，期间所有的动画都是基于这个起止帧进行变化的。

关键帧是一个非常重要的概念，一定要着重注意和理解。关键帧一般存在于一个补间动画的两端。只有在关键帧中才可以加入动作脚本命令，调整动画元素的属性，而在普通帧和过渡帧中则不行。

（2）普通帧。

只能将关键的状态进行延续，一般用来将元素保持在舞台上。

（3）过渡帧。

两个关键帧之间的部分就是过渡帧，它们是起始关键帧动作向结束关键帧动作变化的过渡部分。在进行动画制作过程中，不必理会过渡帧的问题，只要定义好关键帧以及相应的动作就可以了。过渡帧一般用灰色底色来表示。

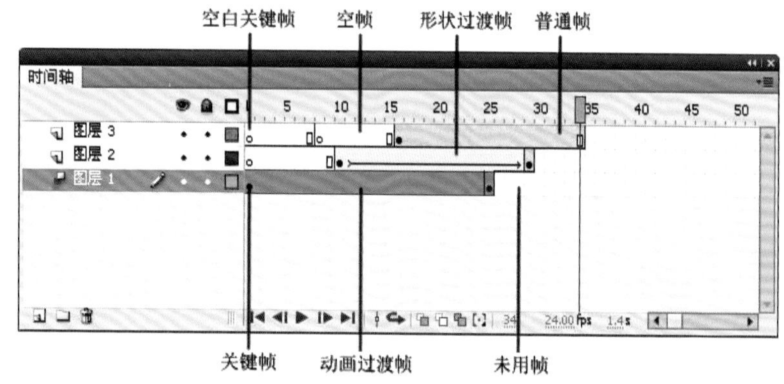

图2-3-1　帧的种类

（4）空白关键帧。

在一个关键帧里，什么对象也没有，这种关键帧，被称为空白关键帧。

3. 帧的编辑

在时间轴的某一帧上单击鼠标右键，将弹出快捷菜单，其中包括对帧进行编辑的所有命令，还包括“创建补间动画”与“创建补间形状”命令，在其中可以执行【选择】、【创建】、【删除】、【剪切】、【复制】和【粘贴】等命令。编辑帧的快捷菜单如图2-3-2所示。

（1）选择帧。

帧被选择后，呈灰色显示，下面为选择帧的几种形式。

选择单个帧：单击所要选择的帧，即可选中该帧，如图2-3-3所示。

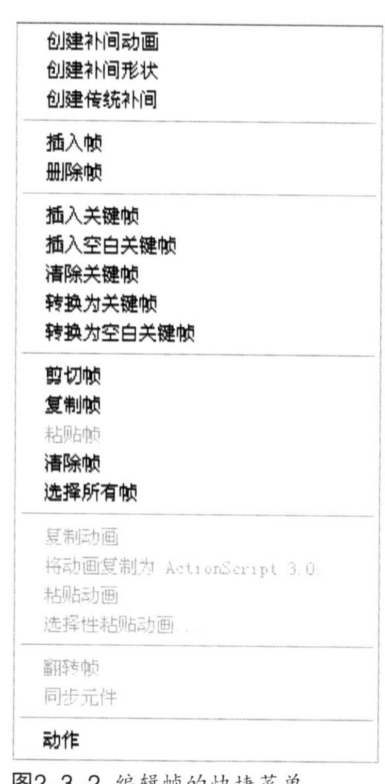

图2-3-2　编辑帧的快捷菜单

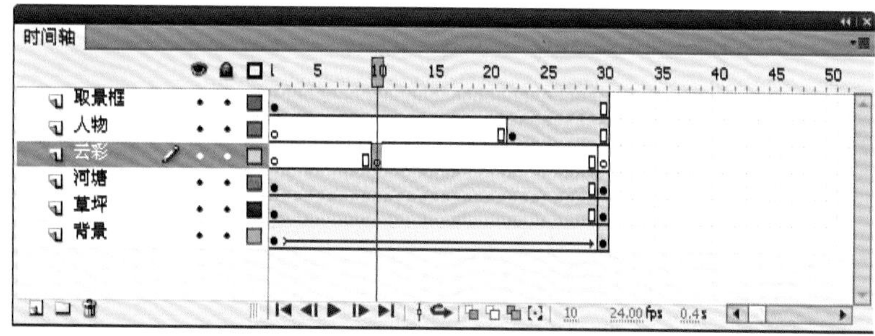

图2-3-3　选择单个帧

选择多个帧：选择连续的帧，按住Shift键的同时用鼠标左键分别单击所要的两帧；选择不连续的帧，按住Ctrl键的同时用鼠标左键分别单击所有选择的帧，如图2-3-4所示。

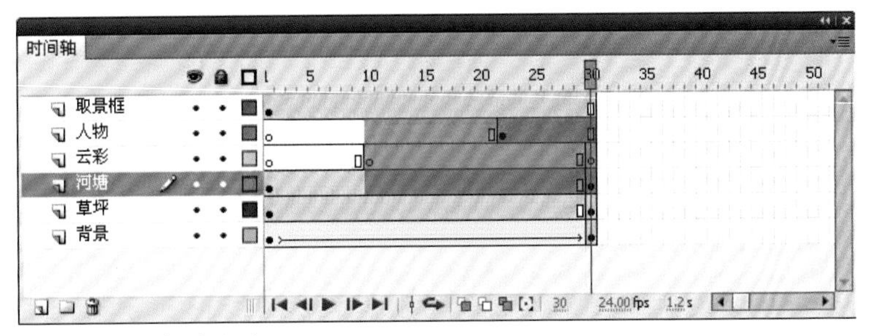

图2-3-4 选择多个帧

选择全部帧：选择【编辑】—【时间轴】—【选择所有帧】命令，或在时间轴上单击鼠标右键，从弹出的快捷键菜单中选择【选择所有帧】命令，如图2-3-5所示。

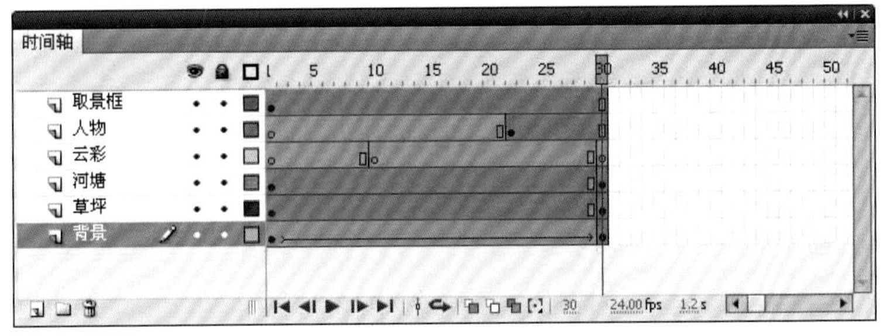

图2-3-5 选择全部帧

（2）插入帧。

插入关键帧可分为插入关键帧、插入空白关键帧和插入帧3种，下面分别进行介绍。

插入关键帧。在插入帧之前，首先要选择帧，即确定插入关键帧的位置，然后按住F6键或单击鼠标右键，在弹出的快捷键中选择【插入关键帧】命令。

插入空白关键帧。先选择帧，然后按F7键或用鼠标右键单击所要选择的帧，在弹出的快捷菜单中选择【插入空白关键帧】命令。

插入帧。先选择帧，然后按F5键或用鼠标右键单击所要选择的帧，在弹出的快捷菜单中选择【插入帧】命令。

插入帧相当于将前一帧内容延长至该帧，可以将元素保持在舞台上。

（3）清除帧。

在要清除的帧上单击鼠标右键，在弹出的快捷菜单中有【清除关键帧】、【清除帧】和【删除帧】命令。

（4）剪切、复制和粘贴帧

在选择的帧上单击鼠标右键，在弹出的快捷键菜单中有【剪切】、【复制】和【粘贴帧】命令。

4. 帧的属性

在制作Flash动画时，经常会用到帧的“属性”面板，如图2-3-6所示。

帧的“属性”面板中有标签和声音两组选项。

标签：帧标签用于标明当前关键帧的名称，用于控制时间轴跳转。当用户在“名称”文本框中对当前关键帧命名后，标签类型变为可用，包括名称、注释和锚记等类型，如图2-3-7所示。

声音：可以对声音的特效和播放次数等属性进行设置，如图2-3-8所示。

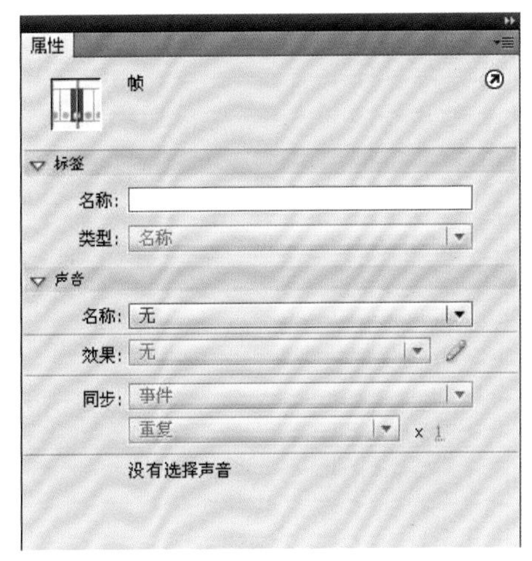

图2-3-6 帧的“属性”面板

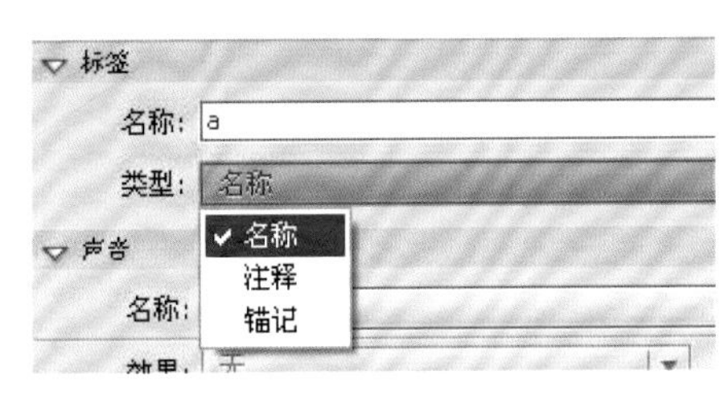

图2-3-7 设置标签类型

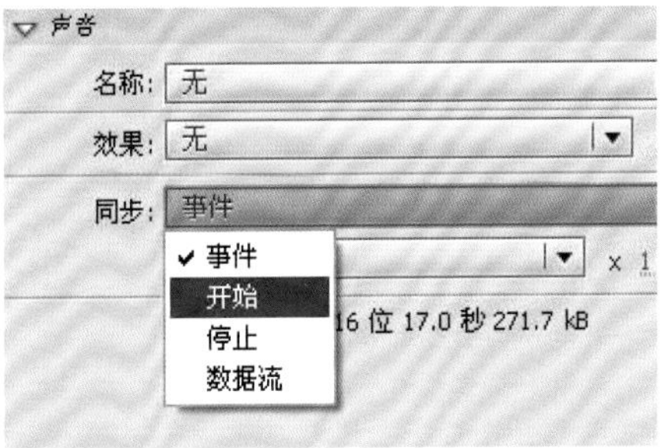

图2-3-8 设置声音属性

二、元件、实例和库

1. 关于元件

元件是Flash中一个非常重要的内容，是可重复使用的图片、动画或按钮。对于创建元件的操作，Flash CS 5.5 Pro与之前的版本基本相同。元件只需创建一次，就可以在整个文档或其他文档中重复使用。创建的任何元件都会自动成为当前文档库的一部分，将元件从“库”面板拖到舞台时，舞台上就增加了一个该元件的实例。拖到舞台上的元件如图2-3-9所示。

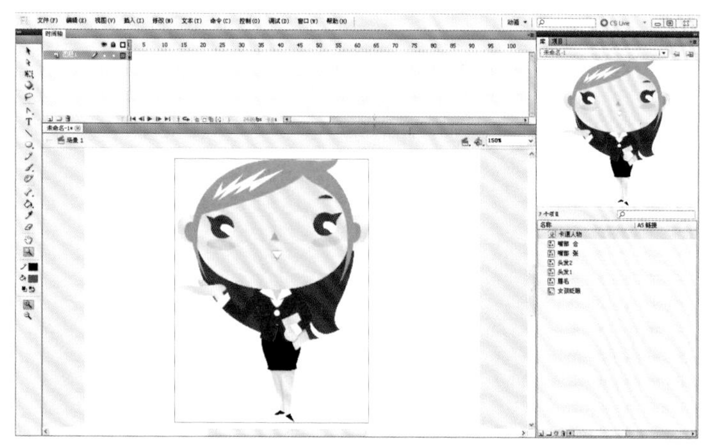

图2-3-9 拖到舞台上的元件

图2-3-10 不同类型的元件

每个元件都有一个唯一的时间轴、舞台以及几个层。Flash元件包括图形、按钮和影片剪辑3种类型。创建元件时要选择的元件类型，取决于用户在作品中如何使用该元件。创作后，在“库”面板中会显示不同类型的元件，如图2-3-10所示。

2. 元件与实例

当将元件从库中拖入舞台时，就增加了一个该元件的实例。

可以对实例进行缩放、改变大小与透明度等操作。对实例进行的这些操作不会影响到元件本身。但对元件进行修改后，Flash就会更新该元件的所有实例。

（1）图形元件与实例。

图形元件一般是静态图片或和影片的主时间轴同步的动画。其实例的“属性”面板如图2-3-11所示。

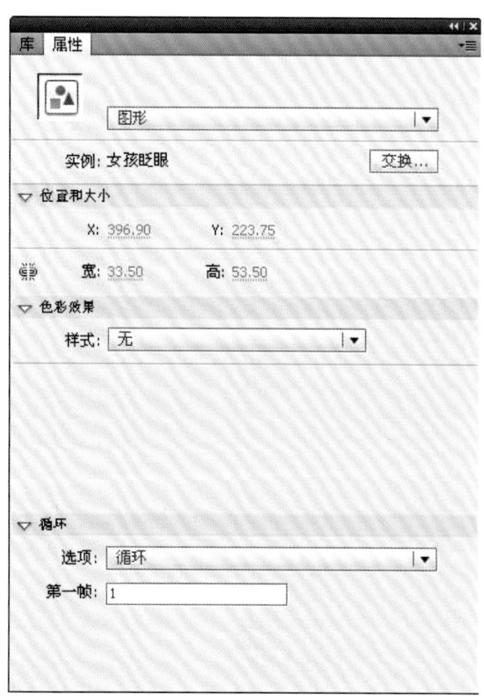

图2-3-11 实例的“属性”面板

实例类型：用于改变实例在舞台上的表现类型，有影片剪辑、按钮和图形3种类型。

X/Y：用于显示或修改实例中心点在舞台中的X坐标和Y坐标。

宽度/高度：用于显示或修改实例的高度或宽度。当左边的挂锁图标呈锁定状态时，可等比例修改实例的高度和宽度；单击该图标使之呈开锁状态时，则可取消等比例修改实例的高度和宽度。

交换：该按钮用于给实例制定不同的元件，从而在舞台上显示不同的实例，并保留所有的原始实例属性。

色彩效果：用于改变实例的色彩效果，如图2-3-12所示。在该下拉选项列表框中有“亮度”、“色调”和Alpha等色彩方面的选项。

循环：该选项是图形元件的实例所特有的一个功能选项，它包含“循环”、“播放一次”和“单帧”3个选项。在“第一帧”文本框中可以指定要显示哪一帧。循环选项如图2-3-13所示。

（2）影片剪辑与实例。

影片剪辑拥有自己独立的时间轴，它的播放与主时间轴没有直接关系。影片剪辑元件实例的“属性”面板如图2-3-14所示。

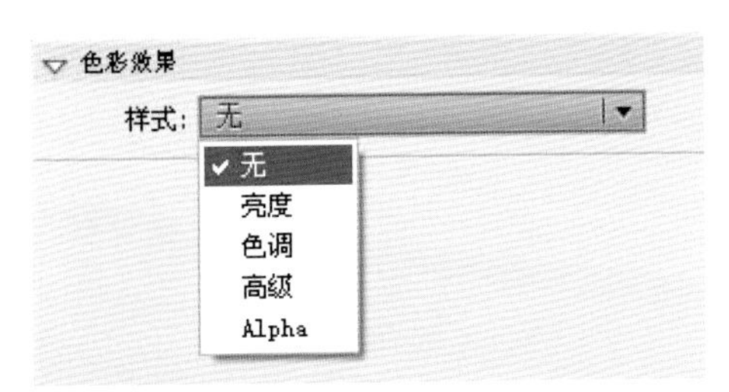

图2-3-12 色彩效果样式

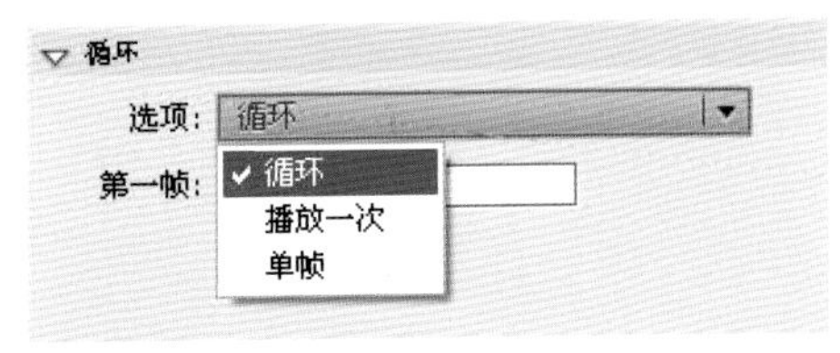

图2-3-13 循环选项

图2-3-16 音轨选项

在Flash CS 5.5 Pro中，影片剪辑也是一种类型的对象，可以在“实例名称”文本框中为其重命名，在“3D定位和查看”栏中调整大小和位置，并且增加了“透视角度”和“消失点”两个位置项。另外，与图形实例不同的是，影片剪辑实例可以增加滤镜，可以对鼠标时间进行响应，具有交互功能。

“显示”栏中的“混合”选项用于创建复合图像效果。选中“缓存为位图”复选框，可以将自身无变化的矢量图按位图来显示，提高影片播放速度。但是如果矢量图频繁变化（旋转、缩放等），这个特性也就没有效果了。

（3）按钮元件与实例。

按钮实际上就是一个4帧的影片剪辑，它可以感知用户的鼠标动作，并触发相应时间。按钮实例的“属性”面板如图2-3-15所示。

按钮元件和影片剪辑元件类似，可以重命名，添加滤镜和设置显示，使用“缓存为位图”也可以对鼠标事件进行相应，具有交互功能。

音轨是Flash CS4及以上版本的特殊属性，这个选项用于控制鼠标事件的分配。音轨选项如图2-3-16所示。

音轨作为按钮：按钮实例的行为和普通按钮类似。

音轨作为菜单项：无论鼠标是在按钮上或者在其他部分上按下，按钮实例都可以接收。这个选项一般用于制作菜单系统和电子商务应用。

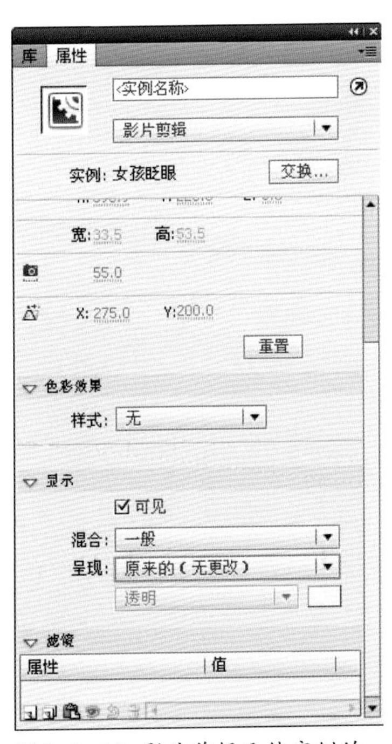

图2-3-14 影片剪辑元件实例的“属性”面板

图2-3-15 按钮实例的“属性”面板

3. 关于库

（1）库。

Flash项目可包含上百个数据项，其中包括元件、声音、位图及视频。若没有库，要对这些数据项进行操作并跟踪将是一项令人望而生畏的工作。对Flash库中的数据项进行操作的方法与操作文件的方法相同。

Flash CS 5.5 Pro中包含大量的增强库，通过它们可以使在Flash文件中查找、组织及使用可用资源的工作变得容易许多。

选择【窗口】—【库】命令，就可以显示“库”面板。在关闭库之前，它一直是打开的。“库”面板由以下区域组成。“库”面板如图2-3-17所示。

“选项菜单”按钮：单击此处打开库选项菜单，其中包括使用库中的项目所需的所有命令。

文档名称下拉列表框：当前编辑的Flash文件的名称。

Flash CS 5.5 Pro的“库”面板：允许同时查看多个Flash文件的库项目。在文档名称下拉列表框中可以选择要查看库项目的Flash文件。

预览窗口：在此窗口中可以预览某项目的外观及其工作情况。

元件列表：描述信息栏下的内容，它提供项目名称、种类、使用数等信息。

“切换排列顺序”按钮：使用此按钮对项目进行升序或降序排列。

“新建元件”按钮：使用此按钮从“库”面板中创建新元件，它与Flash主菜单栏的“插入”菜单中的“新建元件”命令的作用相同。

“新建文件夹”按钮：使用此按钮将在库目录中创建一新文件夹。

“属性”按钮：使用此按钮将打开项目的“属性”面板，可以更改选定项的设置。

“删除”按钮：如果选定了库中的某项，然后单击此按钮，将从项目中删除此项。

搜索栏：利用该功能，用户可以快速地在“库”面板中查找需要的库项目。

在Flash CS 4之前的版本中，“库”面板上还有一个“窄库视图”按钮和一个“宽库视图”按钮。

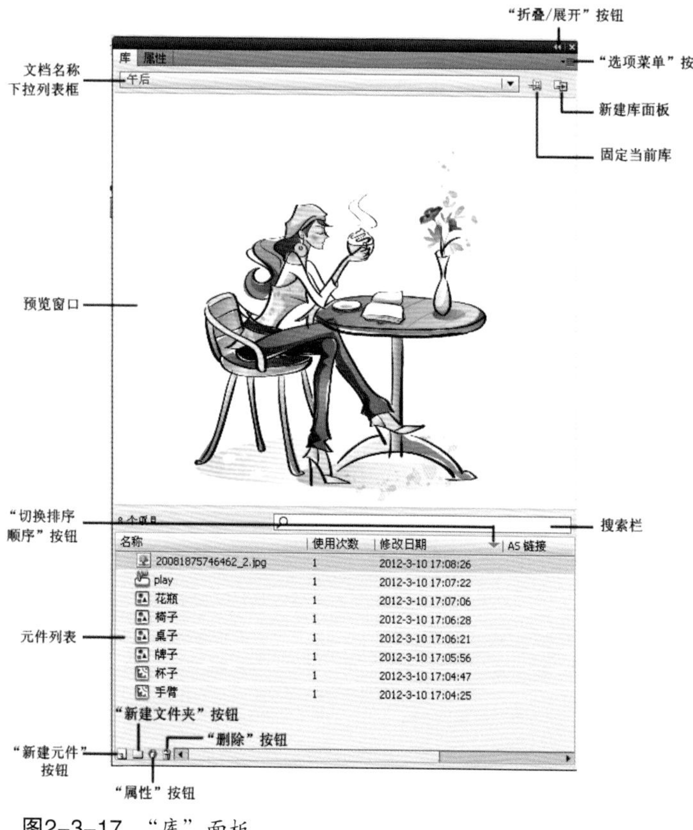

图2-3-17 “库”面板

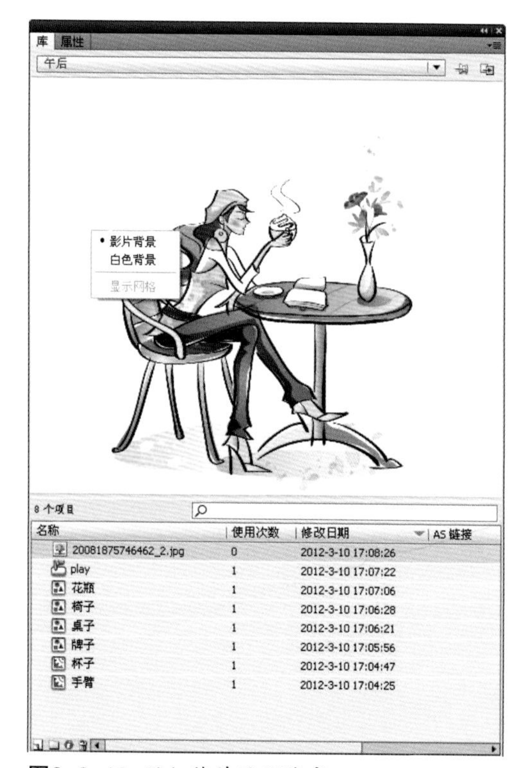

图2-3-18 附加菜单的预览窗口

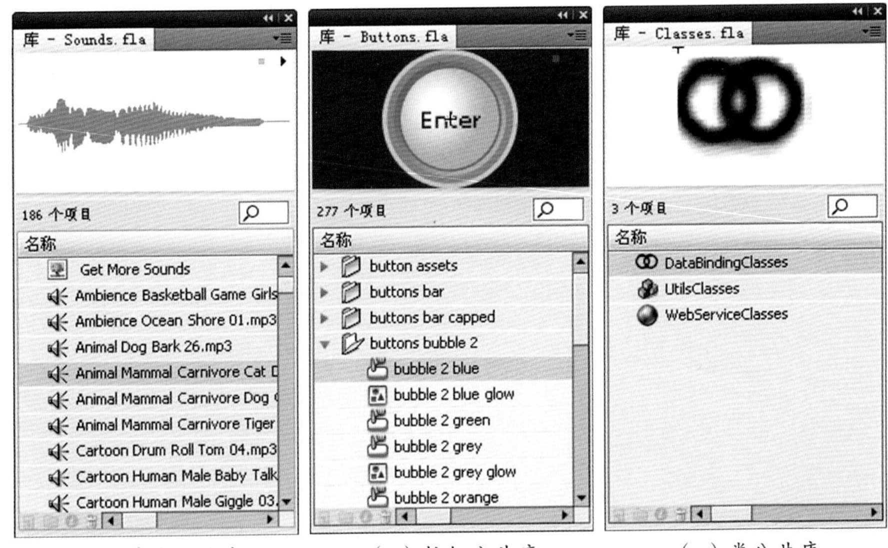

（a）声音公共库　　（b）按钮公共库　　（c）类公共库

图2-3-19 公共库

“窄库视图”按钮用于做消化“库”面板，以便只显示最相关信息，此时可以使用水平滚动栏在各栏之间滚动；“宽库视图”按钮用于最大化“库”面板，以便显示库中所有的信息。在Flash CS 4之后已不存在这两个按钮了，用户可以直接修改“库”面板的尺寸，或拖动“库”面板底部的滚动条查看需要的库项目信息。

在使用库时，用户还可以使用一些很有用的附加菜单。例如，在“库”面板中右击预览窗口，在弹出的快捷菜单中可以设置所需的预览窗口背景。如附加菜单的预览窗口如图2-3-18所示。

（2）使用公共库。

Flash CS 5.5 Pro给用户提供了公共库。利用该功能，可以在一个动画中定义一个公共库，在以后制作其他动画时就可以链接该公共库了，并使用其中的组件。在导出该动画时，这些共享组件文件被视为外部文件，而不加载到该动画文件中。

用户可以从“窗口”菜单里找到“公共库”。在Flash中公共库就是一个独立的库，但是根据公共库中资源类型的不同，Flash CS 5.5 Pro公共库分为声音公共库、按钮公共库和类公共库3类，其示例如图2-3-19所示。

在Flash CS 4之前的版本中，公共库中没有“声音”子库，而是“学习交互”子库，这个公共库中的元件都是影片剪辑元件，这些元件可以为用户创建交互动画。

把一个组件定义成公共库，其具体的操作步骤如下：

打开一个需要定义成公共库的动画，选择【窗口】—【库】命令，打开“库”面板。

在图库面板中选择一个要共享的组件，单击“库”面板右上角的“选项菜单”按钮，在弹出的菜单里选择“属性”选项，然后在弹出的对话框中单击“高级”按钮，显示“元件属性”对话框，如图2-3-20所示。

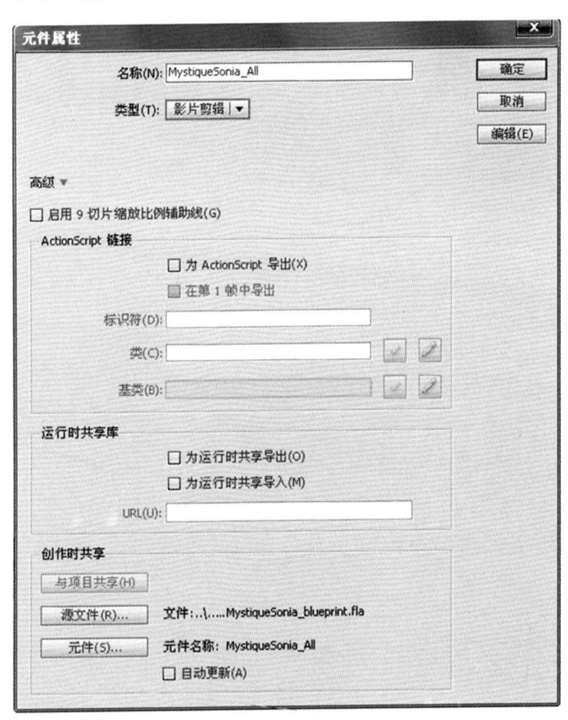

图2-3-20 “元件属性”对话框

在“共享”栏中选中“为运行共享导出”复选框，此时，URL文本框以及“链接”栏中的“在帧1中导出”复选框和“标识符”文本框变为可编辑状态。

在“标识符”文本框中输入该元件的标识符，然后在URL文本框中为公共库输入一个链接地址。

要使用公共库中的组件，有以下两种方法：

一是在公共库选中要使用的组件，然后将该组件拖到当前动画的库中；

二是在公共库选中要使用的组件，然后将该组件拖到当前动画的工作区中。

三、时间轴与帧

Flash动画与传统动画一样，利用帧将一定的时间进行划分，每一合成帧就代表了影片中的一个画面。许多合成帧也就是许多画面，按一定的顺序排列在一起组成Flash动画，如图2-3-21所示。把这些合成帧的序列称为时间轴。

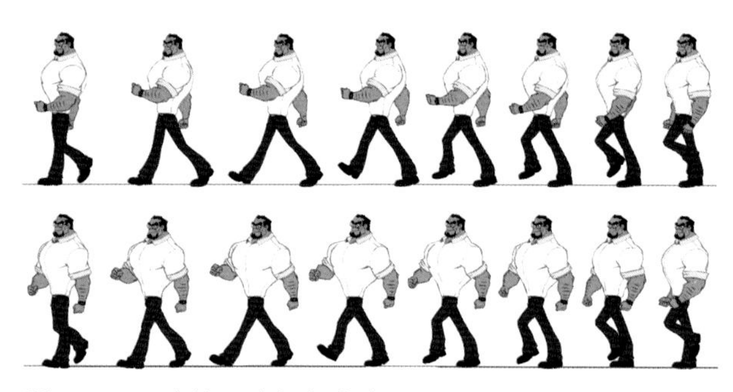

图2-3-21 连续运动组成的动画

时间轴包含帧和层两个基本元素，起着组织和控制动画内各元素的作用。这里的层与Photoshop中的层的概念是一样的，只不过Photoshop中是图层而在Flash中是动画层。层叠合以及叠合后的一帧如图2-3-22所示。

四、“时间轴”面板

在Flash中，“时间轴”面板用于组织和控制文档内容在一定时间内播放的层数和帧数。按照功能的不同，“时间轴”面板分为左右两个部分，即图层控制窗口和时间轴。在“时间轴”中显示了当前帧数、动画播放速率和时间等信息。“时间轴”面板如图2-3-23所示。

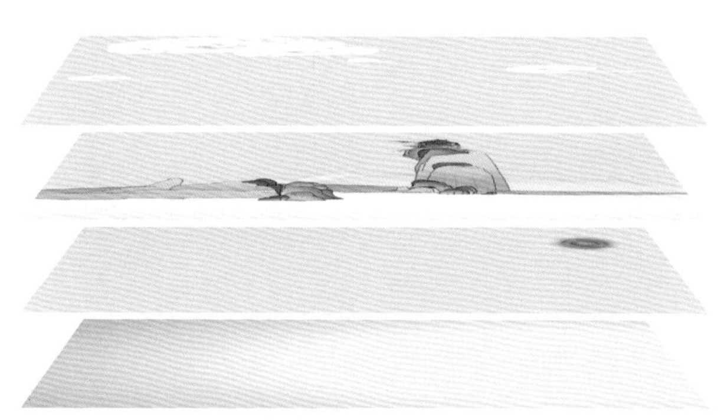

（a）层叠合示意图

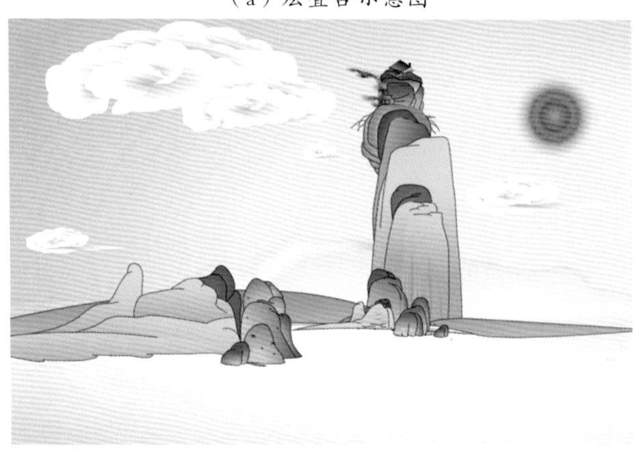

（b）叠合后的一帧

图2-3-22 层叠合

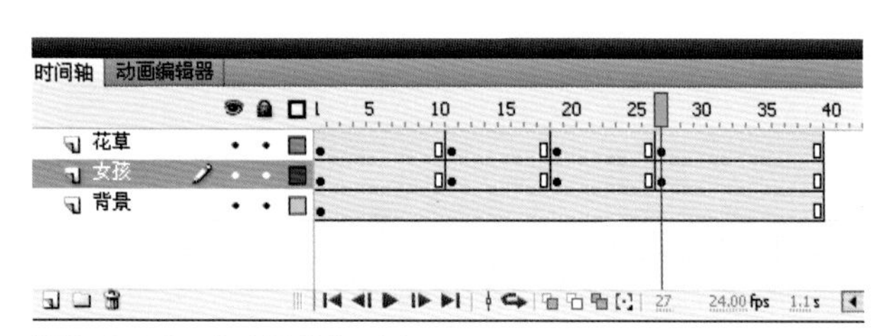

图2-3-23 “时间轴”面板

在工作区的左上方显示了当前动画的名称和场景名称；右上方分别是“编辑场景”按钮、“编辑元件”按钮和舞台画面的显示比例，如图2-3-24所示。

（a）动画名称和场景名称

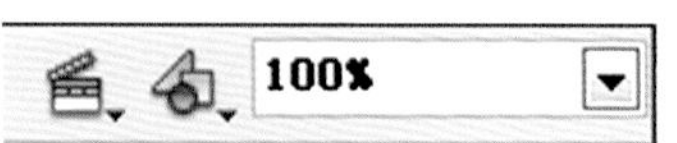

（b）编辑场景、编辑元件和显示比例按钮

图2-3-24 工作区右上方

单击“编辑元件”按钮，可以在展开的元件下拉列表框中选择相应的元件进行编辑；当创建多场景动画时，可以单击“编辑场景”按钮，选择相应的场景进行编辑。

如果要改变舞台画面的显示比例，可以单击右侧的100%旁的下三角按钮，在下拉列表框中选择相应的比例值，也可以直接在该文本框中输入要显示的比例。

1. 时间轴按钮的基本功能

“滚动到播放头”按钮：又称“帧居中”按钮，用于改变时间线控制区的显示范围，将当前帧显示到控制区窗口中间。

“绘图纸外观”按钮：又称“洋葱皮”按钮，用于在时间线上设置一个连续的显示帧区域，区域内的帧所包含的内容同时显示在舞台上。

“绘图纸外观轮廓”按钮：又称“洋葱皮轮廓”按钮。用于设置一个连续的显示帧区域，除当前帧外，其余显示帧中的内容仅显示对象外轮廓。

“编辑多个帧”按钮：又称“多帧编辑”按钮，用于设置一个连续的编辑帧区域，区域内帧的内容可以同时显示和编辑。

“洋葱皮范围”按钮：又称“修改绘图纸标记”按钮，单击该按钮会出现一个多帧显示选项菜单，用于定义显示绘图纸2（2帧）、绘图纸1（1帧）或绘图纸全部（全部帧）内容。

2. 洋葱皮功能

做动画时，经常需要参考前后帧的内容来辅助处理当前帧的内容，这时就需要采用洋葱皮功能。使用洋葱皮功能可以看到除了当前帧以外的其他帧的内容，这样就可以对照着进行动画的编辑了。使用洋葱皮功能绘制动画示例如图2-3-25所示。

图2-3-25 洋葱皮功能绘制动画

3. 多帧编辑功能

很多情况下需要同时处理或修改连续地多个帧的内容，这时就要用到多帧编辑功能。利用多帧编辑功能来同时调整位置的多个动作，如同时移动、缩放等操作。多帧编辑是进行整体修改的一种方便的方法。

4. 帧频

帧频即每秒播放的帧数，其大小直接影响着动画播放的快慢。帧频的单位是帧每秒，即fps，Flash中默认为12fps。

选择【修改】—【文档】命令，或按快捷键Ctrl+J。在弹出的“文档设置”对话框中可以对帧频进行修改，如图2-3-26（a）所示；也可以直接在“属性”面板中进行修改，如图2-3-26（b）所示。

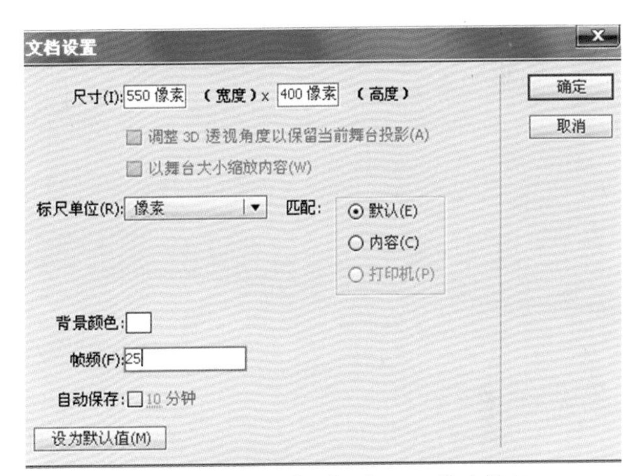

（a）“文档设置”对话框——修改帧频

（b）文档“属性”面板

图2-3-26 “文档设置”对话框

五、层

在Flash中，层是创建各种特殊效果最基本、最重要的内容之一，可以绘制、编辑、复制、粘贴等。一个层上的元素不会影响其他层，因此不必担心在编辑过程中会对图像产生无法恢复的错误操作。

1. 关于层

Flash中的动画层有普通层、引导层和遮罩层。引导层又分为普通引导层和可运动引导层。使用引导层和遮罩层的特性可以制作出一些复杂的效果。当普通层和引导层关联后，就被称为引导层；而与遮罩层关联后，图层被称为被遮罩层。当“时间轴”面板左侧的层选单过多时，常需要使用文件夹来管理层。图层有当前图层模式、隐藏模式、锁定模式和轮廓模式，可以以不同的模式或方式进行工作。不同的图层模式如图2-3-27所示。

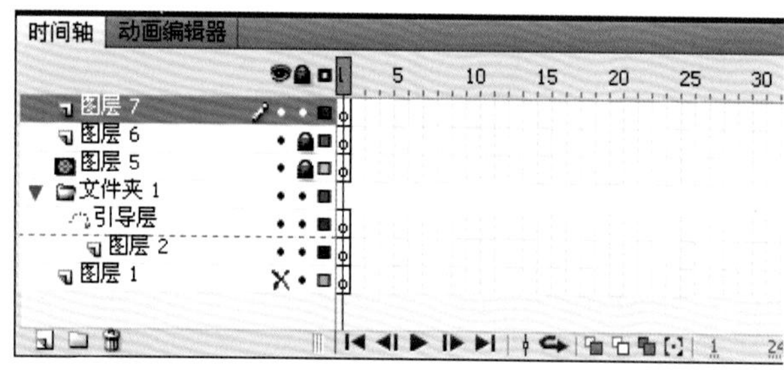

图2-3-27 不同的图层模式

2. 引导层

引导层是一种比较特殊的层。引导层的作用是引导与其相关联层中对象的运动轨迹或定位。可以在引导层内打开显示网格的功能、创建图形或其他对象，这样可以在绘制轨迹时起到辅助作用，还可以把多个层关联到一个层上。

使用引导层可以创建沿自定义路径进行运动的动画。引导层的创建方法有两种。

（1）创建引导层。

在要创建引导层的图层上单击鼠标右键，从弹出的快捷菜单中选择【添加传统运动引导层】命令，如图2-3-28所示，即可以在该图层上方创建一个与它链接的引导层。

（2）将层转为引导层。

要将已有的层转为引导层，操作方法如下：

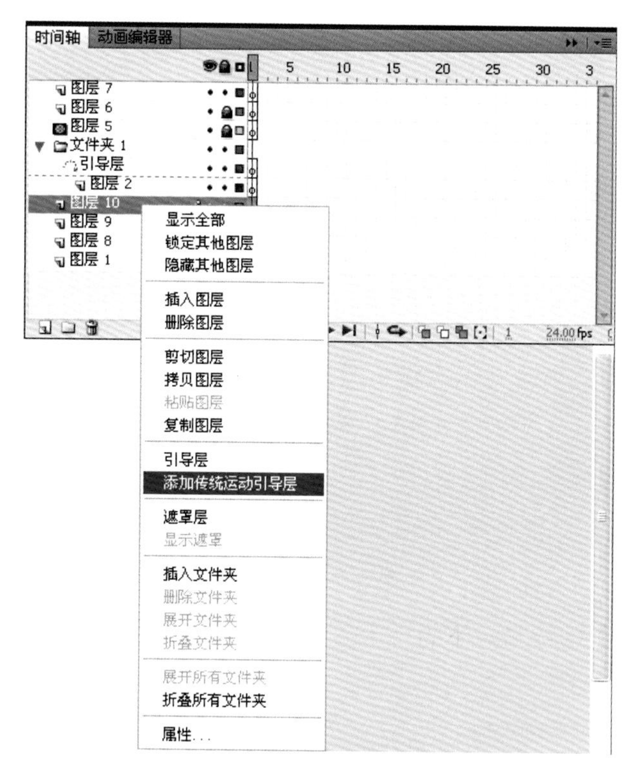

图2-3-28 鼠标右键创建引导层

双击要转换为引导层的层图标，系统将打开对话框，如图2-3-29所示。

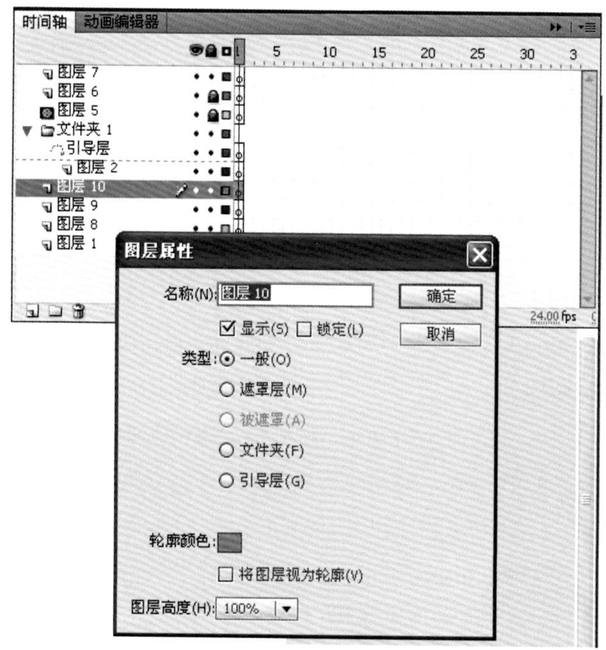

图2-3-29 图层属性转为引导层对话框

在“类型”栏中选中“引导层”单选按钮，单击“确定”按钮。转换后，层图标将直接变为锤头形状，如图2-3-30所示。

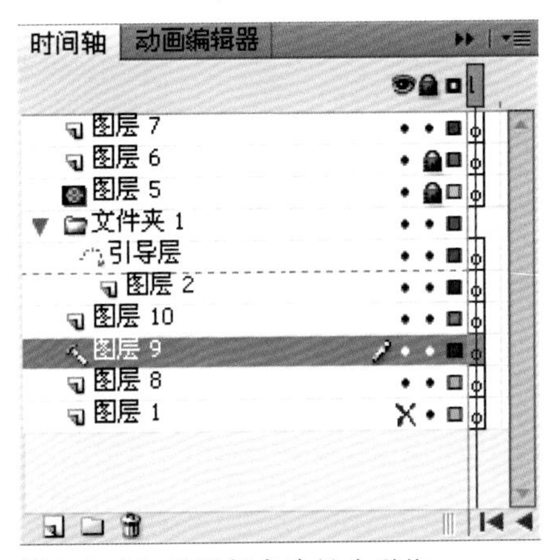

图2-3-30 层图标变为锤头形状

双击引导线图层上面的层，在打开的“图层属性”对话框中选中“被引导”单选按钮，即可在引导图层与其下的其他图层间创建链接关系，如图2-3-31所示。

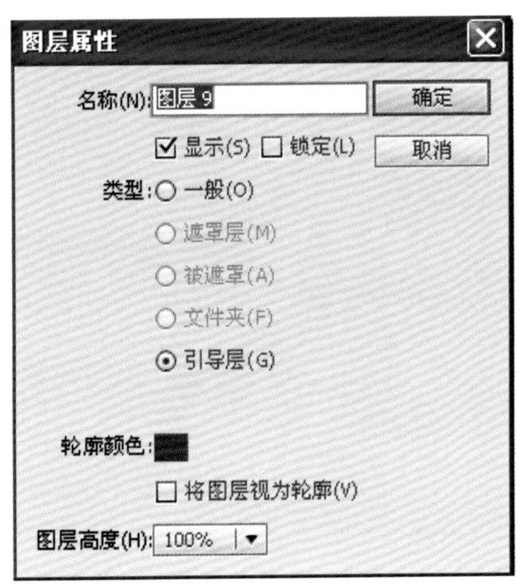

图2-3-31 “图层属性”对话框

取消引导层：在引导层上单击鼠标右键，从弹出的快捷菜单中选择已勾选的引导层命令，即可取消对该命令的选中状态；或在引导层上双击层图标，打开“图层属性”对话框，在“类型”栏中选中“一般”单选按钮，从而取消引导层。

3. 遮罩层

遮罩层也是一种比较特殊的层。遮罩层内一般制作一些简单的图形、文字或渐变图形等，这些都可以成为透明的区域，透过这个区域可以看到下面图层的内容。

在遮罩中，通常把用于遮罩的对象称为遮罩对象，而被遮罩的对象称为被遮罩对象。利用这种特性，可以制作一些特殊效果。

（1）遮罩的用途。

在Flash动画中，遮罩主要有两种用途：一是用在整个场景或一个特定区域，使场景外的对象或特定区域外的对象不可见；二是用来遮罩住某一元件的一部分，从而实现一些特殊效果。

（2）创建遮罩层。

在Flash动画中，没有一个专门的按钮用来创建遮罩层，遮罩层是由普通层转化而来的，如图2-3-32（a）所示。只要在某个层上单击右键，在弹出菜单中选择“遮罩层”，使命令的左边出现一个小勾，该图层就会生成遮罩层，层图标就会变为遮罩层图标。系统会自动把遮罩层下面的一层关联为“被遮罩层”。如果要关联更多层被遮罩，只要把这些层拖到被遮罩层下面就可以了，如图2-3-32（b）所示。

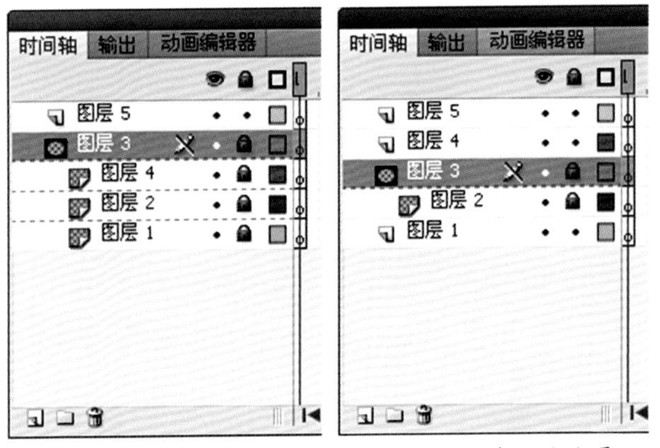

（a）普通层变为遮罩层　（b）关联多层被遮罩

图2-3-32 创建遮罩层

第四节 创建骨骼和3D动画

骨骼动画技术是一种依靠反向运动学原理创建并应用于计算机动画的新兴技术。开发这种技术的目的是模拟各种动体的复杂运动，使动画中的角色动作更加逼真。另外，在Flash CS 5.5中，可以使用3D平移和旋转工具，在3D空间中对2D对象进行动画处理。

1. 反向运动学与骨骼动画

在制作骨骼动画之前，首先了解正向运动学与反向运动学。

（1）正向运动学与反向运动学。

在动画设计软件中，运动学的系统分为正向运动学与反向运动学两种。正向运动学的概念就是通常简称的FK（Forward Kinematics），是指对于有层级关系的对象来说，当我们对子对象进行位移、旋转或缩放操作时，不会对其父对象产生任何影响；反向动力学，简称IK（Inverse Kinematics），其动作传递是双向的，对子对象进行位移、旋转或缩放操作时，同样会对当前的父对象产生影响。

反向运动是通过一种连接各种物体的辅助工具来实现的，这种工具就是反向运动骨骼，简称为IK骨骼。使用IK骨骼制作的反向运动学动画，又被称为骨骼动画。

（2）骨骼运动与补间动画。

在Flash CS 4之前的各版本中，绝大多数元件的运动规律都是通过补间动画完成的。之后，引进了全新的骨骼概念和反向运动学。使用骨骼工具将多个元件绑定在一起，通过拖拽一个元件，来实现复杂的多元件反向运动，多元件组合的角色如图2-4-1所示。

图2-4-1 多元件组合的角色

在使用反向运动进行动画处理时，只需指定对象的开始位置和结束位置即可。通过反向运动，可以更加轻松地创建人物动画，如胳膊、腿的动作和面部表情等。

（3）骨骼的制作。

骨骼即骨骼链。相连的两个物体被称为父子层次结构，占主导地位的称为父级，而处于从属地位、被牵制的称为子级，骨骼的作用就是将父、子两级的骨骼彼此相连。用于连接的骨架可以是线性分布，也可以是分支分布。这些子级大多都是源于同一个父级，因此子级的骨架分支称为同级。两个骨骼连接之间的连接点被称为关节，添加完骨骼的骨架如图2-4-2所示。

图2-4-2 添加完骨骼的骨架

在Flash中，使用IK的方法有两种：一是通过添加将实例连接在一起的骨骼，用关节连接一系列的元件实例，骨骼允许元件实例链一起移动。例如，有一组影片剪辑，其中的每个影片剪辑都表示人体的不同部分。通过躯干、上臂、腿和手等连接在一起，可以创建逼真移动的胳膊。创建一个分支骨架，包括两只胳膊、两条腿和头。二是在形状对象的内部添加骨架。在合并绘制模式或对象绘制模式中创建形状，通过骨骼，可以移动形状的各个部分，并对其进行动作设计，而无需绘制形状的不同版本或创建补间形状。例如，在简单的蛇图形上添加骨骼，可以使蛇自然移动和弯曲，骨骼包裹在一个完整的形体中。添加IK骨架的元件组如图2-4-3所示。

图2-4-3 添加IK骨架的元件组

姿势图层：对元件实例或形状添加骨骼时，Flash会将实例或形状以及关联的骨架移动到时间轴的新图层上，这个新图层称为姿势图层。每个姿势图层只能包含一个骨架及其关联的实例或形状。姿势图层“骨架_1”如图2-4-4所示。

图2-4-4 姿势图层“骨架_1”

IK骨骼工具：Flash包括两个用于处理IK的工具。使用“骨骼工具”，可以向元件实例或形状添加骨骼；使用“绑定骨骼”，可以调整形状对象的各个骨骼和控制点之间的关系。在时间轴中对骨骼及其关联的元件或形状进行对象处理时，在不同帧中为骨架定义不同的姿势，就会出现不同的效果。IK骨骼工具如图2-4-5所示。

2. 创建骨骼

当我们要制作有关节的对象时，例如角色行走、挥动手臂等，都可以利用反向运动学来完成。

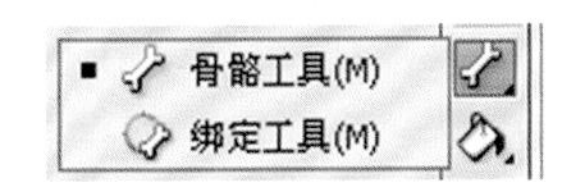

图2-4-5 IK骨骼工具

（1）定义骨骼。

创建骨骼动画的第一步就是定义骨骼。使用“骨骼工具”，可以向影片剪辑、图形和按钮实例添加IK骨骼。在添加骨骼前，先做控制点，并将其转化为元件。分别用来控制头、手、脚和全身，最后还要将控制点隐藏起来。添加骨骼的控制点如图2-4-6所示。

图2-4-6 添加骨骼的控制点

添加父级骨骼。从工具栏中选择“骨骼工具”，在身体控制点上单击并拖动“骨骼工具”到腰部的元件上，然后释放鼠标。这时在两个元件实例之间将显示实心的骨骼。每个骨骼都具有头部、圆端和尾部。骨骼中的第一个骨骼是父级骨骼。从右往左拖出的一个骨骼如图2-4-7所示。

图2-4-7 从右往左拖出的一个骨骼

添加子级骨骼。单击父级骨骼的尾部，并拖动鼠标到第三个元件，然后释放鼠标。这样的三个元件就连接到一起形成父子关系了。采用同样的方法，将其他元件进行分支骨骼连接，这样，IK骨骼的定义就完成了。创建IK骨架后，还需要对元件实例的堆叠顺序进行重新调整。完成的IK骨骼如图2-4-8所示。

图2-4-8 完成的IK骨骼

（2）编辑IK骨骼和对象。

创建IK骨架后，可以使用多种方法进行编辑。可以重新定位骨骼及其关联的对象，在对象内移动骨骼、更改骨骼的长度、删除骨骼，以及编辑包含骨骼的对象。但只能在第1帧（骨架在时间轴中的显示位置）中仅包含初始姿势的姿势图层中编辑IK骨架。

选择骨骼与骨架。在对IK骨骼进行编辑操作之前，首先要选择骨骼。使用“选择工具”单击某个骨骼，即可选中该骨骼。“属性”面板中将显示该骨骼的属性。IK骨骼的属性面板如图2-4-9所示。

选择相邻骨骼。在舞台中单击某个骨骼，然后在“属性”面板中单击“父级”、“子级”或“下一个同级”、“上一个同级”按钮，即可快速选择父级、子级或同级骨骼。双击某个骨骼，则可以选择骨骼中的所有骨骼。

选择骨架。若要选择整个骨架并显示骨架的属性及其姿势图层，可单击姿势图层中包含骨架的帧。此时，“属性”面板将显示IK骨架的属性。IK骨架的属性面板如图2-4-10所示。

重新定位骨骼和关联的对象。若要重新定义线性骨架，可拖动骨架中的任何骨骼。如果骨架已连接到元件实例，则可以拖动实例。还可以将实例相对于其骨骼旋转。若要重新定位骨架的某个分支，可拖动该分支中的任何骨骼。该分支中的所有骨骼都将移动，骨架的其他分支中的骨骼是不会移动的。

若要删除单个骨骼及其所有子级，可单击该骨骼并按Delete键，按住Shift键的同时单击每个骨骼，可以选择要删除的多个骨骼。若要从骨架中删除所有骨骼，可右击姿势图层中包含骨架的帧，在弹出的快捷菜单中选择“删除骨架”命令，元件实例将还原到添加IK骨架之前的状态。

（3）对骨架进行动画处理。

制作骨骼动画时，可以在开始关键帧中摆好对象的姿势，然后在后面的关键帧中设置不同的姿势。Flash将使用反向运动学计算出所有连接点的不同角度，以获得从第一个姿势到下一个姿势运动的动画。可以按住Shift键拖动实例对其进行旋转来完成姿势，如图2-4-11所示。

（4）控制缓动。

补间动画的缓动控制是通过“动画编辑器”来设置的，其对缓动的高级控制不能用于骨架。但“属性”面板中提供了几种标准的缓动，可以应用于骨架。缓动可以通过对骨架的运动进行加速或减速，使其移动提供重量感。

设置缓动。在显示的骨架“属性”面板中，点击“缓动”选项的“类型”下拉菜单，并将“强度”进行设置，如图2-4-12所示。

“简单”缓动有慢、中、快和最快4种变体类型，代表缓动的程度，它们代表在“动画编辑器”中为补间动画提供的相同

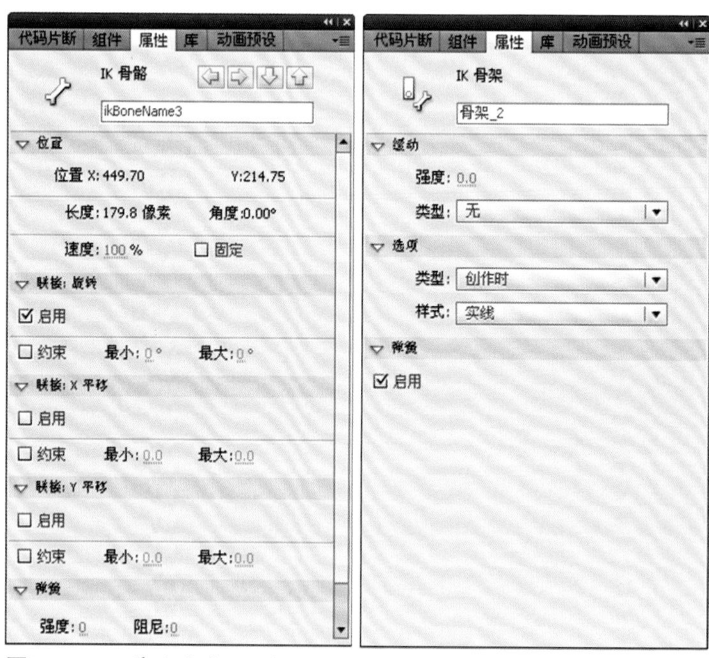

图2-4-9 IK骨骼的属性面板　图2-4-10 IK骨架的属性面板

图2-4-11 根据需要摆出姿势

曲度；“强度”代表缓动的方向，其中负值表示缓入，正值表示缓出。

3. 调整IK运动约束与添加弹簧属性

（1）约束连接点的旋转。

默认状态下，新建的IK骨骼不会约束连接点的旋转，即它们可以在整个圆圈的360° 中旋转。如果只想让某个连接点在某个圆弧内旋转，可以先选择角色的IK骨骼，在“属性”面板中“联接：旋转”选项组中选择“约束”复选框，设置“最小”和“最大”角度，这时连接点上的角度指示器将发生变化，显示允许的角度。约束连接点的旋转如图2-4-13所示。

（2）约束连接点的平移。

默认状态下，新建的IK骨骼往往只开启了旋转的连接方式，即只能根据骨骼的连接点进行旋转。如果要开启连接点在X方向或Y方向的平移，以及设置这些连接点可以移动的距离，则可通过“属性”面板中的相应选项组进行设置。

首先，选择角色的IK骨骼，在“属性”面板中的“联接：旋转”选项组中取消选中“启用”复选框，并在“联接：X平移”选项组中选中“启用”和“约束”两个复选框，设置“最小”和“最大”距离。这时连接点上的横条指示器将发生变化，指示该骨骼在X方向上可以平移的距离。

（3）向骨骼中添加弹簧属性。

启用骨架的弹簧属性后，通过设置骨骼的“弹簧”的“强度”和“阻尼”属性，将动态物理集成到骨骼IK系统中，使IK骨骼体现真实的物理移动效果。借助这些属性，可以更轻松地创建动画。

在骨骼“属性”面板中，单击“弹簧”属性前面的三角形按钮，设置强度和阻尼参数。强度是指弹簧的强度。值越高，创建的弹簧效果越强；值越低，创建的弹簧效果越弱；阻尼是指弹簧效果的衰减速率。值越高，弹簧属性减小得越快；值越低，弹簧属性减小得越慢。

（4）更改连接点的速度。

连接点的速度指连接点的粘贴性和刚度。具有较低连接点速度值的连接点的反应缓慢；而具有较高的连接点速度值的连接点的反应较快。可以在“属性”面板中为所选的任务连接点设置连接点速度值。

在拖动骨架的尾部时，就能明显看出连接点的速度。如果在骨架链上较高的位置具有缓慢的连接点，那么这些连接点的反应较慢，并且其旋转角度也将比其他连接点小。如果要更改连接点的速度，可以单击骨骼选中连接点，然后在“属性”面

图2-4-12 设置缓动强度和类型

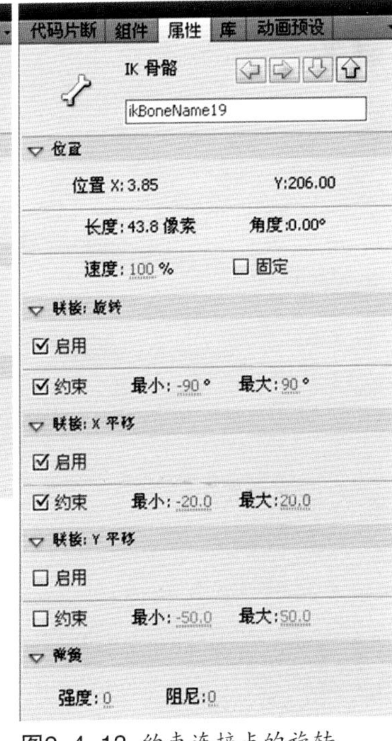

图2-4-13 约束连接点的旋转

板的"位置"选项组中设置连接点的"速度"值。

4. 形状的反向动力学

除了利用多个元件实例制作骨架外，还可以利用形状创建骨架。它们无需明显的连接点和分段，仍然可以具有关节运动。但要注意，不要让形状过于复杂。

（1）制作形状骨骼。

创建IK骨骼。只有形状和元件实例才能创建IK骨骼。根据骨骼父子关系，将"骨骼工具"从一端朝着另一端依次拖出骨骼。这时，Flash会自动将形状移动到时间轴的新的姿势图层中。完成的形状骨骼如图2-4-14所示。

图2-4-14 完成的形状骨骼

编辑形状和骨骼。为形状添加骨骼后，还可以使用一些绘图和编辑工具编辑包含骨骼的形状；使用"部分选取工具"单击形状内的连接点，将其拖到一个新位置，即可移动该连接点。根据动画运动原理，在不同的帧上分别设置关键帧并制作动画，如图2-4-15所示。

图2-4-15 根据需要摆出姿势

（2）绑定形状。

在Flash CS 5.5中，可以将矢量图形的部分局部控制点与IK骨骼绑定，以防止IK骨骼在矢量图形变形时影响到形状。

单击选择其中的一个控制点，并从该控制点向骨骼的连接点方向拖拽，将控制点与骨骼绑定。在将控制点与骨骼绑定后，拖拽骨骼时，该控制点附近的图形填充和笔触将保持与骨骼的相对距离不变。

5. 制作3D动画

在Flash中，通过在舞台的3D空间中旋转和移动影片剪辑来创建3D效果。在每个影片剪辑实例的属性中包括Z轴来表示3D空间，组合使用"3D旋转工具"和"3D平移工具"，沿Z轴旋转和移动影片剪辑实例，可以创建逼真的3D透视效果。3D的旋转和平移工具如图2-4-16所示。

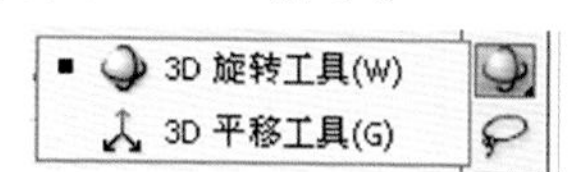

图2-4-16 3D的旋转和平移工具

在3D术语中，在3D空间中旋转一个对象称为变形；移动一个对象称为平移。在对影片剪辑实例应用了其中的任意一种效果后，Flash会将其视为一个3D影片剪辑。

（1）平移3D图形。

使用"3D平移工具"可以在3D空间中移动影片剪辑实例的位置。在工具栏中选择"3D平移工具"，在舞台上选择影片剪辑实例。此时，该影片剪辑实例的X、Y和Z 3个轴将显示在实例的正中间。其中，X轴为红色，Y轴为绿色，Z轴为一个黑色的圆点。显示3D平移控件如图2-4-17所示。

如果要通过"3D平移工具"进行拖动来移动影片

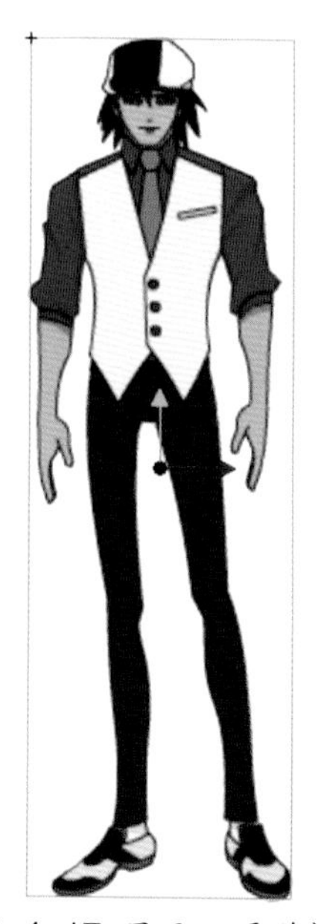

图2-4-17 显示3D平移控件

剪辑实例，首先要将指针移动到该实例的X、Y或Z轴空间上，此时在指针的尾部将会显示该坐标的名称。

X轴和Y轴控件是每个轴上的箭头。使用鼠标沿控件箭头的方向拖动其中一个控件，即可沿所选的轴移动影片剪辑实例；Z轴控件是影片剪辑中间的黑点，上、下拖动该黑点即可在Z轴上移动对象，此时将会放大或缩小所选的影片剪辑，以产生离观察者更近或更远的效果。沿X轴水平移动如图2-4-18（a）所示，沿Z轴缩小如图2-4-18（b）所示。

（a）沿X轴水平移动　　（b）沿Z轴缩小

图2-4-18 平移3D图形

除此之外，在“属性”面板的“3D定位和查看”选项中，输入X、Y或Z轴坐标的值，也可以改变影片剪辑实例在3D空间中的位置。在3D空间中，如果想要移动多个影片剪辑实例，可以先选择这些实例，然后使用“3D平移工具”移动其中一个实例，此时其他的实例也将以相同的方式移动。

（2）旋转3D图形。

使用“3D旋转工具”可以在3D空间中旋转影片剪辑实例，通过改变实例的形状，使之看起来形成某一个角度。

选择工具栏中的“3D旋转工具”，然后选择舞台上的影片剪辑实例。此时，3D旋转控件将出现在该实例上。其中，X轴为红色，Y轴为绿色，Z轴为蓝色。使用橙色的自由旋转控件可同时绕X轴和Y轴旋转。显示3D旋转控件如图2-4-19所示。

如果要通过“3D旋转工具”进行拖动来旋转影

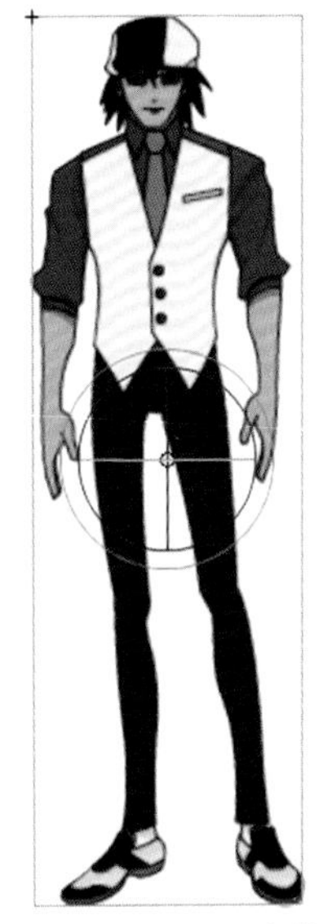

图2-4-19 显示3D旋转控件

片剪辑实例，首先要将鼠标指针移动到该实例的X、Y、Z轴或自由旋转控件上；上、下拖动Y轴控件可以使影片剪辑实例绕Y轴旋转；拖动Z轴控件可以使影片剪辑实例绕Z轴进行圆周运动；而拖动自由旋转控件，可以使影片剪辑实例同时绕X轴和Y轴旋转。

如果想要相对于影片剪辑实例重新定位旋转控件的中心点，可以单击并拖动中心点至理想位置。这样，在拖动X、Y、Z轴或自由旋转控件时，将使实例绕新的中心点旋转。

按Ctrl+T键打开“变形”面板，并选择舞台上的一个影片剪辑实例，在“变形”面板中的“3D旋转”选项中输入X、Y和Z轴的角度，也可以旋转所选的实例。“变形”面板中输入3D旋转角度如图2-4-20所示。

图2-4-20 “变形”面板中输入3D旋转角度

在舞台上选择多个影片剪辑实例，3D旋转控件将显示为叠加在最近所选的实例上。然后使用“3D旋转工具”旋转其中的任意一个实例，其他实例也将以相同的方式旋转。同时选择多个影片剪辑实例，如图2-4-21所示。

图2-4-21 同时选择多个影片剪辑实例

通过双击Z轴控件，可以将轴控件移动到多个所选影片剪辑实例的中心。按住Shift键并双击其中的一个实例，可将轴空间还原。

所选实例的旋转控件中心点的位置在“变形”面板中显示为“3D中心点”，可以在“变形”面板中将X、Y或Z轴进行修改。

（3）调整3D透视角度与消失点。

调整透视角度。FLA文件的透视角度属性控制3D影片剪辑视图在舞台上的外观视角，增大或减少透视角度将影响3D影片剪辑对象的外观尺寸及其相对于舞台边缘的位置。增大透视角度可使影片剪辑对象看起来更近；减小透视角度可使对象看起来更远。此效果与通过镜头更改视角的照相机镜头类似。

透视角度属性会影响应用了3D平移或旋转的所有影片剪辑，默认的透视角度为55°，其范围在0°～180°之间。如果要在“属性”面板中查看或设置透视角度，必须在舞台上选择一个3D影片剪辑实例。此时，对透视角度所做的更改将在舞台上立即可见。3D影片剪辑的默认透视角度如图2-4-22所示。

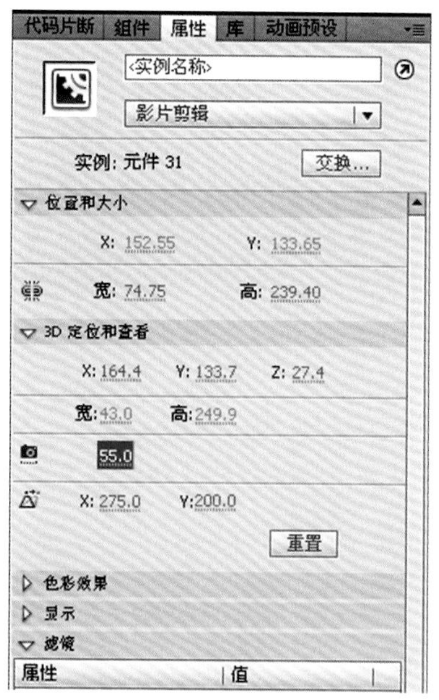

图2-4-22 3D影片剪辑的默认透视角度

调整消失点。FLA文件的消失点属性控制舞台上影片剪辑对象的Z轴方向。FLA文件中，所有影片剪辑的Z轴都朝着消失点后退。

通过重心定位消失点，可以更改沿Z轴平移对象时对象的移动方向；通过调整消失点的位置，可以精确控制舞台上3D对象的外观和动画。

消失点是一个文档属性，它会影响应用了Z轴平移或旋转的所有影片剪辑，但不会影响其他影片剪辑，其默认值是舞台中心。如果要在“属性”面板中查看或设置消失点，必须在舞台上选择一个影片剪辑实例。如果将消失点定位在舞台的左上角（0，0），则增大影片剪辑的Z属性值，可使影片剪辑实例远离并向舞台的左上角移动。更改消失点会改变所有应用了Z轴平移的影片剪辑的位置。

第五节　相关工具命令

一、对象变形

一般用户可以使用工具栏中的自由变形工具和“变形”浮动面板来对对象进行变形操作，还可以使用“修改”菜单中的“变形”子菜单中的命令来变形对象。

1. 扭曲对象

要扭曲一个对象，需执行以下操作：

选择舞台的对象。

选择【修改】—【变形】—【扭曲】命令。

将鼠标移动到选择标志上，当鼠标指针由正常状态变形时，按住鼠标进行锥形调整，即可完成对对象的扭曲。扭曲对象效果如图2-5-1所示。

2. 使用“变形”面板调整对象

使用“变形”面板可以精确地对对象进行等比例缩放、旋转，还可以精确地控制对象的倾斜度。

要精确地调整一个对象，需执行以下操作：

在舞台中选择需要精确调整的对象。选择【窗口】—【变形】命令，打开“变形”面板，如图2-5-2所示。

在该面板中进行如下相应的变形设置。

在横向双箭头后面的文本框中输入水平方向的伸缩比例。

在纵向双箭头后面的文本框中输入垂直方向的伸缩比例。

如果单击“约束”按钮，表示进行伸缩的对象的纵横尺寸比是固定的，对一个方向进行了伸缩，则另一个方向上也将进行等比例的伸缩；如果不单击该按钮，水平方向和垂直方向的伸缩比例没有任何联系，可以分别进行伸缩。

如果选中“旋转”单选按钮，则可以在后面的文本框中输入需要旋转的角度；如果选中“倾斜”单选按钮，则可以在后面的文字框中输入水平方向或垂直方向需要倾斜的角度。

如果对设置的变形参数不满意，可以单击“重置”按钮，清空设置。

在“3D旋转”栏，通过设置X、Y和Z轴的坐标值，可以旋转选中的3D对象。

在“3D重心点”栏，可以移动3D对象的旋转中心点。

如果单击“重置选区和变形”按钮，则原来的对象保持不变，将变形后的对象效果制作一个副本放置在舞台中。

如果单击“取消变形”按钮，可以将选中的对象恢复到变形前的状态。

3. 使用“信息”面板调整对象

使用“信息”面板可以精确地调整对象的位置和大小，需执行以下操作：

在舞台中选中需要精确调整的对象。

选择【窗口】—【信息】命令，弹出“信息”面板，如图2-5-3所示。

在该面板中对对象的高度、宽度、X/Y坐标进行设置。用户还可以看到在该面板的左下角给出了当前颜色的R、G、B和A值，右下角给出了当前鼠标的坐标轴。

图2-5-1　扭曲对象效果

图2-5-2　“变形”面板

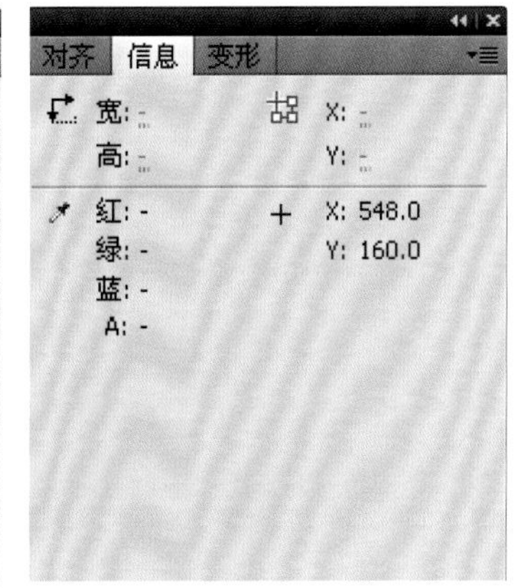

图2-5-3　“信息”面板

二、导入外部素材

在制作Flash动画的过程中，仅使用自带的绘图工具远远不能满足对素材的需求。使用现有的外部资源也会极大地提高工作效率，缩短工作流程。Flash CS 5.5 Pro提供了强大的导入功能，可以很方便地导入其他程序制作的各种类型的文件，特别是Photoshop图像格式的支持极大地拓宽了Flash素材的来源。

特别提醒：所导入的素材是否涉及版权问题。

1. 导入图像文件

Flash CS 5.5 Pro可以导入大多数主流图像格式，具体的文件类型和文件扩展名列表如表2-5-1所示。

（1）导入位图。

位图是制作Flash动画时最常见的图形元素之一。在Flash CS 5.5 Pro中，除了可以直接导入位图图像到“舞台”中使用外，还可以导入图像到“库”面板，此操作不会影响舞台中已显示的内容。导入后存在“库”面板中，拖动到舞台中就可以使用了。

表2-5-1

文件类型	文件扩展名
Adobe Illustrator	.eps、.ai
AutoCAD DXF	.dxf
位图	.bmp
增强的Windows元件	.emf
FreeHand	.fh7、.fh8、.fh9、.fh10
FytureSplash播放元件	.spl
GIF和GIF动画	.gif
JPEG	.jpg
PICT	.pct、.pic
PNG	.png
Flash Player	.swf
MacPaint	.pntg
Photoshop	.psd
PICT	.pct、.pic
QuickTime图像	.qtif
Silicon图形图像	.sgi
TGA	.tga
TIFF	.tif

（2）导入PSD文件。

在Flash CS 5.5 Pro中不仅可以直接导入PSD文件并保留许多Photoshop功能，还可以保持PSD文件的图像质量和可编辑性。选中图形如图2-5-4所示。

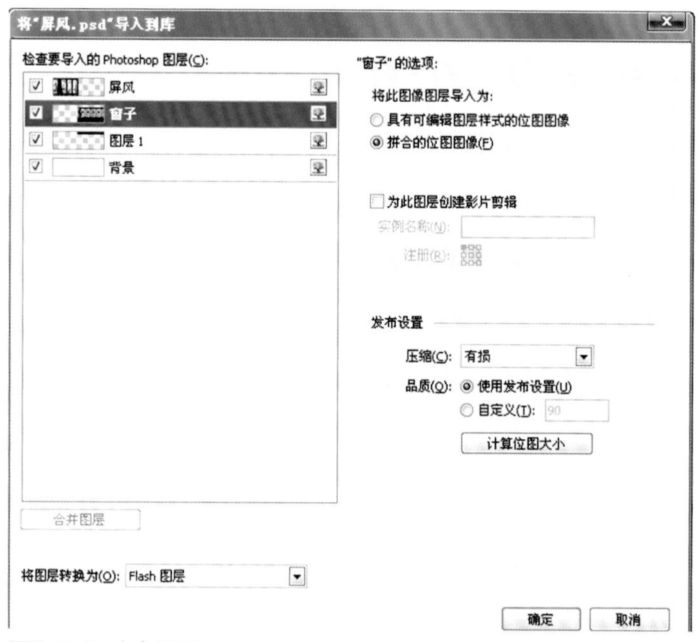

图2-5-4 选中图形

在“检查要导入的Photoshop的图层”列表框中选中图层，在导入Flash CS 5.5 Pro后，将会设置在各自的层上，并拥有与原来Photoshop图层相同的层名称。导入“时间轴”面板如图2-5-5所示。

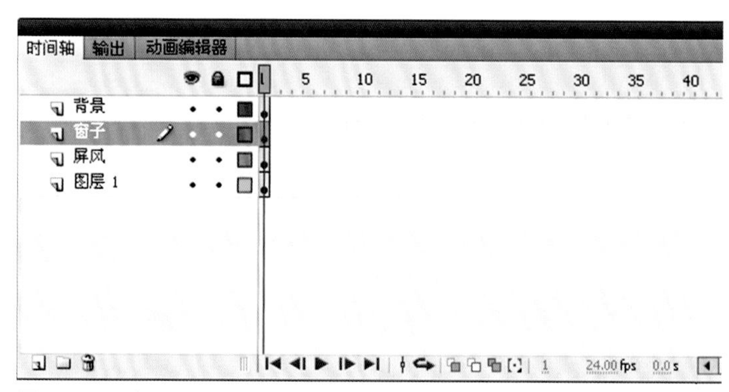

图2-5-5 导入“时间轴”面板

2. 导入声音文件

声音是Flash动画的重要组成元素之一，它可以增添动画的表现力。在Flash CS 5.5 Pro中，可以使用多种方式在影片中添加声音。

（1）导入声音到文档。

要在文档中添加声音，可先为声音文件选择或新建一个层，然后从“库”面板中拖动声音文件到舞台，即可添加到当前选择或新建的图层中，这时在该图层上将显示声音文件的波形。

选择时间轴中包含声音波形的帧，即可在帧的“属性”面板中显示声音的各参数选项。在帧的“属性”面板中，可以对声音的名称、效果、同步等进行编辑。帧的“属性”面板如图2-5-6所示。

图2-5-6 帧的“属性”面板

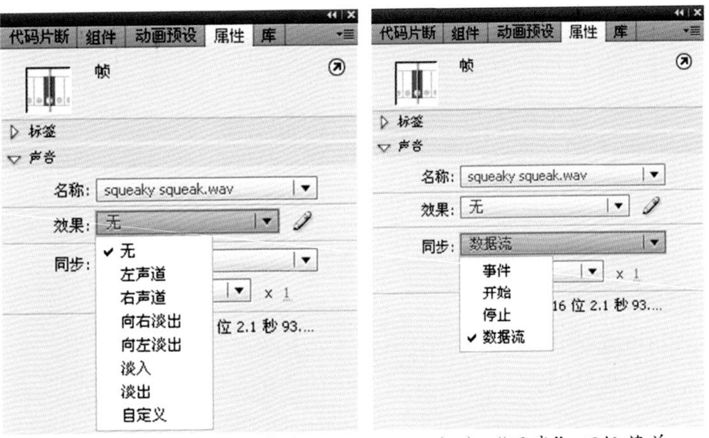

（a）“效果”下拉菜单　（b）“同步”下拉菜单

图2-5-7 声音“属性”面板

（2）编辑声音。

当把声音导入场景编辑窗口后，时间轴的当前单元格内会显示声音的波形。单击声音波形的单元格，打开声音的“属性”面板。在效果、同步下拉列表框中分别提供了多种选项，如图2-5-7所示。

可以在“属性”面板中打开“编辑声音封套”对话框对声音进行编辑。在对话框中有上、下两组声音波形编辑窗格。上面的窗格显示的是左声道声音的波形，下面的窗格显示的是右声道声音的波形。单击声音波形编辑窗格，可以增加一个方形控制柄，最多可创建8个控制柄，方形控制柄之间有直线相连。拖动各方形控制柄可以调整各部分声音段的大小，直线越靠顶端，声音的音量越大，如图2-5-8（a）所示。若要删除控制柄，则只需将控制柄拖出编辑窗格。拖动上、下声音波形之间刻度内的左右两个灰色控制条，可以截取声音片段，如图2-5-8（b）所示。

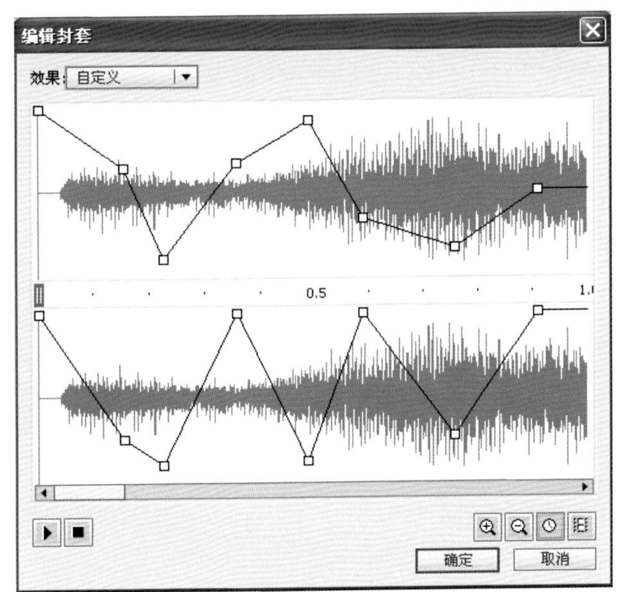

（a）调整声音段的大小

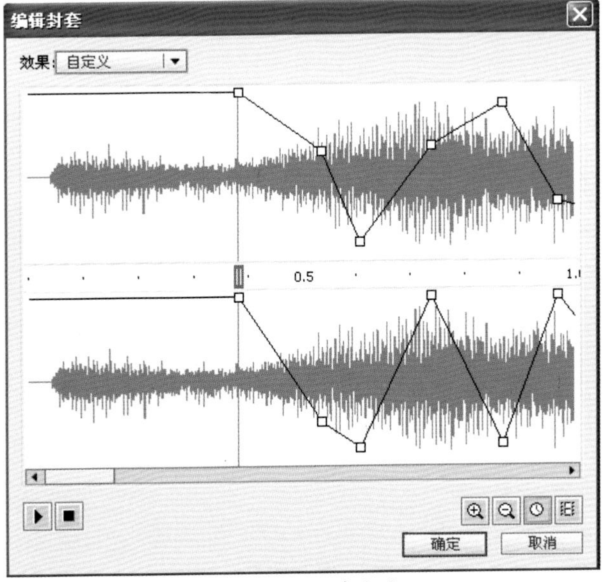

（b）选择截取声音片段

图2-5-8 “编辑声音封套”对话框

（3）设置声音属性。

在将声音文件导入Flash 文档中时，可在“库”面板中的声音文件的名称处右击，在弹出的快捷菜单中选择【属性】命令，或者双击该声音文件，打开“声音属性”对话框。在“声音属性”对话框中，可以对名称、压缩、更新、导入、测试、停止等选项进行设置，如图2-5-9所示。

3. 导入视频

在Flash CS 5.5 Pro中，可以将视频剪辑导入到Flash文档中。根据视频格式和所选导入方法的不同，可以将具有视频的影片发布为Flash影片或QuickTime影片。在导入视频剪辑时，可以将其设置为嵌入文件或链接文件。

（1）可导入的视频文件格式。

在Flash CS 5.5 Pro中可以导入的视频文件格式，具体的文件类型和文件扩展名列表如表2-5-2所示。

表2-5-2

文件类型	文件扩展名
音频视频交叉	.avi
数字视频	.dv
运动图像专家组	.mpg、.mpeg
Windows媒体文件	.wmv、.asf

（2）导入视频剪辑。

导入视频文件为嵌入文件，该视频文件将成为影片的一部分，与导入其他文件类似。选择【文件】—【导入】—【导入到库】命令，弹出“导入到库”对话框，选择视频文件，单击“打开”按钮，弹出“选择视频”对话框，选择“使用播放组件加载外部视频”或“在SWF中嵌入FLV并在时间轴中播放”，单击“下一步”按钮，弹出“设置外观”对话框，选择视频的外观，单击“下一步”按钮，弹出“完成视频导入”对话框，显示视频的设置信息，单击“完成”按钮，在“库”和“舞台”中都会出现视频文件。按“Ctrl+Enter”键，预览视频文件的播放效果。

（3）视频文件的属性。

在Flash文档中选择嵌入的视频剪辑后，在“属性”面板中的“实例名称”文本框中，为该视频剪辑命名；在X、Y和宽、高文本框中设置影片在舞台中的位置和大小等。

三、使用滤镜

滤镜是从Flash 8开始新增加的功能，是一种运用到对象上的图形效果。在动画设计中，利用滤镜功能可以制作投影、发光和模糊等效果。

滤镜支持影片剪辑和按钮两种元件和文本效果。点击“滤镜”属性面板左下角的“添加滤镜”按钮，会出现投影、模糊、发光、斜角、渐变发光、渐变斜角和调整颜色等7种功能。在正常情况下，可以添加多种滤镜，配合补间动画制作出精美的效果。滤镜按钮的7种功能如图2-5-10所示。

图2-5-9 设置声音属性

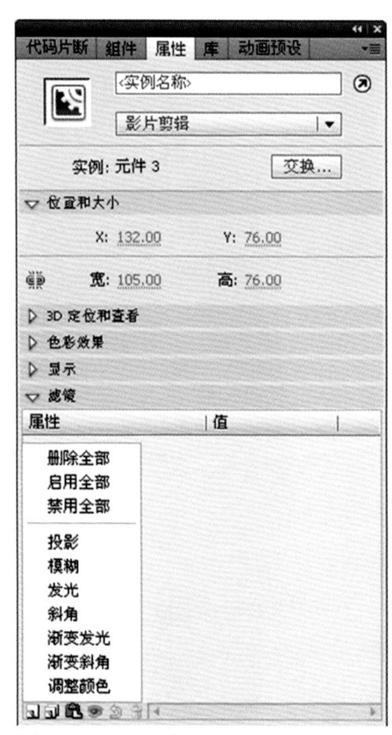

图2-5-10 滤镜按钮的7种功能

“滤镜”面板上包括添加、预设、剪贴板、启用和禁用的滤镜、重置滤镜和删除滤镜6个按钮。添加滤镜效果后，可以设置滤镜的相关属性，每种滤镜效果的属性设置都有所不同。

1. 投影滤镜

投影滤镜可以模拟对象向一个表面投影的效果，或者在背景中剪出一个形似对象的洞来模拟对象的外观。投影滤镜面板如图2-5-11（a）所示，投影滤镜效果如图2-5-11（b）所示。

模糊X和模糊Y：设置投影的宽度和高度。

强度：设置投影的阴影暗度，暗度与文本框中的数值成正比。

品质：设置投影的质量级别。

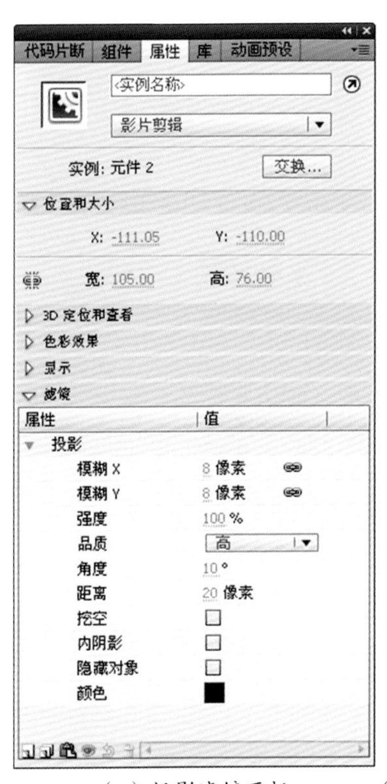

（a）投影滤镜面板　　（b）投影滤镜效果

图2-5-11 投影滤镜

角度：设置阴影的角度。

距离：设置阴影与对象之间的距离。

挖空：选中该复选框可将对象实体隐藏，而只显示投影。

内阴影：选中该复选框可在对象边界内应用阴影。

隐藏对象：选中该复选框可隐藏对象，并只显示其投影。

颜色：用于设置阴影颜色。

2.模糊滤镜

模糊滤镜可以柔滑对象的边缘和细节。将模糊用于对象，可以让它看起来好像位于其他对象的后面，或者使对象看起来具有动感。模糊滤镜效果如图2-5-12所示。

图2-5-12 模糊滤镜效果

3.发光滤镜

发光滤镜可以为对象的边缘应用颜色，使对象周边产生光芒的效果。添加发光滤镜效果如图2-5-13所示。

强度：用于设置对象的透明度。

内放光：选择该复选框可使对象只在边界内应用发光。

4.斜角滤镜

斜角滤镜包括内斜角、外斜角和完全斜角三种效果，他们可以在Flash中制造三维效果，使对象看起来凸出于背景表面。根据参数设置不同，可以产生各种不同的立体效果。斜角滤镜效果如图2-5-14所示。

图2-5-13 发光滤镜效果

图2-5-14 斜角滤镜效果

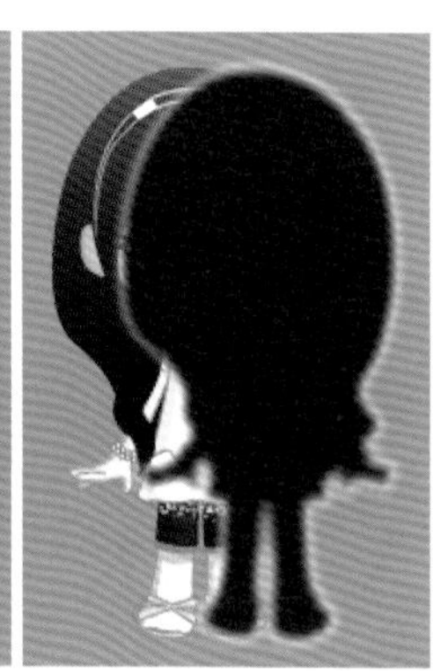

图2-5-15 渐变发光滤镜效果

图2-5-16 渐变斜角滤镜效果

5.渐变发光滤镜

使用渐变放光滤镜，可以使对象的发光表面具有渐变效果。渐变发光滤镜效果如图2-5-15所示。

将光标移动至该面板的渐变栏上，则会变为渐变形状，此时单击鼠标可以添加一个颜色指针。单击该颜色指针，可以在弹出的颜色列表中设置渐变颜色；移动颜色指针的位置，则可以设置渐变色差。

6.渐变斜角滤镜

渐变斜角滤镜可以产生一种凸起的三维效果，使对象看起来好像从背景上凸起，且斜角表面有渐变颜色。渐变斜角要求渐变的中间有一种颜色，颜色的Alpha值为0，无法移动此颜色的位置，但可以改变该颜色。渐变斜角滤镜效果如图2-5-16所示。

7.调整颜色滤镜

调整颜色滤镜可以调整对象的亮度、对比度、色相和饱和度。可以通过拖动滑块或者在文本框中输入数值的方式，对对象的颜色进行调控。调整颜色滤镜效果如图2-5-17所示。

图2-5-17 调整颜色滤镜效果

四、发布Flash动画

1.导出影片

将动画优化并测试后，就可以将作品输出为相应的文件格式了。

使用“导出”命令，可以将Flash动画作品导出为各种文件格式。在【文件】—【导出】菜单下，有导出图像、导出所选内容和导出影片三个导出命令，如图2-5-18所示。

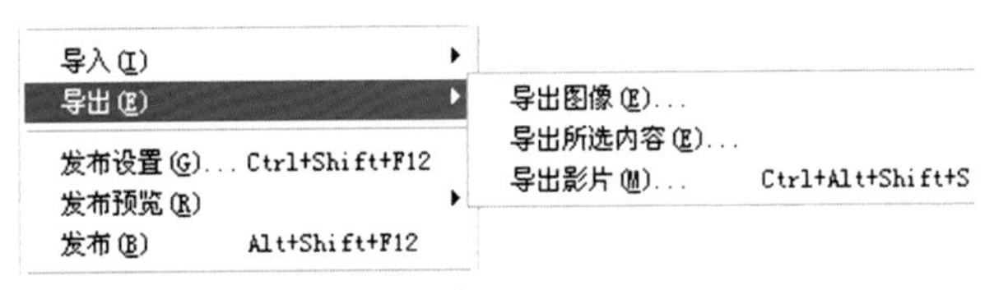

图2-5-18 “导出”子菜单

在“导出”子菜单中选择“导出图像”命令，则会弹出“导出图像”对话框，选择导出文件保存的位置和保存类型。导出图像的保存类型如图2-5-19所示。

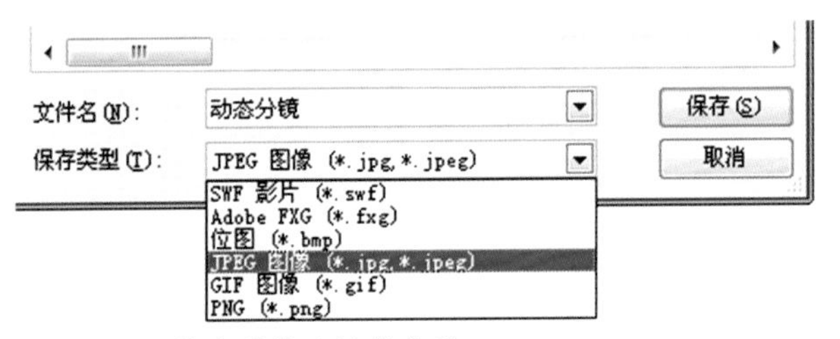

图2-5-19 导出图像的保存类型

在“导出”子菜单中选择“导出影片”命令，则会弹出“导出影片”对话框，选择导出文件保存的位置和保存类型，如图2-5-20所示。

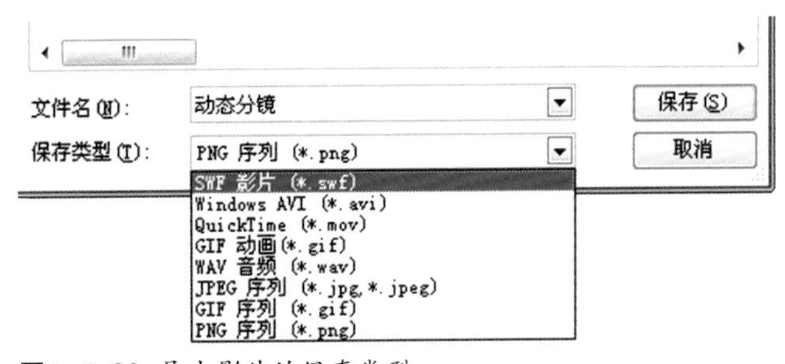

图2-5-20 导出影片的保存类型

从“保存类型”下拉菜单中选择要导出的文件类型，默认为“.swf ”，“文件名”默认为FLA动画文件名，用户可以输出新的文件名。然后单击“保存”按钮，则会弹出相应的参数设置对话框，并对其进行参数设置。完成单击“确定”按钮，就会生成相应格式的文件。

2.发布设置

Flash动画可以导出为多种格式，为了避免每次导出时都进行设置，可以在“发布设置”对话框中选择需要的发布格式并制定设置，如图2-5-21所示。然后就可以简单地通过【文件】—【发布】命令，一次性导出所有选定的文件格式，这些文件默认存放在动画源文件所在的目录中。在发布Flash文档时，最好先为要发布的Flash文档创建一个文件夹。

设置完所有选项后，单击“发布”按钮，则会出现一个发布进度条，作品即可被发布为一个独立的电影文件了。在文件夹中找到刚发布的动画文件，双击图标即可播放，这说明动画文件已经可以脱离Flash编辑环境独立运行了。

图2-5-21 “发布设置”对话框

第三章

动画设计

第一节　美术设计基础

美术设计是构成动画艺术的所有元素中最为重要的内容之一。它将剧本中描写的抽象形象转化为具体的可视性形象，是基于剧本文字内容的二度创作。优秀的动画作品无不以成功的美术设计为先决条件。

美术设计涵盖了对动画作品的一切外部设计，是对整部动画的前期设想和总体风格的把握，它包括影片的整体美术风格设计、角色造型设计和场景设计。本节主要讲述Flash动画的美术设计。

一、美术风格设计

整体美术风格是动画作品的视觉灵魂。它以为观众带来美好的视觉享受为基本出发点。一般来说，符合大众的审美观念、时尚而又能被大众接受的美术风格，是大多数主流动画的选择标准。市场化、大众化的美术风格，成就了影院动画、电视动画。

许多Flash作品为动画短片，利用Flash的特点，创作出了很多具有强烈的个性化色彩和实验性、探索性的动画作品，如图3-1-1所示。

美术风格设计是创作者赋予整部影片的气质，是观众最终看到的风格样式。主要通过对主要场景画面和情节的绘画来展现一部影片的造型风格、色彩风格和画面质感等，是对角色设计和场景设计的一种总体把握。动画设计的前期，往往需进行美术风格的探索，以期寻找到一种适合于影片内容表达的最佳方案。

（a）老蒋《新长征路上的摇滚》

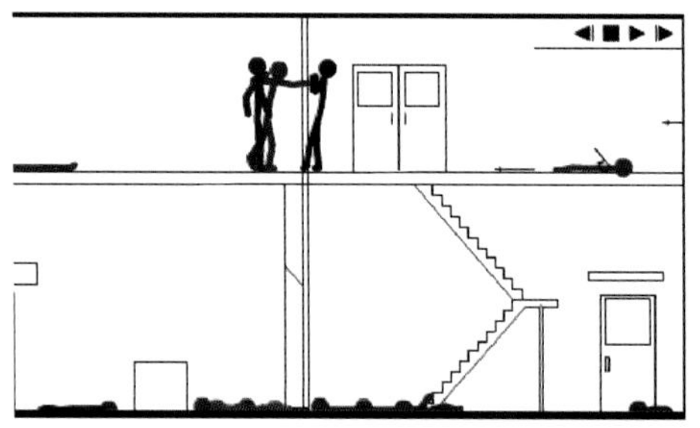
（b）小小《小小作品3号》

（c）卜桦《猫》

（d）B&T《大鱼海棠》

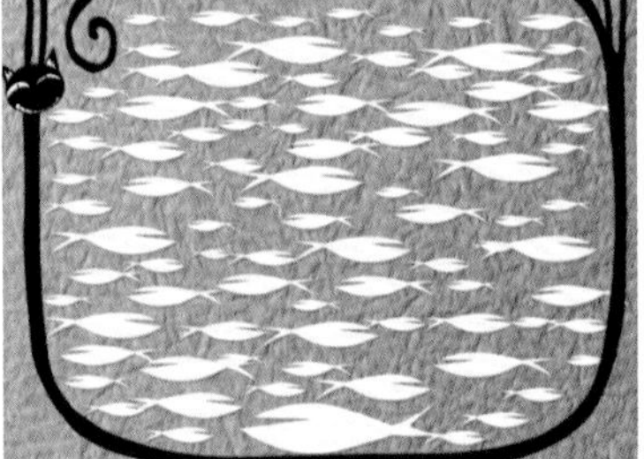
（e）赵颖、倪明《猫》

（f）李毅《纤纤》

图3-1-1 动画作品

二、角色设计

角色是动画作品中的活动主体。在一些作品中，活动主体是动物、植物或无生命的物件，但被赋予了人的情感、思想和特质，就又称为人物设计。动画人物与动画场景一起，构成动画的视觉形象，为观众提供美感享受。同时，动画人物的外在形象又是动画表演的载体，影片通过动画人物的动作表达故事情节，显现人物性格。

Flash动画的角色造型设计不仅要符合总体美术风格，还需充分考虑角色拆分关节、添加骨骼以后的表演功能。每摄制一部动画，其题材不同，故事情节的角色也就不一样。因为影片的风格样式各异，造型的风格也就多种多样。因此，动画设计人员需要熟练掌握各种造型特点，以适应影片的角色造型方法。

在Flash动画前期创作阶段，一般只拆分以正面、正侧等为主的全身标准角色造型关节。其他特殊动作的角色造型关节由动画设计人员来完成。关节拆分要依照角色造型设计特点，将角色的肢体等关节进行拆分。例如在Flash软件中，将角色拆分为：头、颈、胸腔、骨盆、上臂、前臂、手、大腿、小腿、脚等若干体块，再添加骨骼，成为活动灵活而又不失原型的角色造型。Q版角色造型在Flash动画中最为常见，现通过两个实例，来掌握Flash角色设计的制作技巧和方法。

图3-1-2 Q版古装少年造型设计

1. Q版人物的造型绘制技法

本实例将绘制一个Q版人物的角色造型，其目的是为了掌握Q版人物的造型特点与绘制技巧。下图为Q版古装少年的造型设计，如图3-1-2所示。

（1）新建文档。按Ctrl+N键，新建一个Flash文档，并另存为fla文件。然后按Ctrl+F8键，新建一个图形元件，并将该元件进行命名。

（2）绘制人物基本形体。在该元件的舞台上绘制出人物的基本形体，如图3-1-3所示。

（3）绘制人物头发。在人物面部轮廓的基础上，用线条工具绘制出人物的头发，如图3-1-4所示。

（4）绘制人物服饰。根据古代少年的角色造型设计特点，绘制出Q版少年的服饰，如图3-1-5所示。

（5）调整轮廓线。在选择整个人物的状态下，在“颜色”面板中将笔触大小调整为0.5，笔触颜色的透明度调整为50%，以柔化线条的颜色。

（6）绘制人物暗面。用红色线条绘制人物暗面，也就是画出人物的明暗交界线，如图3-1-6所示。

图3-1-3 绘制人物基本形体

图3-1-4 绘制人物头发

图3-1-5 绘制人物服饰

图3-1-6 绘制人物暗面

根据个人绘制习惯，可以先填充基本颜色，再绘制人物暗面。

（7）填充基本颜色。在完成的线稿上确定出人物各部分的基本颜色并进行填充，如图3-1-7所示。

（8）勾画人物暗面。根据结构和光影特点，用红色线条绘制人物暗面，如图3-1-8所示。

（9）填充人物暗面。根据勾画出的明暗交界线，填充好人物的暗面。

（10）完成人物造型绘制。将勾画的红色线条删掉，完成Q版角色造型的绘制。最后标注出标准色彩，其目的是为动画制作的中间环节提供详尽、规范的标准图示。最终Q版人物标准造型如图3-1-9所示。

图3-1-7 填充基本颜色

图3-1-8 勾画人物暗面

01	02	03	04
#CC0000	#3F3418	#1E180B	#292210
05	06	07	08
#5B4B22	#AC8844	#669966	#466846
09	10	11	12
#FFFFFF	#CCCCCC	#669966	#466846
13	14	15	16
#333333	#666666	#31200F	#5B3D1E

图3-1-9 Q版人物标准造型

2. Q版动物的造型绘制技法

本实例将绘制一个Q版动物的角色造型，其目的是为了掌握Q版动物的结构特点与角色的分层技巧。下图为Q版狸猫的造型设计，如图3-1-10所示。

图3-1-10 Q版狸猫造型设计

（1）新建文档。新建一个Flash文档，并另存为fla文件。然后按Ctrl+F8键，新建一个图形元件，并将元件进行命名。在该元件的编辑界面中，将图层1命名为“头部”。

（2）绘制角色头部。选择“椭圆工具”，设置笔触颜色、大小，调整笔触颜色的透明度为50%。在舞台上绘制一个椭圆，作为Q版狸猫头部的外轮廓线。条形花纹是狸猫的重要特征，将头部添加了3条具有代表性的花纹，如图3-1-11所示。

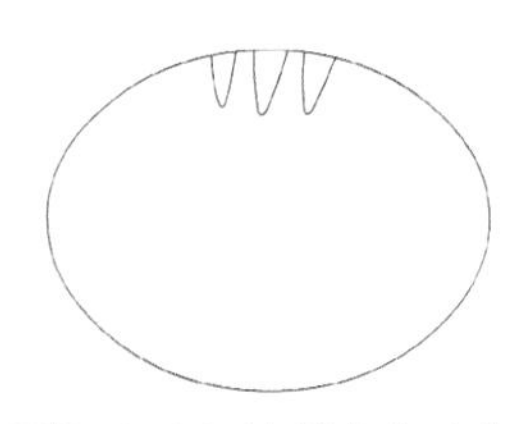

图3-1-11 绘制角色头部

（3）绘制角色耳朵。新建图层，将其命名为“耳朵”。使用线条工具配合选择工具，绘制出狸猫的耳朵。调整两只耳朵的位置，使其与头部相协调，如图3-1-12所示。

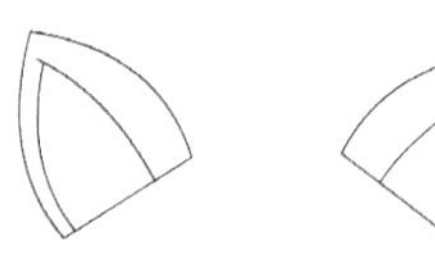

图3-1-12 绘制角色耳朵

（4）绘制角色眼睛。新建图层，将其命名为“眼睛”。使用线条工具绘制直线，使用选择工具拖出眼眶的弧度，使用椭圆工具绘制出眼球，使用Delete键删除多余部分。其效果如图3-1-13所示。

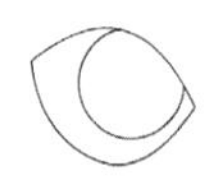
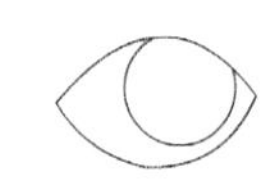

图3-1-13 绘制角色眼睛

（5）绘制角色嘴巴。新建图层，将其命名为“嘴巴”。采用同样的方法绘制出嘴巴，如图3-1-14所示。

图3-1-14 绘制角色嘴巴

（6）绘制角色身体和四肢。新建图层，将其命名为“身体”。使用线条工具画出狸猫身体部分的基本形状，使用选择工具仔细地调整身体和四肢的轮廓。在身体上再添加3条具有代表性的条形花纹，如图3-1-15所示。

图3-1-15 绘制角色身体和四肢

（7）绘制角色尾巴。新建图层，将其命名为“尾巴”。采用同样的方法绘制出尾巴，如图3-1-16所示。

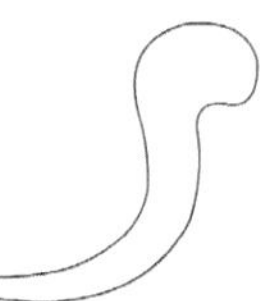

图3-1-16 绘制角色尾巴

（8）完成角色线稿。将所建的多个图层按照前后层级顺序依次调整，为以后的上色工作做好准备工作。至此狸猫的线稿就完成了，如图3-1-17所示。

图3-1-17 完成的线稿和图层结构

（9）填充基本颜色。在完成的线稿上确定出狸猫各部分的基本颜色，并进行填充。填充基本颜色后如图3-1-18所示。

图3-1-18 填充基本颜色

（10）绘制角色暗面。根据结构和光影特点，用红色线条绘制角色暗面。根据勾画出的明暗交界线，填充好角色的暗面，如图3-1-19所示。

图3-1-19 绘制角色暗面

（11）完成角色造型绘制。将勾画的红色线条删掉，完成Q版角色造型的绘制，最后标注出标准色指定，如图3-1-20所示。

01	02	03	04
#D58A8A	#E3B3B3	#424240	#95918E
05	06	07	08
#1E1E1E	#333333	#D9D9D9	#FFFFFF
09	10	11	12
#D1624E	#E3B6A8	#75706C	#DFDDD5

图3-1-20 Q版动物标准造型

三、场景设计

场景是动画镜头画面的主要组成元素，是动画故事发生时代和地域环境的美术体现。它为动画人物提供了具体的活动空间，也是影片交代情节、渲染气氛的重要手段。同时，动画场景比动画人物占据了更大的画面空间，体现了全片的美术风格和艺术水准。因此，场景设计是动画美术设计中的重要环节。

Flash动画的场景制作，与传统动画的场景制作相同。可以在Photoshop软件中绘制出来，也可以直接在Flash软件中制作。场景设计在造型手法上，与动画角色造型一样，也分为写实风格、装饰风格、漫画风格和写意风格等。根据影片需要来表现场景的空间和透视关系，并绘制出不同视距的景物。在Flash场景制作中，运动镜头主要分为前景层、中景层和远景层3层。现通过动画场景实例，来掌握Flash场景设计的制作技巧和方法。

本实例将绘制一个漫画风格的Flash动画的场景设计，其目的是为了掌握运动镜头的分层方法与绘制技巧。推拉镜头的场景设计如图3-1-21所示。

图3-1-21 推拉镜头的场景设计

（1）勾画近景层轮廓。先按Ctrl+N键，新建一个Flash文档，并另存为fla文件。按Ctrl+F8键，新建一个图形元件，并将该元件命名为“近景层”。使用线条工具和选择工具勾画出树干的基本形状和斑驳的花纹图案，如图3-1-22所示。

（2）勾画中景层轮廓。按Ctrl+F8键，新建一个图形元件，并将该元件命名为“中景层”。使用线条工具配合选择工具，勾画出中景树干、树叶的基本形状和斑驳的花纹图案。被近景层遮挡的部分，可适当省略，如图3-1-23所示。

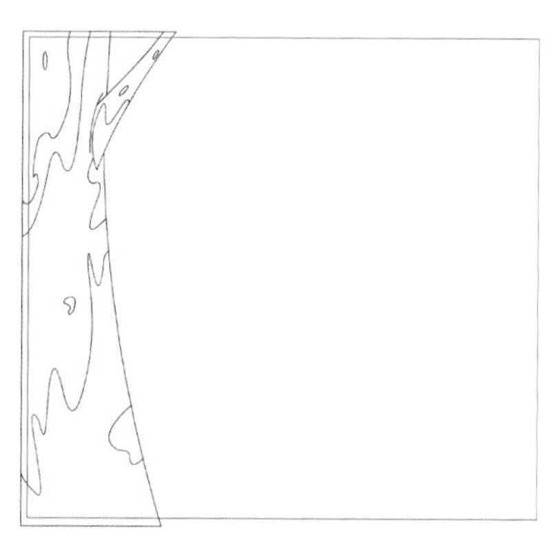

图3-1-22 近景层线稿

图3-1-23 中景层线稿

（3）勾画远景层轮廓。按Ctrl+F8键，新建一个图形元件，并将该元件命名为“远景层”。使用线条工具配合选择工具，勾画出三组远景树叶的基本轮廓，如图3-1-24所示。

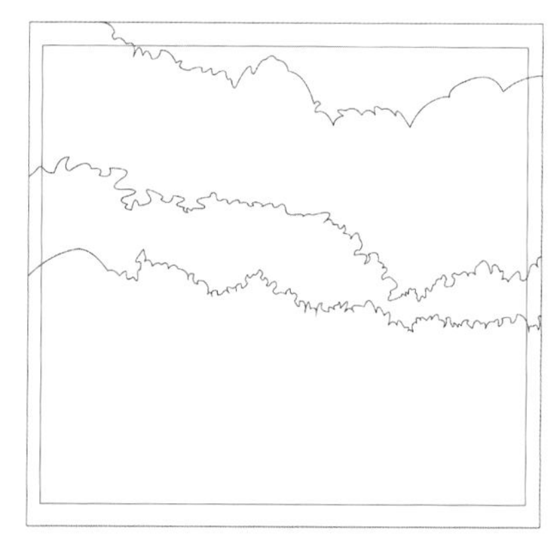

图3-1-24 远景层线稿

（4）叠合后的三层线稿。根据前后遮挡关系，将近景、中景、远景三层线稿叠合在一起。叠合后的效果如图3-1-25所示。

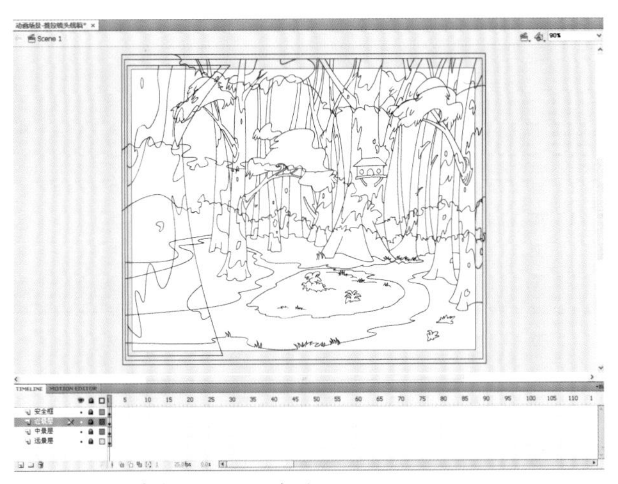

图3-1-25 叠合后的三层线稿

（5）给近景层填色。为了模拟真实镜头效果，将近景层的色彩设置为较暗的基本色，可适当设置亮面色。上色后的近景层色彩如图3-1-26所示。

图3-1-26 上色后的近景层

（6）给中景层填色。中景层主要展示场景的空间氛围，色彩的好坏直接影响到一个镜头的成败。上色后的中景层色彩如图3-1-27所示。

图3-1-27 上色后的中景层

（7）给远景层填色。远景层是为近景层、中景层起衬托作用的层，色彩为比较概念化的树木色，顶部为天空色。上色后的远景层色彩如图3-1-28所示。

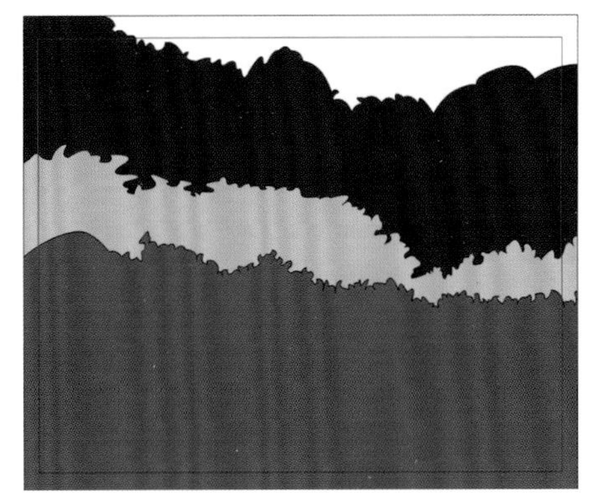

图3-1-28 上色后的远景层

（8）完成动画场景绘制。根据前后遮挡关系，将上色后的近、中、远三层色稿叠合在一起。叠合后的效果如图3-1-29所示。

图3-1-29 完成后的动画场景

第二节 动画技法基础

一、动画的基本原理

1. 视觉暂留现象

1824年英国科学家彼得·马可·罗杰（Peter Mark Roget）在英国王室协会提交了一篇“移动物体的视觉暂留现象”（“Persistence of Vision with Regard to Moving Objects”）的报告中阐释到：图形对眼睛的刺激形成最初印象，能在视网膜上停留一小段时间。当多个刺激图像以相当快的速度连续显现时，在视网膜上形成的刺激信号便会重叠起来，图形就成为连续运动的了。“视觉暂留现象”是动画也是电影发明的根本原理所在。

1828年，科学家约瑟夫·普拉图（Joseph Plateau）在彼得·马可·罗杰的基础上，结合自己多年的研究成果，发表了《论光线在视觉上产生的几个特性》的文章，他指出：图形在视网膜上的停留时间，根据物象的颜色强度，在物体表面照明亮度适中的情况下，物体形象在视网膜上的平均停留时间约为1/3秒，也就是34%秒。因此，只要两个视觉印象之间不超过1/3秒，那么前一个视觉印象与后一个视觉印象就会融合在一起。

利用这一原理，电影采用了每秒24格画面的速度拍摄播放，电视采用每秒25帧（PAL制式）画面的速度连续播放。如果以每秒低于24格画面的速度连续播放，就会出现视觉停顿和跳跃的现象。动画与电影一样，都是利用“视觉暂留”原理设计而成的。视觉暂留现象如图3-2-1所示。

图3-2-1 视觉暂留现象

2. 动作分解与还原原理

1872年，在美国加利福尼亚州的一个酒店里，铁路大王、加州州长斯坦福与科恩两个人发生了激烈的争执：马奔跑时蹄子是否有着地。斯坦福认为奔跑的马在跃起的瞬间四蹄是腾空的；科恩却认为，马奔跑时始终有一蹄着地。为此他们投下了两万五千美元的赌注。然后斯坦福雇著名摄影师爱德华·麦布里奇（Eadweard Muybridge）来为自己作证。麦布里奇受斯坦福之邀开始研究马的运动。直到1877年，在经过许多次不成功的尝试后，麦布里奇才找到了解决拍摄的办法：在赛马跑道的旁边一字排开放上24架摄影机，又在跑道的中间横空拉上丝线，丝线的一端连着摄影机的快门。当马跑过来时，踢断了丝线，同时24架摄影机的快门也就依次被拉动而拍下了24张照片。这些照片证明了，马在奔跑时四蹄是离开地面的。这些照片的用途并不只是用来打赌，1879年，麦布里奇发明了一种可以播放运动图像的“活动幻灯机”（zoopraxiscope）投影装置，把这一系列马奔跑的照片连在一起绕在活动幻灯机上放映，就可以重现马奔跑的情景。此后麦布里奇又花了20年的时间拍摄了一系列动物和人的运动的连续照片，并于1988年、1901年分别集成《运动中的动物》和《运动中的人体》两套摄影集，这两套摄影集成为动画设计人员研究动物和人体运动的经典参考资料。其中《运动中的动物》马奔跑动作如图3-2-2（a）所示，《运动中的

（a）《运动中的动物》马奔跑动作

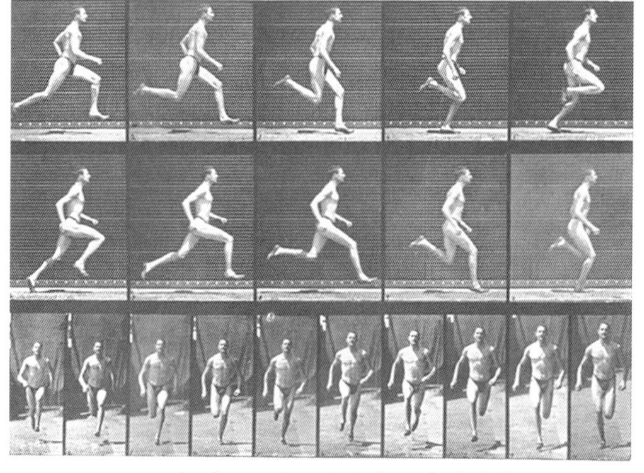

（b）《运动中的人体》人奔跑动作

图3-2-2

人体》人奔跑动作如图3-2-2（b）所示。

动画技术分解与还原运动现象的原理是电影机械系统发明的基础。这一原理成为后来发明同步放映和活动摄影机械系统以及影视数字输出系统的科学依据。这一原理验证了采用每秒运行“24格”画面的速度播放，能够正确地还原人的视觉印象。这就是动画产生的原理。动画设计者就是负责设计制作这一张张画面的，动作设计的好坏直接影响到影片最后的效果。

二、动画技法基础

在制作Flash动画的过程中，动画设计一般没有传统二维动画那样的严格分工，而常由一个人来承担原画和动画的工作。传统二维动画中的原画的工作是动作的设计和角色表演的设计，是关键张的设计；动画的工作是根据原画的指示，在两张原画之间按照运动规律加上动画张。

动画技法是研究动画表现运动的技术与方法，它是动画人员为适应工作必须掌握的基本知识和技能。这不仅限于动画制作中的中间画方法，还包括对动画原理的理解和对客观运动规律的熟练掌握。

1. 中间线技法

中间线是最简单的中间画，在两条平行线、不平行直线、或者直线与弧线之间、弧线与弧线之间，必有一条线出于中间位置，这条线就称为那两条线的中间线。概括地说，中间线是处于中间位置的线。各种中间线技法如图3-2-3所示。

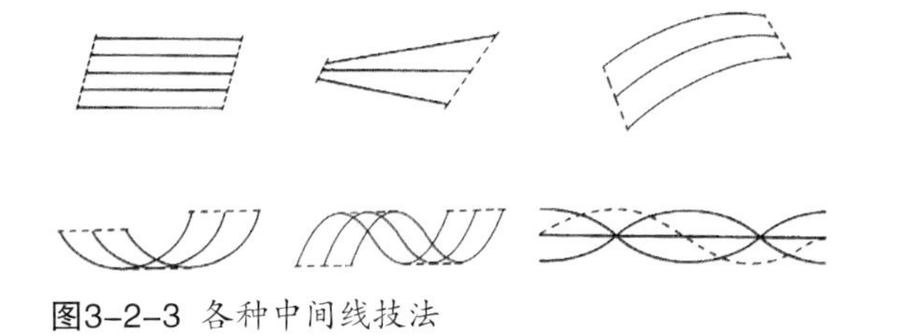

图3-2-3 各种中间线技法

作任何中间线，都要依靠自己的目测，找准它的中间部位。注意图3-2-3中那组波浪曲线的中间线，波浪曲线有两条中间线，一条是直线，另一条是波浪曲线。其中直线是简单中割中间线，另一条波浪曲线体现了波浪推进原理，在动画应用中，特别是在曲线运动中被广泛应用，因此应特别重视。

Flash动画不像传统二维动画的线条那样要求严格，但是道理是一样的，必须达到“中割”的准确性，一样需要用压感笔在数位板上进行严格的大量训练才能达到制作动画片的要求。

2. 中间画技法

动画中的各类动体，在从一个形态向另一个形态的变化过程中，需要多张中间渐变过程的画，这些渐变过程的画被称为中间画。作中间画是动画人员的重要内容，中间画技法是动画的基本技法。

（1）简单的中间画技法。

几何图形的等分中间画是最简单的中间画，等分中间画的特点是严格等分。在一个几何图形向另一图形变化的过程中，各对应点的变化都应该是等分的。作几何等分中间画时，首先要对两个原画图形进行观察比较，弄清它的变化过程，找准各位置的对应点的变化轨迹，并找出关键点的中间位置，依靠眼睛的直接观察作出中间画来。简单图形中间画如图3-2-4所示。

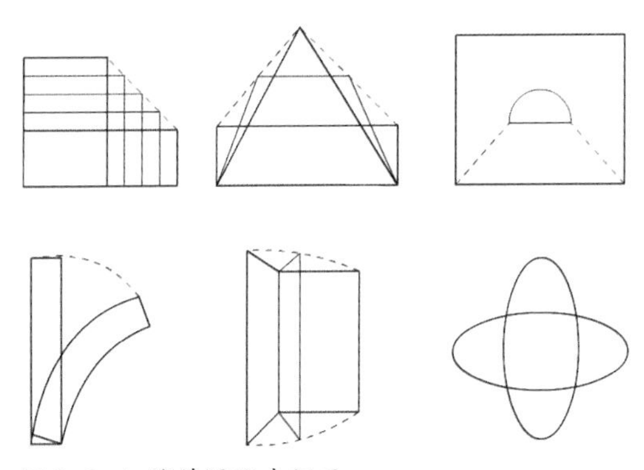

图3-2-4 简单图形中间画

（2）较复杂的中间画技法。

当两原画位置距离较远或动作差别较大，很难将原画作出动画时，应将两张原画上相同或相似的部位重叠在一起，多次调试并加出动画张。由于原画动作变化不会都是平行移动，弧形、扇形排列也是常有的事，因此应该仔细核对、反复确认，以免产生偏差。多次对位是完成中间画的主要方法，期间能通过对位进行“同描”的只有小部分，许多时候在对位以后，仍然使用目测办法加中间线来最后完成中间画。《大闹天宫》力士擂鼓原画如图3-2-5所示。

（3）复杂的中间画技法。

在动体的一个连续动作中，会有若干个原画动作，它包括了动作的起始、终止和转折过程，构成了连贯的动作整体。在画这些组合动作时，不要孤立地对待两张原画的中间过程，应将这些关键动态原画联系起来看，画出这些原画的连续动作轨迹线，并把动画也画在这条轨迹线上。这种“轨迹法”是动画的基本法则。轨迹法在动画中应用广泛，从各种无生命物体的直线和曲线运动，到人类的各种复杂的运动，都有一定的运动轨迹。如图3-2-6（a）所示为击球动作原画，如果将原画联合起来，找出击球的运动轨迹［见图3-2-6（b）］再加动画既方便又准确。如果不联系起来看，要想找准击球的位置是比较困难的。

图3-2-5 《大闹天宫》力士擂鼓原画

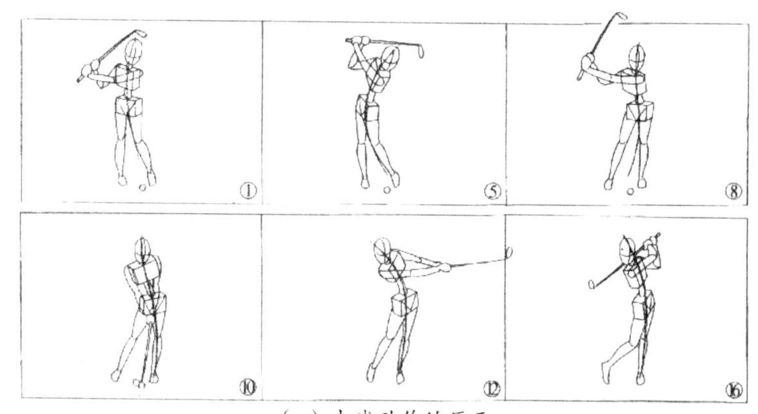

（a）击球动作的原画

（b）击球动作的运动轨迹

图3-2-6 复杂的中间画技法

3. 动画中的力学原理

从力学的角度看，物体由静止到运动或由运动到静止，都是因为力的作用，运动是力的结果和表达方式。研究运动与力的关系，是动画正确表现运动的依据。

（1）作用力与反作用力。

人类与其他动物的运动，都是因为使用了力，做出各种动作，但这种运动又受到外部的空气阻力、地心引力、摩擦力、惯性力、弹性力等因素的影响，使原先的动作状态发生变化。我们设计动作、完成动画时，都要研究作用力与反作用力。研究产生动作的力是怎样作用于运动体的，它又受到哪些外力的影响，运动状态和轨迹将发生怎样的改变等。石头砸木板弯曲动画如图3-2-7所示。

图3-2-7 石头砸木板弯曲动画

（2）惯性与惯性运动。

一个物体如不受到任何力的作用，它将保持静止或匀速直线运动状态，物

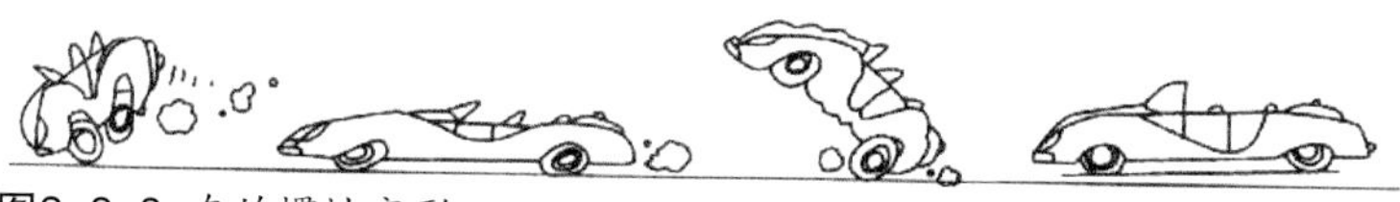

图3-2-8 车的惯性变形

体的这种性质叫做惯性。汽车从停止到行驶，乘客会向后倾倒；突然刹车时，乘客又向前冲出。另外，惯性还会造成对物体自身形态的改变，使运动物体产生惯性变形。如车的惯性变形如图3-2-8所示。

（3）弹性与弹性运动。

物体在外力作用下，发生形状的变化，外力消失时，物体又恢复到原来状态，物体的这种性质叫弹性。物体因弹性作用产生的变形叫弹性变形。物体由于自身质地不同，重量及受力大小也不同，弹性变形的程度也就不同，变形产生的力的大小也不同。

一个被抛出的皮球，触地时自身被挤压而变形，恢复时产生的弹性力又让它从地面跳起，升到一定高度、耗尽弹力的球再次下落，触地又产生新的弹力，再次跳起，如此反复，弹力一次次递减，直至完全丧失，弹跳停止。抛出的小球弹跳过程如图3-2-9所示。

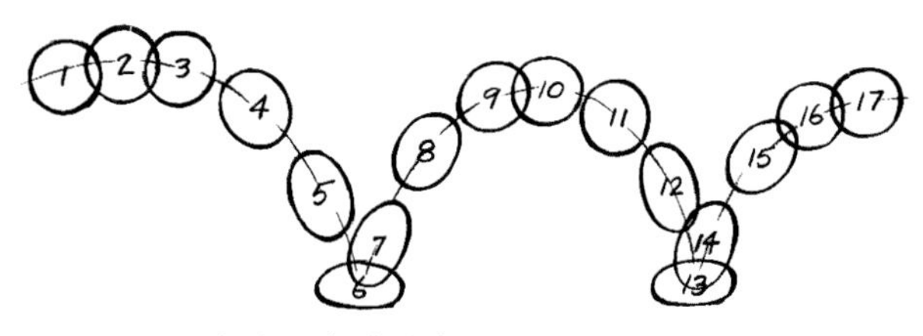

图3-2-9 抛出的小球弹跳过程

动画设计中对弹性、弹性变形尤为重视，并经常予以夸张表现，以强调动作，突出运动特征，产生比真实更为强烈的视觉效果。

（4）力与运动速度、运动状态。

运动是力的表现形式。物体受力越大，运动速度就越快。但由于来自其他方面的力的影响，物体的运动状态又会有新的变化。除了进入正常运作的机械运动以外，绝大多数物体的运动状态都不是均匀的。

动画作品中，经常借运动速度表达运动状态，表现物体受力的大小与持续性。完成一个动作所用的格数越多，则时间越长，在一定的动作距离内，耗时越长则表示速度越慢。动画中十分重视动作速度的变化，两张原画之间的动画有匀速、加速和减速3种不同的动画方法，表达不同的运动状态，这三种运动速度示意如图3-2-10所示。运用这三种速度来表达物体的特性和运动状态，进行一定的夸张处理，线性运动会导致更加强烈的运动，给予动作更多的力量，这是设计者必须掌握的内容。

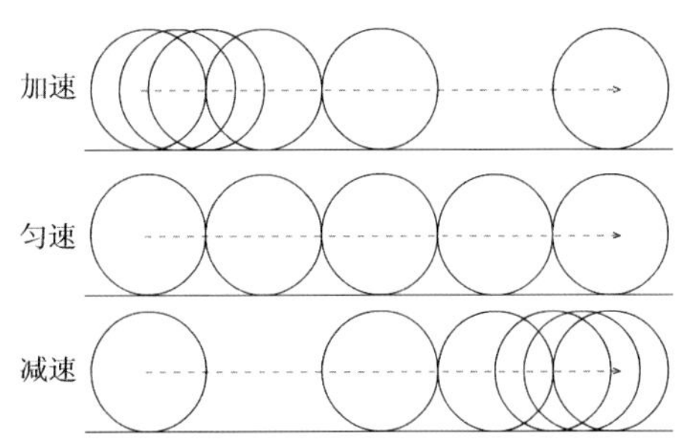

图3-2-10 三种运动速度

4. 曲线运动规律

曲线运动是生活中常见的一种动画状态，在动画中无处不在，它是一种柔和的、圆滑的运动方式。无论人、动物还是各类动体的运动，都会受到来自其他方面的力的影响而形成曲线运动。

Flash动画中也十分重视曲线运动的表现，并时常进行有意的强化和夸张。人与动物的优美、流畅的动作，细软的物体、液体、气体的柔美、飘忽、流淌的变幻，都使用曲线运动的技法来表现。曲线运动可分为弧形曲线运动、波形曲线运动和“S”形曲线运动三种基本类型。

（1）弧形曲线运动。

物体在运动过程中，由于受到各种力的作用，运动轨迹呈弧形曲线，均被称为弧形曲线运动。在生活中弧形曲线运动随处可见，如投出的皮球、摆动的钟摆、挥动的胳膊等都呈弧形曲线运动。如投球的曲线运动如图3-2-11所示。

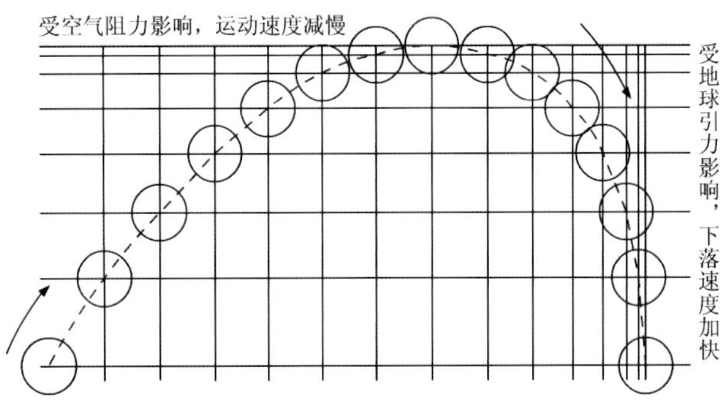

图3-2-11 投球的曲线运动

（2）波形曲线运动。

在物理学中，我们把振动的传递过程叫做波。在动画中，凡是质地柔软的物体由于力的作用，受力点从一端推移至另一端，就会产生波形的曲线运动。生活中的波形曲线运动十分常见，如飘动的旗帜、窗帘、水面的波纹、升起的炊烟等都是动画中常见的表现对象。如绸带的波形曲线运动如图3-2-12所示。

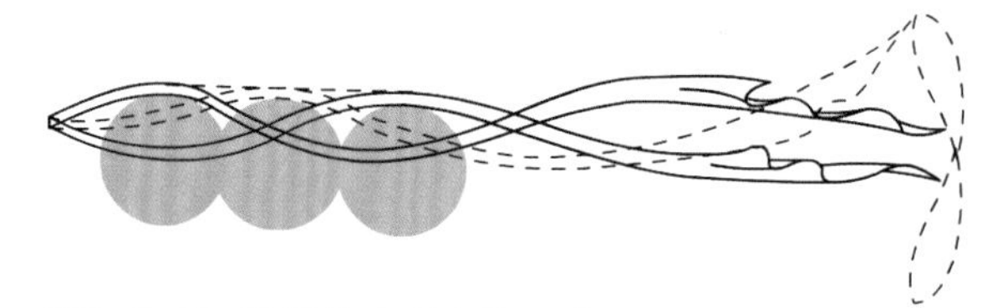

图3-2-12 绸带的波形曲线运动

（3）“S”形曲线运动。

在柔软物体的运动过程中，主动力在一个点上，在力的作用下，力从物体的一端过渡到另一端，物体的运动形态呈“S”形，运动轨迹线呈“8”字形，这就是“S”形曲线运动。如狐狸尾巴的曲线运动如图3-2-13所示。

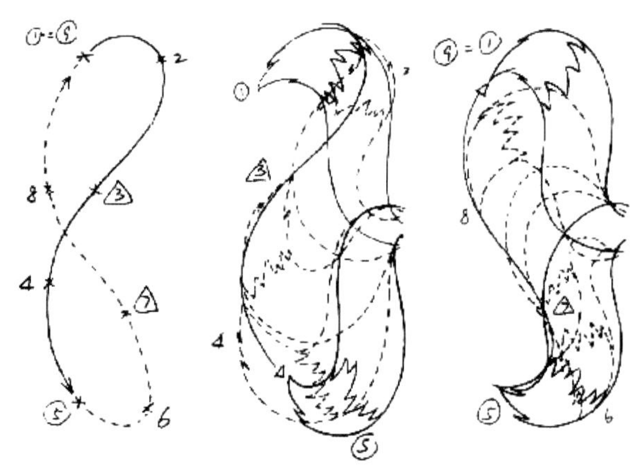

图3-2-13 狐狸尾巴的曲线运动

在做曲线运动的动画时，应当认清主动力与被动力的相互关系，明确物体被力所推动的方向，并朝着一个方向顺序依次推进。弧形、波形、“S”形是大家生活中对复杂的曲线运动的基本分类，其实它们是紧密联系、相辅相成的，只有在实践工作中把这些曲线运动作融会贯通的理解和灵活运用，才能创作出理想的动作效果。

第三节 动画设计原理

为了使动画变得可亲可信，其动画设计必须符合人们日常的生活体验。如果动画世界同人类世界一样遵从相同的法则，那么再荒诞的事情也会变得可以理解。Flash中的动画设计集合了传统动画中的原画和动画两大内容，相当于电影中的演员，动作设计的好坏，直接影响着影片的总体效果。动画设计者根据导演意图和分镜头台本所规定的内容和镜头时间对角色进行动作设计和制作。

一、动画设计基础

在传统动画中，动画设计又称为原画、动作设计，是动画设计者对动画角色所进行的动作设计。动画设计有直接向前（Straight Ahead）和姿势到姿势（Pose To Pose）两种动画设计方法。直接向前动作是从角色的第一帧画面开始顺序逐帧调动作；姿势到姿势动作是先绘制起止与转折的关键动作，再调中间过程的动作并进行衔接。不论用何种动画设计，其设计原理和法则都是动画设计者应该关注的。

1. 演出（Staging）

演出又称布局，是动画设计者将所有的想法完整、清楚地表现出来，使角色的每一个动作都让观众理解到所要表达的表情、个性和情绪。对于角色动画而言，很重要的一点就是要确认角色所做的动作强度是否足够清晰地传达出所要表现的动作意图，观众是否能够从中领会到。演出的重要检测方法是看动作的“剪影效果”，动作的剪影效果如图3-3-1所示。

图3-3-1 动作的剪影效果

2. 弧形运动（Arcs Motion）

自然界中绝大多数的自然运动都遵循一系列极其常见的弧形运动或复杂曲线运动。弧形运动是平衡感、质感和美感法则，做动画的时候应该让动作沿着曲线运动而不是直线运动，这样可以更深地刻画出角色的细腻程度，用直线会使角色显得呆板和机械。以头部转动为例，头部呈弧线旋转运动，如图3-3-2所示。当头部从左向右转动时，头部在中间位置应该根据视线的方向加一点低头或者抬头的动作，而不是纯直线的机械式动作。

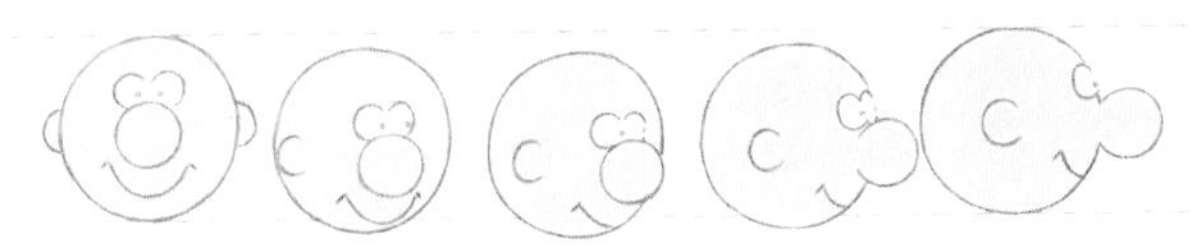

图3-3-2 转头的弧形运动

3. 时间把握（Timing）

时间把握又称为时间节奏、节点，它是动画的生命。在完成一个单独动作所需要的时间内，会因设计者的处理方式不同而产生巨大的变化。经常与时间把握同义的还有间距（Spacing），但间距同时还具有空间的含义。一切物体的运动都充满了时间节奏，节奏感是由不同速度的交替变化所产生，这也是动画中最难把握的。如一个眨眼动作就可以表现得或快或慢，若眨眼很快，角色看上去处在警觉、机敏或清醒状态；若眨眼很慢，就会显得比较慵懒、疲惫或昏昏欲睡。两组不同的眨眼动作如图3-3-3所示。

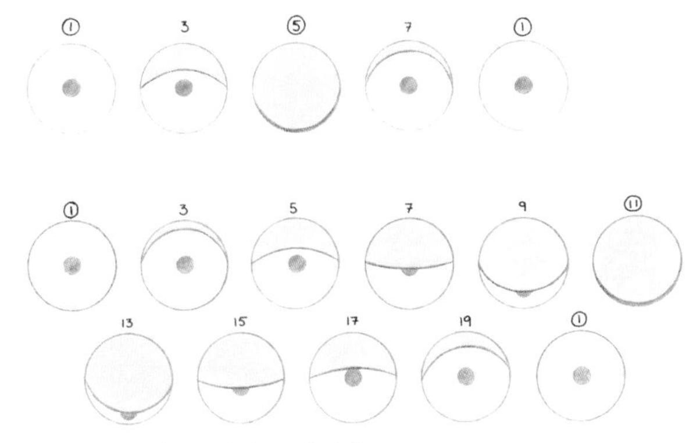

图3-3-3 两组不同的眨眼动作

4. 重量感（Weight）

所有动画角色的动作，都因自身的物理属性而具有其重量感，如何使用和处理重量感是由诸多内因（年龄、体态、情绪等）或外因（重力等）所决定的。重量感的体现需要靠时间节奏和动作距离来调节，有时还会涉及力的表现。不同重量的角色运动姿势如图3-3-4所示。

图3-3-4 不同重量的角色运动姿势

5. 力学原理（Mechanics Principle）

角色的运动是角色使用力量所产生的，角色的作用力支配肌肉收缩，产生动力，由于受到各种力的影响，其运动状态和速度就会发生变化。根据力学原理（本章第二节中已有介绍），把作用力与反作用力等物理现象具体运用到动画设计中，形成动画自身的特性。

6. 渐进渐出（Slow - in and Slow - out）

渐进渐出的规律通常是运用在物体Pose的减速和加速的变化过程中。当物体的一个Pose接近另一个Pose时，是减速变化，称为渐进；当物体从一个Pose开始向另外一个Pose变化时，是加速变化，称为渐出。如在一个弹跳的小球将要达到顶点的时候都会有渐进和渐出过程。小球起跳后，受重力影响，速度应该越来越小，渐进达到顶点；继续向下运动逐渐加速，渐出顶点，直到小球触地为止。小球弹跳的渐进渐出动画如图3-3-5所示。

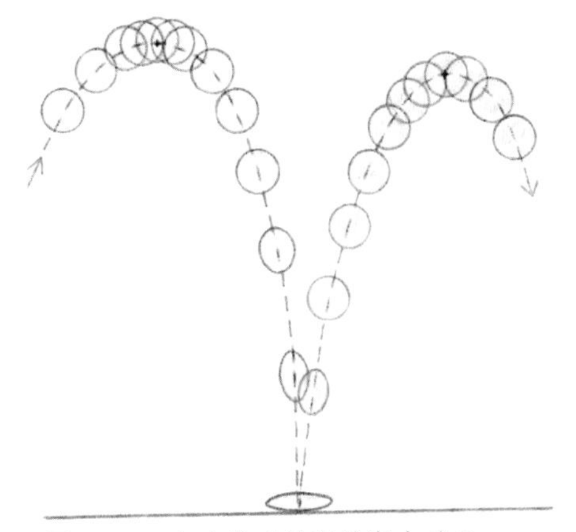

图3-3-5 小球弹跳的渐进渐出动画

7. 角色个性（Personality）

角色个性是通过诸多动画法则共同运用所体现出来的角色个性魅力，对动画是否成功起着关键作用。其真谛是要让动画中的角色鲜活得如同在真实世界里一样。同一个角色在不同情绪状态下做出的动作应该是不同的。此外，让角色富有个性彼此不同，而角色对观众来说又是非常的熟悉。根据角色的思维不同，决定了角色动作表演上的个性。

8. 感染力（Appeal）

动画设计者应尽量避免平庸无趣的动画设计，包括姿势和运动状态。精彩的动作设计具体表现在动作的魅力、简洁性和观众交互程度等。一个醒目的英雄形象很有感染力，一个丑陋的或令人厌恶的角色，也应该很有感染力，否则，观众是不会去关注他在做什么的。

二、动画设计

使用关键帧可以把一个复杂的动作分解成多个独立的、更易于操作的姿势。当设计者开始工作时，会把组成动作的各个独立要素依次加上去，依据它们在整个动作中如何影响其他元素以及被其他因素影响进行分解，将这个过程分解为预备、动作和反应三部分内容。

1. 预备动作（Anticipation）

预备动作是主体动作的前奏，用来引导观众的视线趋向，能够清楚地表达动作的力度。根据物理运动规律需要，特别是从静到动的运动状态的转变，就需要先做一个预备动作。如在角色开始走的时候，一定要先转移自身的重心到一条腿上，这样才能抬起另外一条腿。在动画设计中，角色在朝着设定的动作方向运动之前，为了使观众的心理有明显的“预期性”，大多需要做出一个相反方向的预备动作，使观众能够以此推测出随后将要发生的动作或行为。反方向的预备动作如图3-3-6所示。

图3-3-6 反方向的预备动作

2. 主要动作

主要动作是所有动作的主体、核心和总趋势。在创作过程中为了增强作品的艺术感染力，往往运用夸张等表现手法来获得强烈的戏剧效果。

（1）夸张（Exaggeration）。

在动画设计中，正常状态下的动作夹杂着一些适当的夸张，是动画的出彩部分。设计者根据实际需要进行夸张，主要表现在动作夸张、姿势夸张和表情夸张等方面。动作夸张处理一般用来强调动作的突然性；姿势也可以夸张，如让角色比常态下更倾斜些；在制作动画过程中，动画设计者要仔细辨认声音里重音强调的地方，据此配合一些夸张动作来强调这些内容。做好夸张处理，关键要让被夸张的部分发挥到极致，赋予其活力，适当地夸张会让动画看起来更可信、更有趣。小球弹跳的夸张对比如图3-3-7所示。

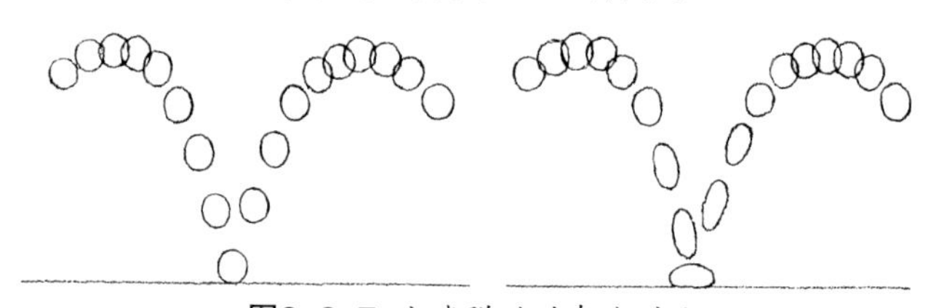
图3-3-7 小球弹跳的夸张对比

（2）挤压和拉伸（Squash and Stretch）

挤压和拉伸是最常见的夸张表现方法，是诸多动画原理中最重要的原理。挤压和拉伸动作是通过强大的力使角色被压扁后紧缩，之后再得到拉伸这两个过程来实现的。如何从一个画面过渡到另一个画面成为了动画设计的精髓。画小球弹跳的方法，可以直观地看到角色的形态被挤压和拉伸的整个变化过程，这也是力学原理在动画中的具体运用。青蛙的弹跳运动如图3-3-8所示。

图3-3-8 青蛙的弹跳运动

关于挤压和拉伸比较重要的一点是无论角色本身怎样形变，其体积、容积至少要保持不变。角色动画中动作很大程度上是靠肌肉形变来表现的，肌肉收缩就是挤压，肌肉舒展就是拉伸。当然并不是角色身上所有的组织都是按照这个规律变化的。

3. 次要动作（Secondary Action）

次要动作又称为第二动作、从属动作，它与主体动作相联系，是主体动作的缓和，影响或服从于主体动作。用来增加动画的趣味性和真实感，丰富动作的细节。设计次要动作时，要把握好度，既要能被察觉，又不能超过了主要动作。如角色昂首挺胸阔步行走时的摆手和面部表情动作就是次要动作，有时候次要动作本身就是要表达的内容，在主体运动当中的一个次要动作也许不会引人注意，但是如果忽略它，主体运动将会失去价值。如行走中摆手的二次动作，如图3-3-9所示。

图3-3-9 行走中摆手的二次动作

4. 缓冲动作（Buffering）

在一系列组合动作完成以后，缓冲动作使角色的动作延续这个动作的进行并缓和下来，使动作更趋合理。缓冲动作既可以是一组动作的结束，也可以是下一个动作的预备。

缓冲动作有逆向缓冲和顺向缓冲两种，如图3-3-10所示。

图3-3-10 动作的逆向缓冲和顺向缓冲

5. 跟随动作（Follow Through）

跟随是动画中的重要技法，角色表演中带动局部或附属物的运动超过了它原来的位置，然后折回来返回到那个位置以顺延动作的进行。它使动画角色的各个动作彼此间产生影响，把生命有效地注入姿态中。跟随动作本质上是因为角色动作的连带性而产生的跟随，在时间上动作间有互相重叠部分。如附属物的跟随动作，如图3-3-11所示。

图3-3-11 附属物的跟随动作

6. 重叠动作（Overlapping Action）

重叠动作又称为交搭动作，角色不同部分之间的动作有一个时间滞差，形成动作的重叠。重叠动作依据的原则是动量、惯性和力通过关节的活动来完成。多种动画设计原理综合运用可以使画面产生一种真实、生动的感觉，如图3-3-12所示。

图3-3-12 多种动画设计原理综合运用

第四节 动画运动规律

在动画中有人物、动物等各种类型的角色，这些角色各自的形体动作都复杂多变。为了适应表现各类角色，动画设计者需要熟练掌握各类动体的运动规律，其主要包括人体运动规律、四足动物运动规律、禽鸟类和鱼虫类运动规律三个部分。

一、人体运动规律

人是动画形象的主体。动画故事的展开、人物性格的展现，是靠动画人物的表演来完成的。了解人类常规运动形态、理解和掌握人体运动规律，是做好动画人物表演的关键。本部分主要内容是人的走路、跑步和跳跃的基本运动规律。

1. 人体结构与动态

人在动画中是主要表现对象，各类动体通过拟人化来表现，以人的思想、情绪、动作为依据。人体主要由头部、躯干和四肢三个部分构成。而人体比例是以人的头高与身体各部分之间长度的比较，头高是认识人体在空间存在形式的主要依据，动作中的变形要依据这个比例标准来进行夸张。写实的身体比例是以青年为标准的8个头高，儿童和少年分别为4~6个头高，高大的英雄人物可以是9个头高。Flash动画中的Q版以2~3个头高最为常见。不同身高比例的角色如图3-4-1所示。

图3-4-1 不同身高比例的角色

人体结构主要由骨骼和肌肉组成。肌肉收缩牵引骨骼运动，造成人体的运动。因此，掌握人体肌肉、骨骼、结构和比例是学习动画运动的基础。动画中的角色造型不同于现实生活中写实的人物形象，它是动画角色设计者在人体结构的基础上的高度概括和夸张处理。人体的肌肉、骨骼、体块结构及其重心与动态如图3-4-2所示。

2. 人的走路

人的走路和跑步是生活中最常见、最基本的运动形态。由于遗传因素、职业习惯、性别年龄、身高体型等方面的差异，人的走路姿势千差万别、千变万化，各人呈现各人的行走姿态。同一个人又因个人情绪、健康状况、环境因素等不同状态下的行走姿态也各有差别。因此人的行走动作成为角色完成情节演示、塑造性格、表达情绪的重要途径。

人的走路动作虽然复杂多变，但也有其规律可循。在掌握基本规律的前提下，注意对生活的观察、体验，通过各个不同的走路姿态，表现不同角色的性格和情绪都是可以实现的。

（1）走路的基本规律。

人在行走时，通过由单脚支撑与双脚支撑的交替而产生“跨步位移”来完成动作。在行走过程中，左右脚交替跨步支撑身体前进，双臂配合摆动，胸肩和骨盆作反方向的扭转和倾斜，使身体上下起伏呈波浪式运动。如人体正侧面走如图3-4-3所示。

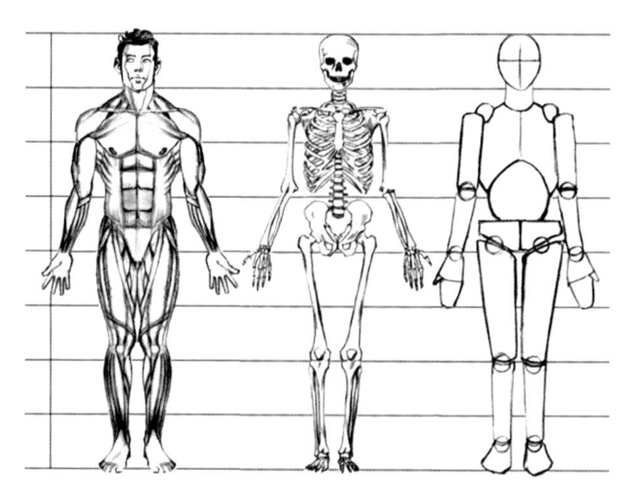

（a）人体的肌肉、骨骼、体块结构

图3-4-2 （b）人体结构的重心与动态

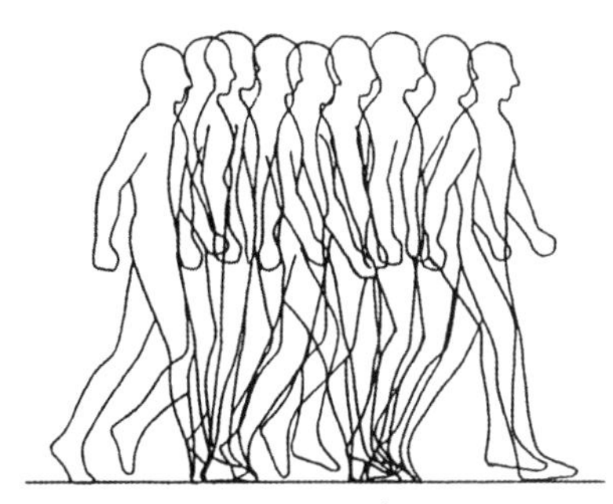

图3-4-3 人体正侧面走

图3-4-4 人体正侧走（半步）动作分解

（2）走路的基本步法。

根据力的传递形成的关键姿势，将正常人的行走过程的一个完步分解为12个Pose张，Pose①为Pose⑦的反向，故以一个单步6帧的Pose张为例，进行动作姿势分析。人体正侧走（半步）动作分解如图3-4-4所示。

① 双脚支撑张：前脚脚后跟着地，后脚脚前掌和脚尖着地，人体重心在双脚之间。

② 头位最低张：为Pose①的缓冲，前脚踏平，膝盖向前微屈，身体向前作缓冲，头位最低，前脚支撑的小腿面与地面基本垂直，后脚与地面若即若离。

③ 脚跟最高张：为过渡姿势，身体继续前移，重心置于前脚，后脚完全离地，脚跟提到最高位，支撑腿微前屈，小腿面与地面夹角小于90度。

④ 头位最高张：为单脚支撑姿势，重心完全置于单脚，另一腿膝盖超过支撑腿，小腿与支撑腿交叉，身体上提，头位呈最高姿势。

⑤ 膝盖最高张：为跨步向前姿势，大腿迈出，膝盖抬起达最高位置，带动小腿前摆，支撑腿继续前屈，两小腿面基本平行。

⑥ 跨步摆腿张：为过渡姿势，小腿继续向前摆开，脚掌与地面基本平行，后脚跟稍微踮起。

⑦ 双脚支撑张：为Pose①的反画，摆出脚的脚后跟落地，后脚脚前掌和脚尖支撑，人体重心在双脚之间。

（3）不同角度的行走。

在Flash动画中，为了克服呆板、平面化的视觉效果，会运用透视角度的镜头来丰富电影语言，使角色行走在透视空间中。正面走、背面走、斜侧行走都是常见的行走角度。在透视行走中，应准确把握人体各部位的形体变化，角色的基本姿势是一致的。如人体斜前、侧后行走（半步）如图3-4-5所示。

（4）不同情绪的行走。

动画角色的表演中，行走能够体现出人物的不同情绪和性格特征，使动作更具戏剧性。如昂首阔步地走，如图3-4-6（a）所示，其步伐稳健、双手摆动有力，跨步时的脚尖离地和脚跟落地速度较

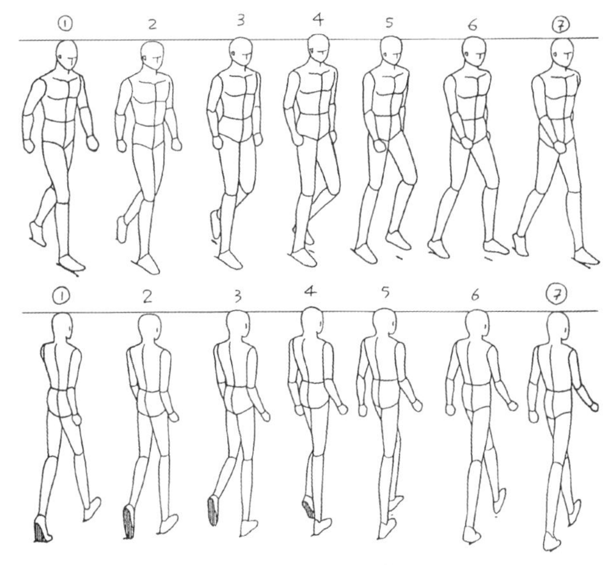

图3-4-5 人体斜前、侧后行走（半步）

（a）昂首阔步地行走姿态

（b）蹑手蹑脚地行走姿态

图3-4-6 行走姿态

快，而中间跨步过程较慢；蹑手蹑脚地走，如图3-4-6（b）所示，其双脚踏地时间长，重心尽可能地前移，跨步时提足快、跨出慢，且脚尖着地、步幅较大；垂头丧气地走，其头部深埋、躬背收胸，双手无力地下垂或摆动较小，跨步时抬脚较低，甚至脚底擦地。

3. 人的跑步

（1）跑步的基本步法。

人在跑步时，完全依靠单脚支撑身体重量前移，不会出现双脚同时着地姿势。与走路相比，跑步的步幅更大，膝部弯曲程度也更大，提膝和抬腿也都更高，头顶高低起伏的波形曲线也更明显。跑步的每个单步都有单脚触地、缓冲蓄力、发力蹬地、腾空动作四个过程。腾空动作是区别于走路的根本标志。跑步中缓冲蓄力时，身体下压，略呈蹲状，头顶高度最低。蹬地时身体抬起，到腾空时身体到达最高位置。疾速短跑时身体上下起伏较小，腾空过程较短。中、慢速跑时，身体上下起伏较大，腾空过程较长。奔跑的一个单步动作如图3-4-7所示。

（2）不同速度的奔跑。

由于人的年龄、性别、体态、情绪等不同，奔跑的速度也就不同。在基本的奔跑规律的基础上进行调节，一般中等速度的奔跑动作1秒钟跨3个单步，每个单步8格。短跑运动跨步动作更快，一般每个单步3～6格。长跑则相反，每个单步为10~12格。愤怒的奔跑如图3-4-8（a）所示，跨步快跑如图3-4-8（b）所示。

4. 人的蹦跳

蹦跳动作是一种独特的动作，它同时包括了跑步和走路的要素，是在人物情绪高涨、雀跃或越过障碍时产生的运动。整个过程与小球弹跳的过程相类似。

小球的弹跳过程是由挤压、拉伸、腾空、拉伸、挤压和最终还原六个基本形态组成。人的蹦跳同样由身体下压、蹬腿发力、腾空、下落伸展、落地挤压和恢复正常六个动作姿态组成，与小球的弹跳基本一致。在跳跃过程中，整个动作的动态轨迹呈弧形抛物线，弧形运动线的弧度大小根据弹跳力的大小而定。单脚、双脚蹦跳动作如图3-4-9所示。

二、四足动物运动规律

四足动物是人类生活中常见的动物，在Flash动画中也特别常见。它们有的以拟人化的形象出现，有的保持原有的动物体貌并赋予人格化的表情与动作，还有的以动物原有的形态出现

图3-4-7 奔跑的一个单步动作

（a）愤怒的奔跑（每秒3步）

图3-4-8 （b）跨步快跑（每步3格）

图3-4-9 单脚、双脚蹦跳动作

在影片中。无论它们以何种形式、何种夸张幅度出现，都是动画创作者的倾情创造。

1. 四足动物的分类

四足动物在长期的进化过程中，形成了强健的四肢，能走善跑。根据其骨骼结构、四足结构分为以四只脚的脚掌着地的蹠行动物、以脚趾着地的趾行动物和以蹄来支撑身体的蹄行动物三种类型，分别如图3-4-10所示。

依据其脚部结构的区别，将上述三种不同行走方式的兽类分为以熊、狮、虎、豹、狗等蹠行和趾行的爪类；以牛、马、羊、鹿、骆驼等蹄行的蹄类。

2. 四足动物的走

四足动物的行走动作相对复杂，但也有其规律可循。四足动物从站着开始迈步时，通常一条前腿先迈出，紧接着是异侧后腿迈出；一侧后腿先迈出后，接着是同侧前腿迈出。走的过程中约有一半的时间是两条腿支撑，另一半时间是三条腿支撑，这就是最常见的“三角形对角线”的行走步法。

在四足动物迈步过程中，一对前足在左右交替，一对后足也在左右交替。当两前足成交叉状态时，两后足为分开的迈步状态，前后足之间相差半步。迈步中，前足与另一前足交叉后继续前迈时，带动异侧后足跨步；当后足向前迈时，踏地前促使同侧的前足离地；前肢交叉时后肢分开，肩部提高，髋部下沉；后肢交叉时前肢分开，髋部抬高，肩部下沉；头部配合脚步动作，略作点动。如狗正侧行走（半步）动作如图3-4-11所示。

爪类动物行走时关节不明显，呈曲线运动状态，脚步踏地时轻盈稳重，有“点”下去的感觉，如熊的行走如图3-4-12（a）所示；蹄类动物的关节运动比较明显，跨步幅度较大，脚步踏地时响而重，有“打”下去的感觉，如马的行走如图3-4-12（b）所示。

3. 四足动物的跑

四足动物的跑分为小跑和奔跑。小跑是介于走和奔跑之间的一种跑姿，常用来表现动物轻松欢快的情绪动作；奔跑是四足动物常见的运动方式，在扑食和逃逸时经常使用。

小跑的基本规律是四足对角交替步法。即对角的两足（左前右后或右前左后）同起同落，相互交替。每一完步约16～24格，脚有两次交替，每一次交替都有蹬足、腾空、落地、缓冲过程。腾空时身体高度略有上抬，使整个小跑呈现有节奏的上下波动起

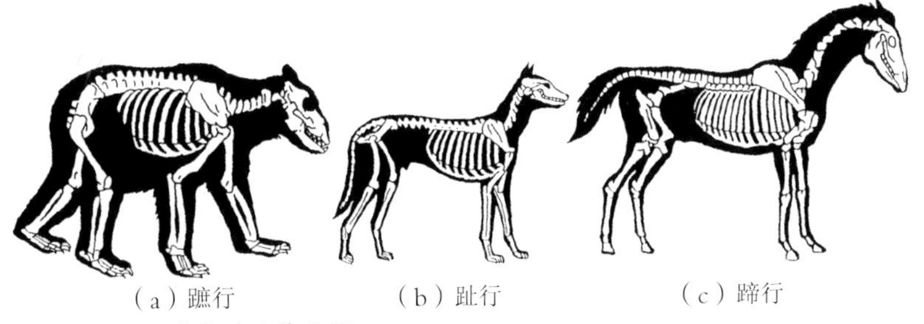

图3-4-10 三种类型的骨骼图

图3-4-11 狗正侧行走（半步）动作

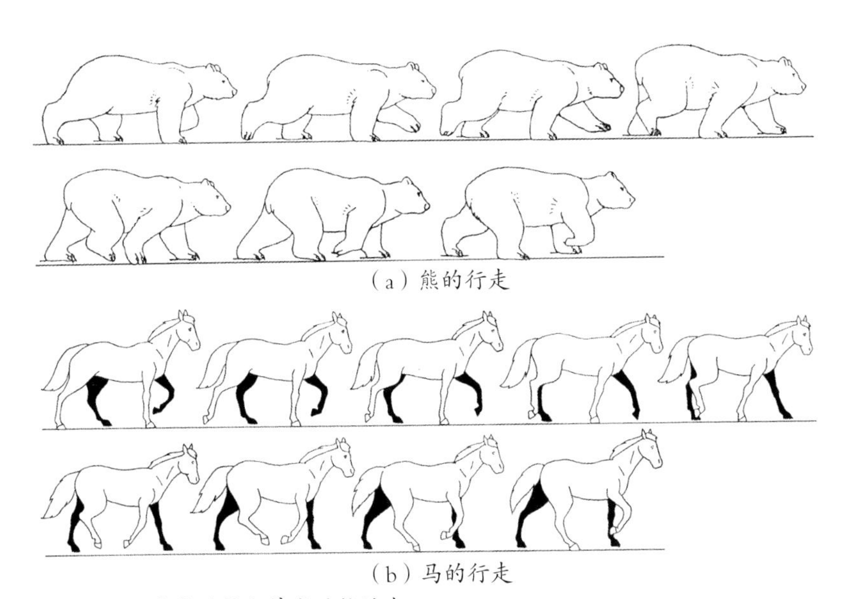

图3-4-12 爪类动物与蹄类动物的走

伏，如狗的小跑动作如图3-4-13（a）所示。

奔跑的基本规律是四足同侧交替步法。即两前足和两后足（前左右足和后左右足）间的快速交替，每个完步中有一个或两个（狗）腾空过程，腾空一般由后足用力一蹬而形成。只有个别动物（马）是蹬前足后腾空的。不同的四足动物奔跑的频率差异极大（4—16格），如鼠、猫等小动物奔跑频率极快，大象、熊等庞大的动物奔跑频率则缓慢。如马的奔跑动作如图3-4-13（b）所示。

4. 四足动物的跳跃

跳跃是四足动物的一种生存本领，有时也表达动物的一些情感。跳跃的基本规律是两前足首先离地，快速收缩在前胸。两后足用力蹬地，使身体弹射而出。落地时两前足同时前伸触地，然后急速蜷身，两后足触地。跳跃动作在四足都离地之后，有较多时间的腾空，然后再落地，这是跳跃区别于奔跑的主要标志。如鹿的跳跃动作如图3-4-14所示。

三、禽鸟类和鱼虫类运动规律

禽鸟类和鱼虫类是人们日常生活中频频接触的对象，在Flash动画中也经常见到。鸟类的飞行和鱼类的游动在运动状态上、运动轨迹上都呈曲线运动，表现它们的运动都应遵照曲线运动规律。

1. 禽鸟类的运动规律

在自然界里，禽鸟的种类繁多，体型和生活习性各异。在动画中，一般将禽鸟分为飞禽和涉禽两大类。

禽鸟善于在空中飞行，它们的身体呈流线型，这样的体型特征能够减少它们飞行时空气的阻力。身体一般由头颈部、躯干、翅膀、尾羽和腿脚五部分组成。翅膀的扇动是鸟类飞行的主要动力来源；头颈部与尾羽用来保持与调节飞行的平衡与方向；腿脚是鸟类起飞与着陆时的动力源和降落架；躯干将各部分连接起来组成一个适合飞行的整体。如鸽子的骨骼结构如图3-4-15所示。

图3-4-15 鸽子的骨骼结构

（1）禽鸟类的飞行。

在动画中，一般将鸟类分为阔翼类和雀类两种。阔翼类翅膀较长较宽，颈部较长且灵活，飞行时依靠空气对翅膀产生升力和推力，托起身体上升和前进。扇翅动作一般比较缓慢，翅膀扇下时展开、动作有力，抬起时比较收拢、动作柔和。身体有规律地上下起伏，翅膀向下扇动时身体略微抬起，翅膀向上收起时身体略微下降，如鹤的飞行动作如图3-4-16（a）所示；雀类体型短小，翅膀较小，嘴小脖子短，动作轻盈灵活，飞行速度较快，翅

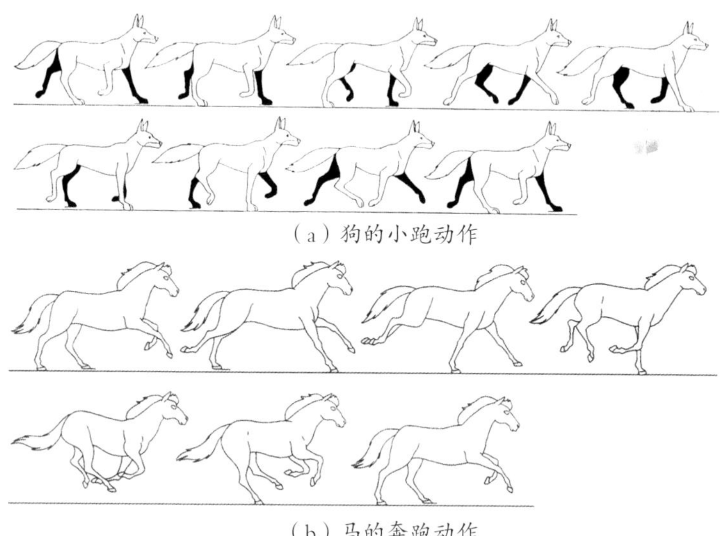
（a）狗的小跑动作
（b）马的奔跑动作
图3-4-13 四足动物的跑

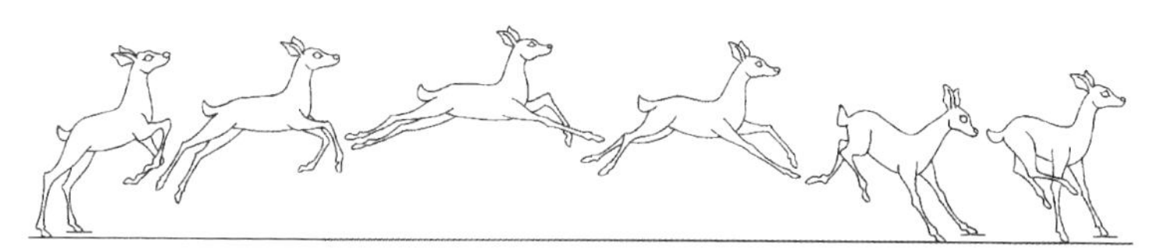
图3-4-14 鹿的跳跃动作

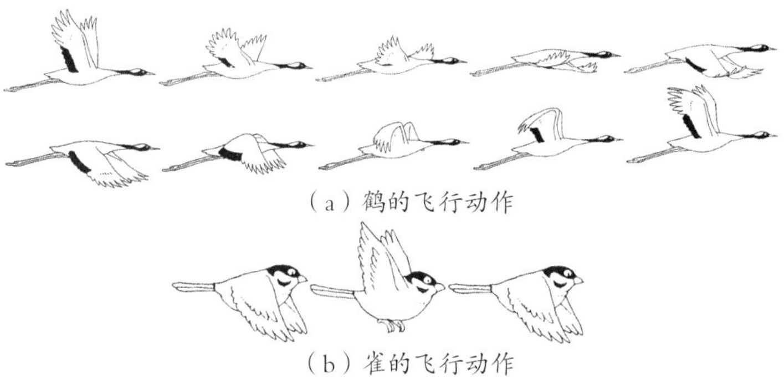
（a）鹤的飞行动作
（b）雀的飞行动作
图3-4-16 禽鸟类的飞行动作

膀扇动的频率较高，一般很难看清翅膀的动作过程。如雀的飞行动作如图3-4-16（b）所示。

（2）涉禽类的行走。

禽类在行走时，双脚前后交替运动，身体略作左右摇摆配合。为了保持身体平衡，头和脚互相配合运动。一只脚抬起时，头开始向后收，抬至朝前的中间位置时，头收到最后，当脚向前落地时，头也向前伸至顶点。先落地的脚与后探头的动作相差一至两格。脚爪离地抬起时，趾关节弯曲、收缩，向前迈出呈弧线运动轨迹。落地时趾关节张开向上翻起然后着地。

图3-4-17 鹭的行走动作

图3-4-18 硬骨鱼、软骨鱼的S型游动

（a）鳐鱼的游动

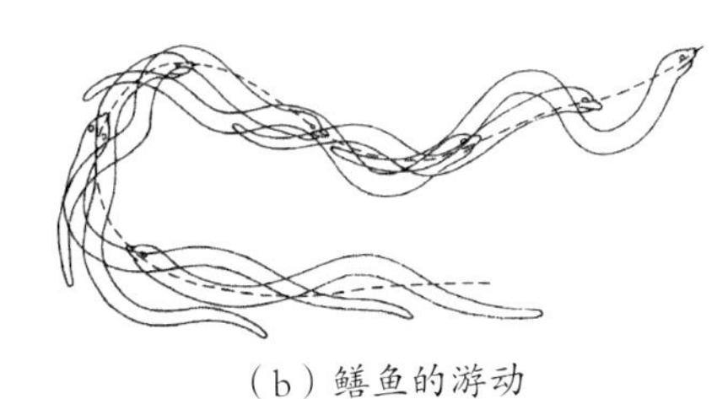

（b）鳝鱼的游动

图3-4-19 鱼类运动规律

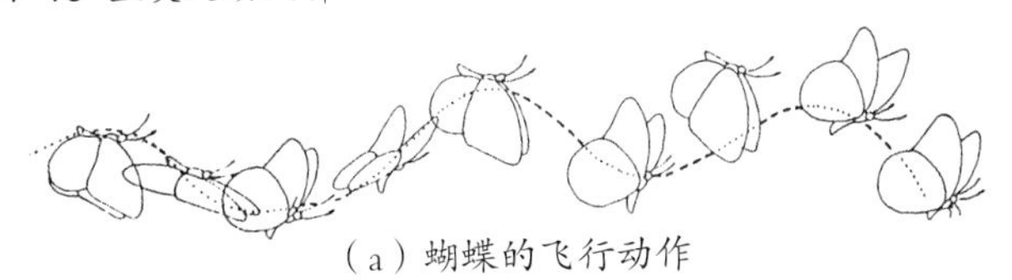

（a）蝴蝶的飞行动作

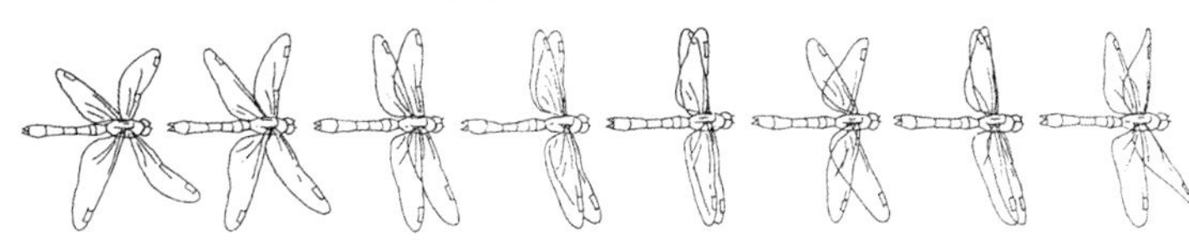

（b）蜻蜓的飞行动作

图3-4-20 昆虫的飞行动作

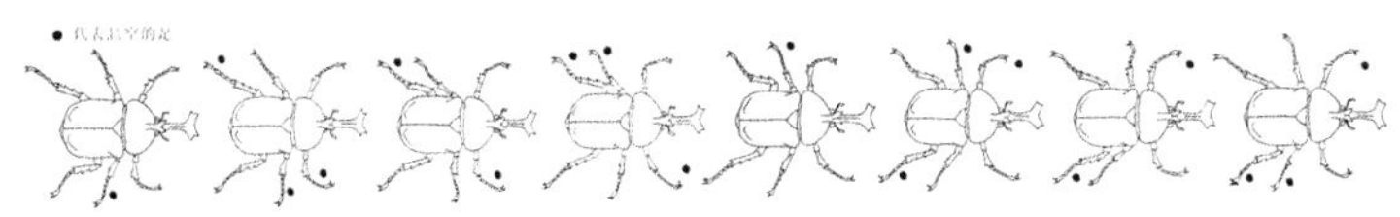

图3-4-21 独角仙的爬行动作

如鹭的行走动作如图3-4-17所示。

2. 鱼虫类的运动规律

（1）鱼类。

鱼类的品种繁多，在水中的游动是它们最主要的运动方式。身体主要分为头、躯干和尾三个部分。它们拥有流线型的身体，鳍和鳔是维持平衡、提供动力和调节身体浮力的，这些结构使它们善于在水中游动。如硬骨鱼、软骨鱼的S型游动如图3-4-18所示。

鱼类按体形可分为纺锤形、侧扁形和棍棒形三大类型。纺锤形鱼和长体侧扁形鱼动作灵活，游速较快，如鳐鱼的游动如图3-4-19（a）所示；短体侧扁形鱼则比较迟钝；棍棒鱼身体扭动幅度大，前进速度却不快。它们在游动时，借助于连续的肌肉收缩与舒张，从头部开始的收缩在身体两侧交替进行，形成波浪式的传递，使身体呈S型。收缩波传向尾部传给水，反作用力使鱼体向前运动，如鳝鱼的游动如图3-4-19（b）所示。

（2）昆虫类。

自然界中的昆虫种类繁多，大约有100万种。在这里仅从几种昆虫的动作特点角度，分析以飞为主、以爬为主和以跳为主的三种昆虫类型。

以飞为主的昆虫，如蝶类由于翅大身轻，在飞行时会随风飞舞，翅膀大多一上一下，两张之间的飞行距离大约为一个身体的幅度，如3-4-20（a）所示；蜜蜂体圆翅小，只有一对翅膀，依靠双翅快速上下振动飞行，可以同时画出上下一虚一实两只翅膀；蜻蜓头大身轻翅长，左右各有两对翅膀，飞行时快速振动双翅，但动作姿态变化不大，可在蜻蜓身上画出几个翅膀的虚影。蜻蜓的飞行动作如图3-4-20（b）所示。

以爬行为主的昆虫，如瓢虫、甲虫等属于步甲科，不善飞行。其身体为圆形硬壳，有些身上长有好看的花纹，动作时形态无变化，靠身体下面的6条细腿交替向前爬行。速度一般不快。偶尔停下身体展开甲壳上的鞘翅扇动几下，又将翅膀收拢。如独角仙的爬行动作如图3-4-21所示。

四、自然现象运动规律

风、雨、雷电、水、火、烟、云是大自然的基本现象。动画中常被用作特定情感的表达，用以渲染气氛，传达人物的情绪心境。因此学会表现自然现象，是动画设计者的必备能力。虽然现在的Flash动画制作中，可以采用后期特效来制作，但大部分的自然现象动画仍需要由动画人员来设计。

1. 风

风是因空气流动而产生的一种自然现象，风力的大小由气流的速度决定。风是无色无形的，主要通过表现被风所吹动的物体和用流线法来表现风力的大小。表现微风时，根据需要直接设计出飘飞物的运动轨迹并确定物体的关键形态，再计算好动作的整体时间即可；表现卷风时，用流线表现法，如图3-4-22所示，根据气流的运动方向画成疏密不等的流线，并在流线范围内画一些被气流卷起的沙石和树叶等杂物。

2. 雨、雪

雨和雪是自然界中水循环的一种现象。当水汽在高空中遇冷，会凝聚成水滴或雪花，以不同的运动状态向下降落，便成为大家常见的雨或雪。

雨滴从空中落下时速度较快，视觉暂留给人的印象是线形，近处的雨点会有被拉长了的水滴的感觉。雨受风的影响，常常会朝着一个方向偏斜。雨的规律性很强，一般采用循环动画（一拍一）的方法。画面上的每一滴雨都有自己的运动轨迹，逐渐下落。为了表达动画的景深效果，将雨分为远、中、近三个层次来表现。如图3-4-23所示。

远层：雨运动速度最慢，一个雨点从入镜头到出镜头一般12~16帧，雨点的形状可用细密的线条组成片状；中层：雨运动速度略慢，一个雨点从入镜头到出镜头一般8~10帧，雨点的形状为较长的直线，间距较小；近层：雨运动速度较快，一个雨点从入镜头到出镜头一般5~8帧，雨点的形状可画得粗大些，间距也较大。三层雨叠合在一起进行循环，可以获得复杂多变的组合效果，一般用于空旷场景的雨景。在中层景前面的雨景一般用前层、中层即可。

雪作为自然现象，除了客观表现人物活动的实际环境之外，也被用于衬托人物的情绪心境。雪花质地松散、体积大、分量轻，从空中落下时受空气阻力大，因此速度慢，往往呈曲线状态

图3-4-22 流线法表现卷风

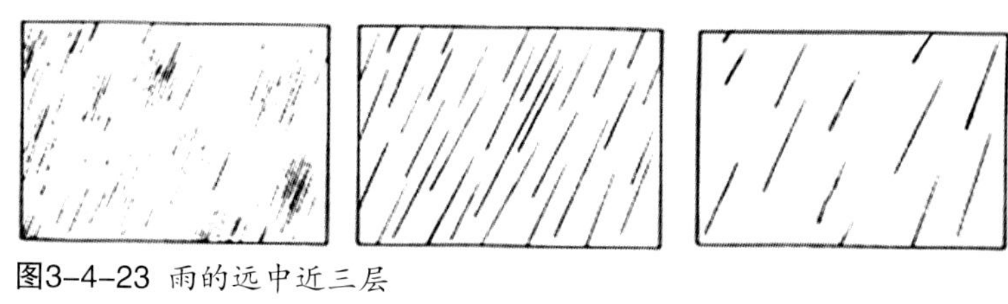

图3-4-23 雨的远中近三层

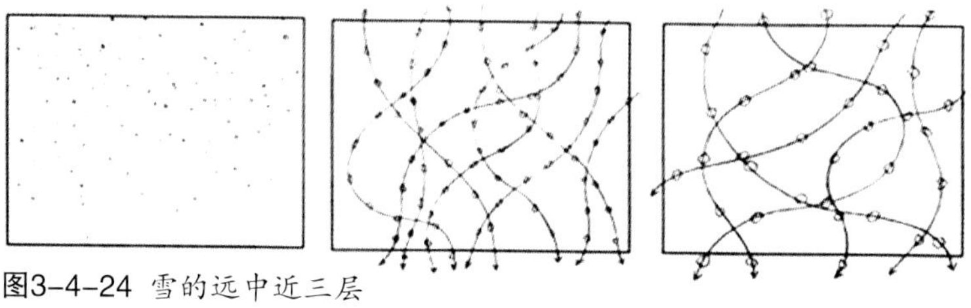

图3-4-24 雪的远中近三层

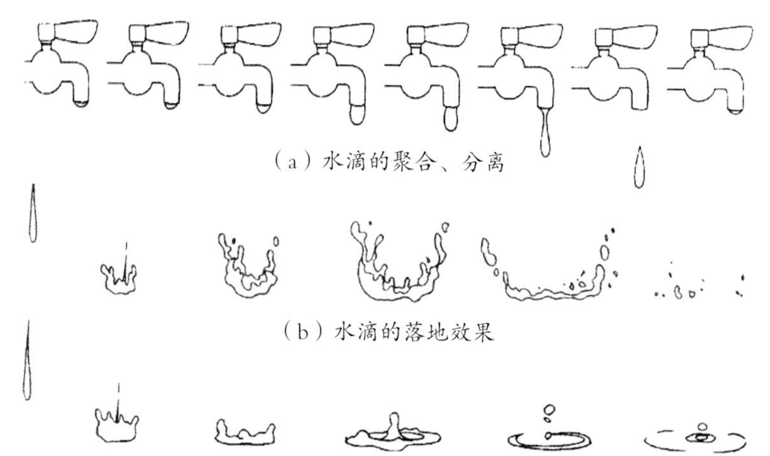

（a）水滴的聚合、分离

（b）水滴的落地效果

（c）水滴的落水效果

图3-4-25

飘忽而下。雪的动画表现技法也是采用循环动画（一拍二）的方法。三层雪花的运动轨迹不能重叠，要有意识地错开，这样运动起来就比较生动自然，如图3-4-24所示。

3. 水

水是动画中经常表现的对象。水的形态千变万化，小到水滴，大到海洋，各以不同的方式运动着。常见的水的存在和运动状态有水滴、水泡、水花、波纹、水流、水浪这六种。

（1）水滴：水的逐渐积聚，到了挂不住的时候，就会产生下滴，如图3-4-25（a）所示。当水滴落到地面受阻时，就会向四面扩散、飞溅。落地时根据接触物材质的不同，具体破碎方式也不同，分别如图3-4-25（b）、（c）所示。

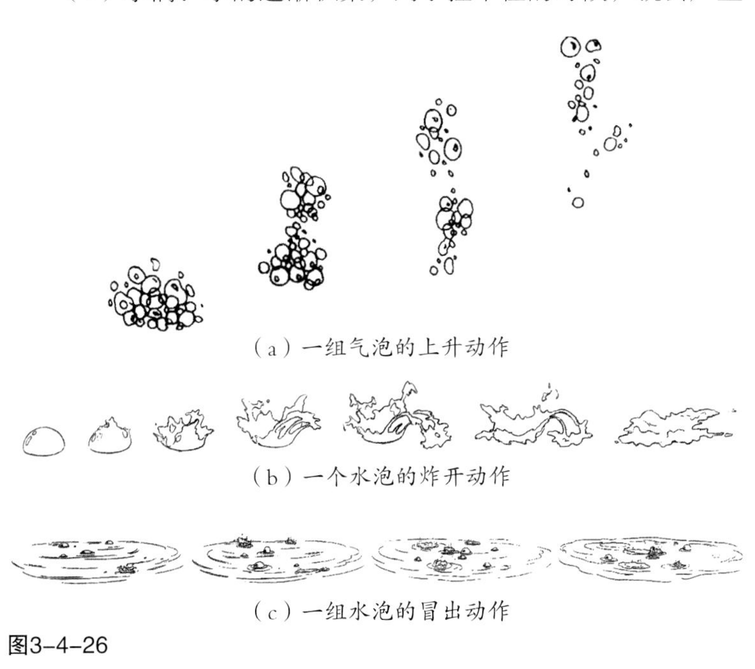

（a）一组气泡的上升动作

（b）一个水泡的炸开动作

（c）一组水泡的冒出动作

图3-4-26

（2）水泡：物体落入水中，水中冒出气体就会产生气泡，由于气体比液体的浮力大，气泡就会上升到水面，如图3-4-26（a）所示，形成半球状的水泡并炸开，如图3-4-26（b）所示，零星水点飞溅，水泡消失如图3-4-26（c）所示。

（3）水花：水花、水波纹的形成原理如图3-4-27（a）所示，物体从空中落入水中时，会溅起水花。它的运动属于发散变化，水花溅起后，以不规则的形式向四周散发，分离坠落，如图3-4-27（b）所示。水花溅起时的速度较快，上升的速度逐渐减慢，产生分离状水滴，有的继续向前直到消失；有的下落并且速度逐渐加快。

（4）波纹：物体落入平静的水中就会形成一圈圈的波纹，水圈从中心向外围逐渐推开并慢慢消失如图3-4-28（a）所示；水禽在水面游水形成八

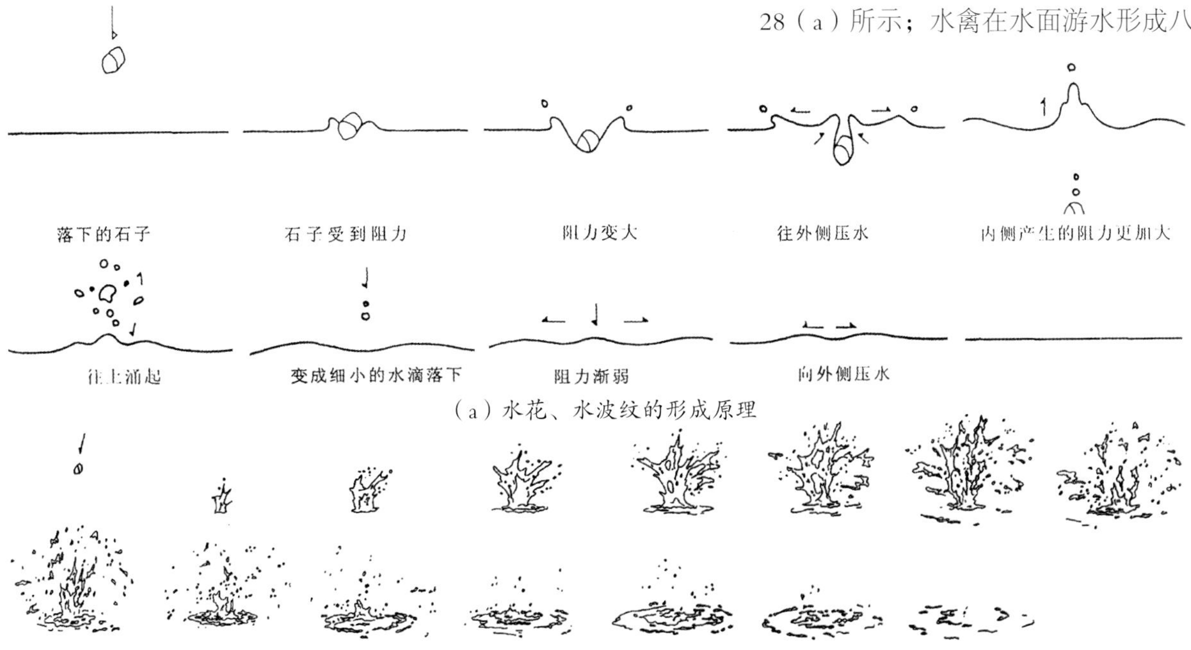

（a）水花、水波纹的形成原理

（b）水花溅起与散落

图3-4-27

字形波纹，会产生向外向后传递推移或逐渐消失的过程，如图3-4-28（b）所示。

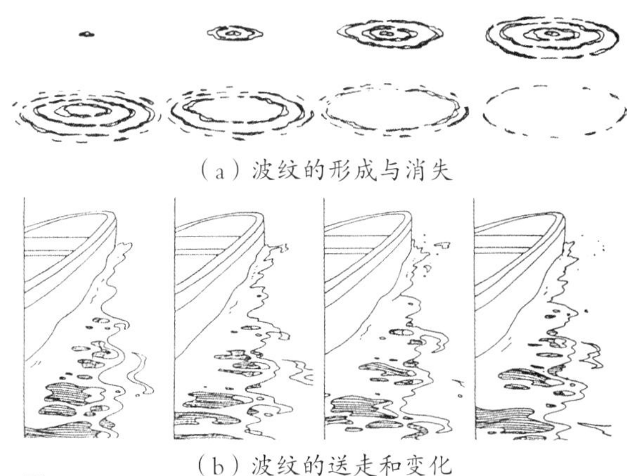

（a）波纹的形成与消失

（b）波纹的送走和变化

图3-4-28

（5）水流：是指水的流动，在表现水流时，一般主观地运用线条来表现出水纹的移动。画水流时，用水面光斑、不规则的流线和物体倒影来表现水流的运动，如图3-4-29所示。

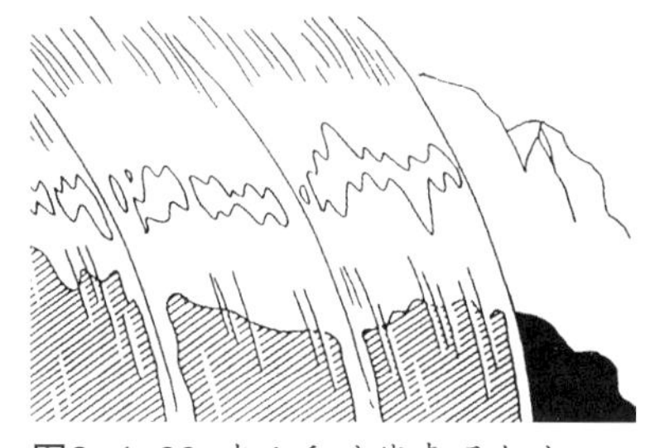

图3-4-29 光斑和流线表现水流

（6）水浪：水浪属于波浪形运动，江河湖海中的波浪，都是从一个位置逐渐向另一个位置推进，如图3-4-30（a）所示。海浪的运动一般是成排状水墙卷起、推进，达到高峰时与海面分裂、倒下，融入海中。受风速和风向影响，大大小小的波浪相互撞击，合并、消失，又产生新的波浪再次相互撞击，如图3-4-30（b）所示。为了表现大海波涛的景深效果，可进行分层表现，如图3-4-30（c）所示。

4. 火

火是可燃物（固体、液体、气体）在燃烧时发出的光和焰，燃烧过程有发生、发展、熄灭各个阶段。燃烧时热气上升，周围冷空气补充，火焰从底部向上移动形成锯齿形，受空气对流和环境的影响，会造成火苗上部的摇曳和分离变化，这是任何一种火焰燃烧运动的总规律。小火、中火以及两组大火的循环运动如图3-4-31所示。

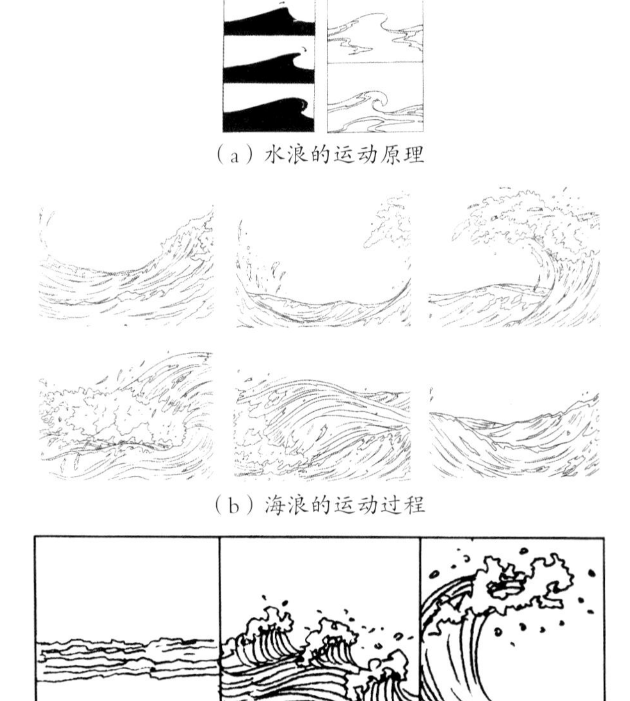

（a）水浪的运动原理

（b）海浪的运动过程

图3-4-30 （c）海浪的分层原理

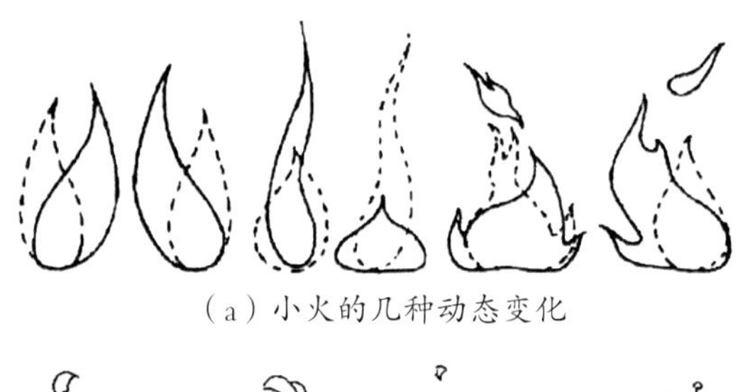

（a）小火的几种动态变化

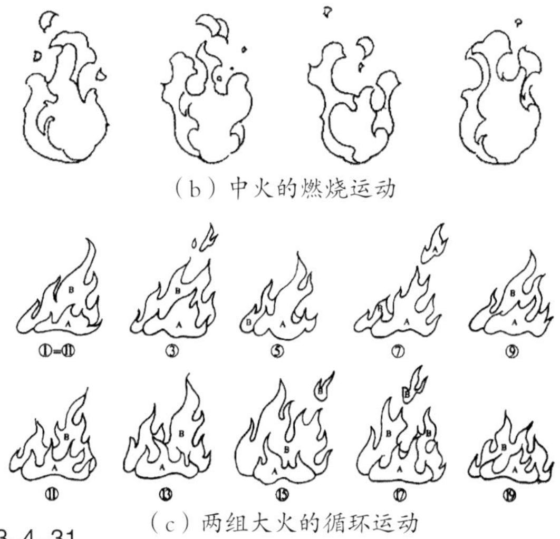

（b）中火的燃烧运动

（c）两组大火的循环运动

图3-4-31

5. 烟、云、雾、汽

烟、云、雾、汽等自然现象都属于气体类型的自然现象，它们虽各有不同的表现形态，但又有着运动缓慢、形状多变等共性和基本相似的运动规律。

烟是物体燃烧时冒出的气状物。由于燃烧物的质地或成分不同，产生的烟也会有轻重、浓淡和颜色的差别。动画中通常将烟分为浓烟和轻烟两大类。浓烟多为棉絮状，颜色较深，运动比较缓慢，有时一团团的烟球在整个烟体内上下翻滚扩张，把浓烟看作为一个个烟团的组合，把浓烟的上升看作为烟团组合的位移，并随着位移产生外形的些许变化，浓烟上端分裂成若干小团散开并逐渐消失，如图3－4－32（a）所示；轻烟多为带状或线状，质轻色淡，多呈半透明状，其运动形式呈上升的S形曲线运动，在空中拉长、扭曲、分离，在变化中逐渐消失，如图3－4－32（b）所示。

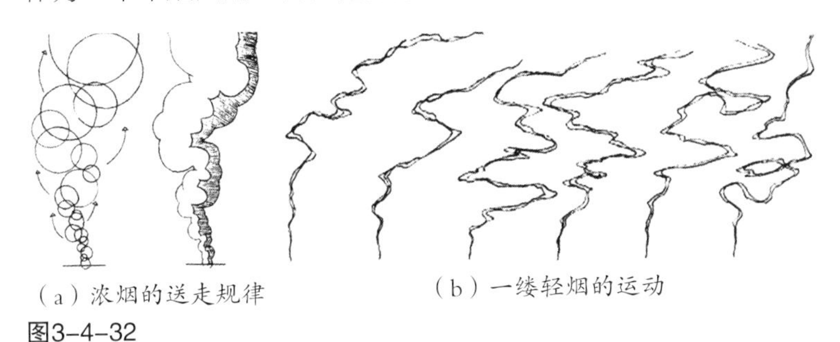

（a）浓烟的送走规律　　（b）一缕轻烟的运动

图3–4–32

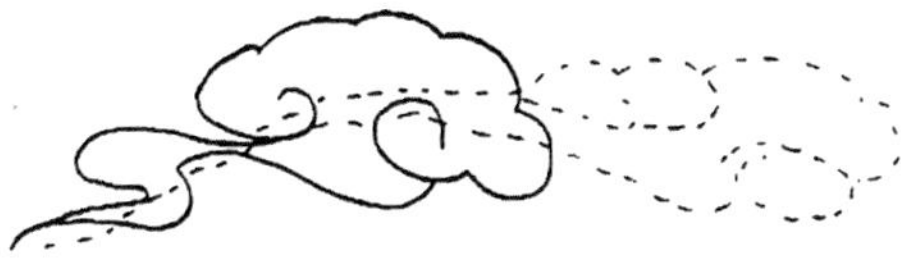

图3–4–33 装饰型云的运动

乌云、积云和浓重恶浊的秽气等的运动特点与浓烟极为相似；淡淡的云彩、薄薄的雾气、水壶里冒出的蒸汽、饭菜上蒸发的热气等的动画运动规律与表现技法则与轻烟大体相同。如装饰型云的运动如图3－4－33所示。

图3–4–34 树枝形的闪电效果

6. 雷电和爆炸

雷电是由积雨云产生的雷声和闪电现象，因为光的传播速度比声音的传播速度快，所以先看到闪电后听到雷声。闪电的动作非常迅速，整个放电过程一般只有半秒，根据剧情的需要可以直接描绘闪电本身的形态，如树枝形的闪电效果如图3－4－34所示，也可以用景物来表现闪电的效果；雷声一般由拟音师来完成。

爆炸是瞬间的发光发热现象。爆炸时先出现一个快速的闪光，然后爆炸物向四周飞扬，最后出现浓烟滚滚上升并缓慢消散的过程。小的爆炸能在4~5格内结束，其效果如图3－4－35（a）所示，而一个较大的爆炸从开始到浓烟扩散到最大化则需要2~3秒钟左右的时间，其效果如图3－4－35（b）所示，烟尘消散则需要更长的时间。

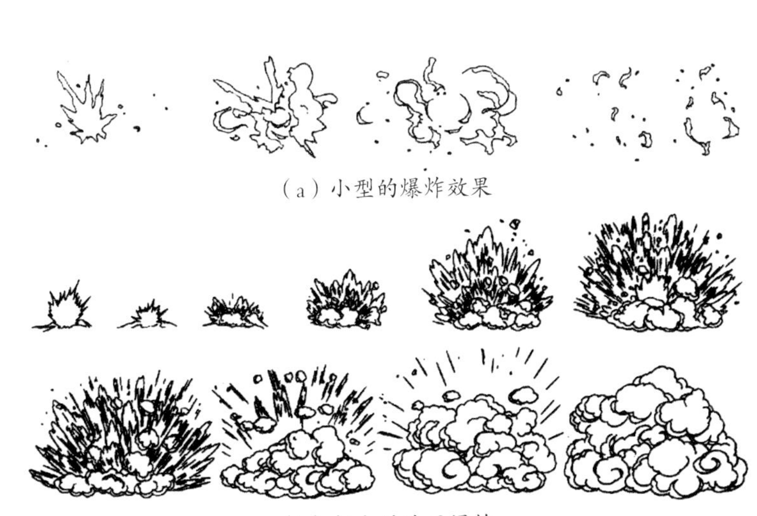

（a）小型的爆炸效果

（b）极大的地面爆炸

图3–4–35

Flash动画在技术上和艺术上都与传统动画极为相似，又有所区别。在Flash动画创作中，既要汲取传统动画的精华，又要扬长避短，突出自身的优点，这样才能创作出优秀的Flash动画作品。

第四章

FLASH动画制作

第一节　逐帧动画与补间动画制作

Flash软件主要有逐帧动画、补间动画和遮罩动画等动画的创建方法，在Flash动画中主要运用到逐帧动画和补间动画的制作。

一、逐帧动画（Frame By Frame）

逐帧动画是一种常见的动画形式，它由许多单个关键帧组合而成，每个关键帧都可以独立编辑更改，而且相邻关键帧中的对象变化不大。逐帧动画中的每一帧都是关键帧，每个帧的内容都需要手动编辑，虽然工作量较大而且文件也比较大，但也有其优势，因为借鉴传统动画的创作技法制作出动作细腻的高品质动画。逐帧动画的时间轴如图4–1–1所示。

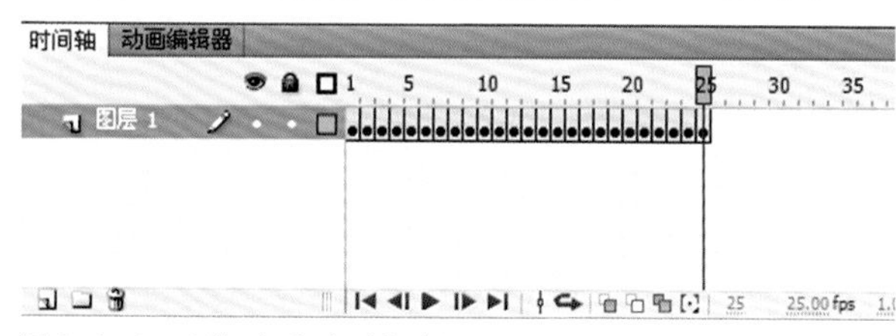

图4–1–1 逐帧动画的时间轴

Flash逐帧动画可以一帧一帧地绘制，也可以将Cool 3D、Swish、3ds Max等其他软件制作的动画导入到Flash软件中生成逐帧动画。下面通过一个角色"眨眼"的逐帧动画实例，如图4–1–2所示，来掌握Flash逐帧动画的制作技巧和方法。

（1）新建文档。按Ctrl+N键，新建一个Flash文档，并另存为fla文件。按Ctrl+J键打开"文档设置"对话框，设置背景色为#CCFF66，大小为720×576像素，帧频为25帧每秒。单击"确定"按钮，完成设置。

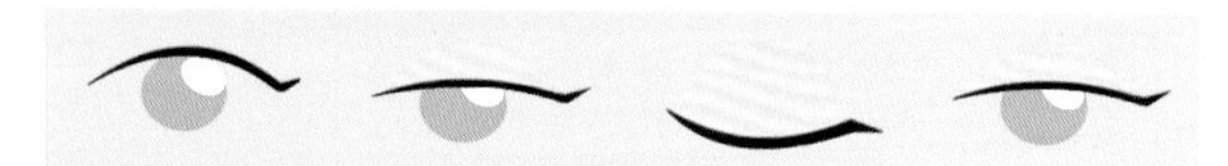

图4–1–2 角色眨眼的逐帧动画

（2）绘制第一个动作。根据前期美术风格需要，使用"椭圆工具"和"线条工具"配合"选择工具"，在第一帧的位置上绘制出眼睛的第一个睁眼动作如图4–1–3所示。

图4–1–3 第一个动作

（3）绘制第二个动作。根据前角色动作设计需要，使用"任意变形工具"和"线条工具"配合"选择工具"，在时间轴上第二帧的位置，用鼠标右键创建关键帧，绘制出眼睛的半闭眼动作，如图4–1–4所示。

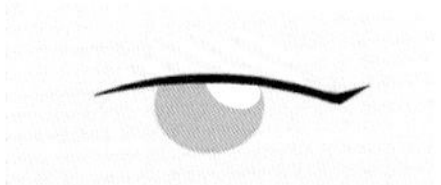

图4–1–4 第二个动作

（4）绘制第三个动作。在第三帧的位置，用鼠标右键创建关键帧，绘制出眼睛的闭合动作，如图4–1–5所示。

图4–1–5 第三个动作

（5）绘制第四个动作。在第四帧的位置，用鼠标右键创建关键帧，绘制出眼睛的半睁眼动作，与第二个动作类似，如图4-1-6所示。

图4-1-6 第四个动作

（6）绘制第五个动作。复制第一帧的睁眼动作，粘贴在第五帧的位置，一个由睁眼到闭眼再到睁眼的完整循环动作就制作完成了。

（7）调整动画节奏。根据角色动作设计的需要，调整逐帧动画的眨眼动作，如图4-1-7所示。

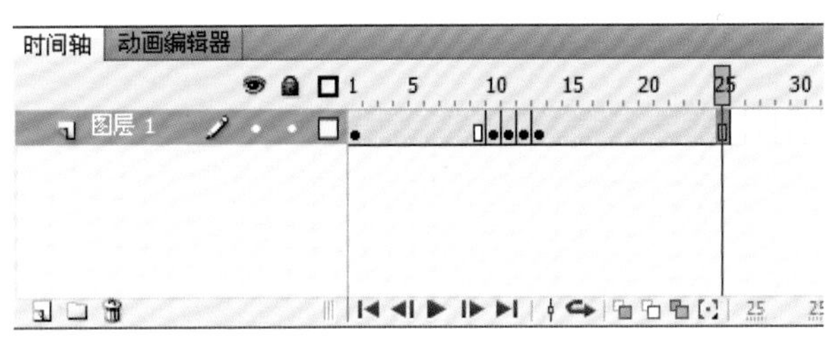

图4-1-7 眨眼动作的时间轴

二、补间动画

术语"补间"来自于传统动画领域。所谓补间，就是只需要绘制出开始和结束两个帧的内容，中间过渡部分则由计算机计算出来。补间的开始帧和结束帧被称为关键帧，由计算机算出的中间帧称为补间帧，由补间的方式制作的动画称为补间动画。

在Flash中，可以对影片剪辑、图形和按钮元件以及文本字段创建补间动画。可补间的对象的属性包括位置、旋转、缩放、倾斜、颜色效果与滤镜属性等。Flash支持创建补间动画和传统补间动画。

1. 创建传统补间动画

Flash CS 5将之前各版本的Flash软件创建的补间动画称作传统补间动画。利用传统补间，可以实现实例位置和大小、旋转、速度、颜色和透明度、亮度等变化。

现通过一个"飞机"元件实例，利用传统补间中的位置变化，掌握Flash传统补间动画的制作技巧和方法。

（1）新建文档。按Ctrl+N键，新建一个Flash文档，并另存为fla文件。按Ctrl+J键打开"文档设置"对话框，设置背景色为#0066FF，大小为720×576像素，帧频为25帧每秒。

（2）新建图形元件。按Ctrl+F8键，新建元件，名称为"飞机"，类型为"图形"，如图4-1-8所示。

图4-1-8 新建图形元件

（3）绘制元件。在元件的编辑窗口中，使用"直线工具"绘制出飞机的轮廓，再用"油漆桶工具"填充指定的颜色，如图4-1-9所示。

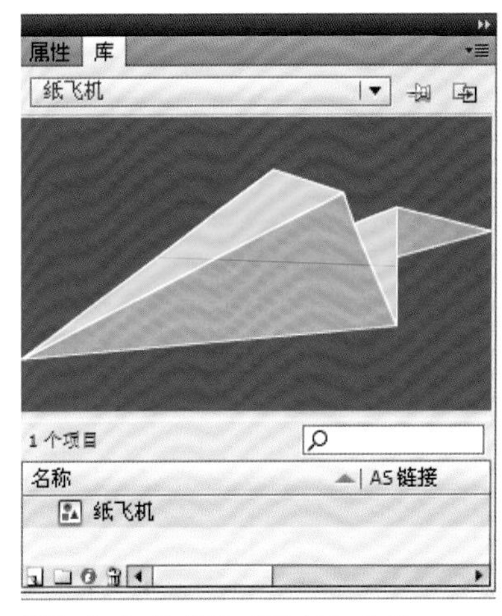

图4-1-9 绘制的"飞机"元件

（4）设置关键帧。设置开始关键帧，将"飞机"元件从"库"中拖拽到舞台右侧，第一帧也就变为了关键帧。设置结束关键帧，在时间轴第20帧的位置点击右键插入关键帧，将"飞机"元件往左移动到舞台以外的位置上，如图4-1-10所示。

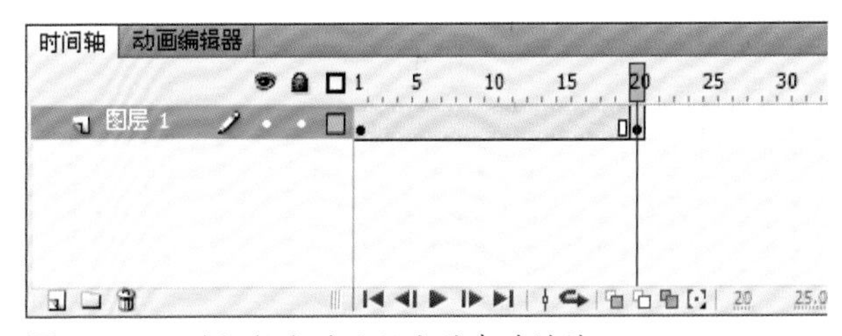

图4-1-10 时间轴上的开始和结束关键帧

（5）创建补间动画。在第1—20帧之间任意一帧的位置点击鼠标右键，选择"创建传统补间"动画，一个简单的位移动画就制作完成了，如图4-1-11所示。

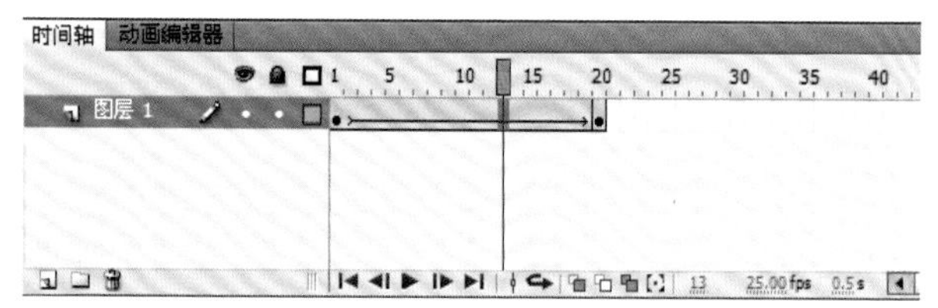
图4-1-11 “飞机”元件的补间动画

2. 创建补间动画

与Flash以前的版本不同，该补间动画模型是基于对象的，它将补间直接应用于对象而不是关键帧，且自动记录运动路径并生成属性关键帧。使用“选择工具”和“部分选择工具”就可以轻松改变路径的形状了。

现通过一个简单实例，制作一个“雪花”影片剪辑，并沿路径进行运动的补间动画来掌握Flash补间动画的制作技巧和方法。

（1）新建文档。按Ctrl+N键，新建一个Flash文档，并另存为fla文件。按Ctrl+J键打开“文档设置”对话框，设置大小为720×576像素，帧频为25帧每秒。

（2）制作场景。在“图层1”上制作或导入一个动画场景，并将其命名为“雪景”，如图4-1-12所示，点击隐藏图标将其隐藏。

图4-1-12 “雪景”场景

（3）绘制“雪花”形状。新建图层并命名为“雪花”。使用“线条工具”配合“选择工具”，绘制出雪花的形状。全选所绘制的“雪花”形状，在“属性”面板，设置笔触颜色为#CCCCCC，填充颜色为#FFFFFF。其形状如图4-1-13所示。

图4-1-13 绘制“雪花”形状

（4）转换为影片剪辑。选中绘制好的“雪花”形状，按Ctrl+F8键创建新元件，名称为“雪花”，类型为“影片剪辑”，单击“确定”按钮，完成转换，如图4-1-14所示。

图4-1-14 将“雪花”转换为影片剪辑

（5）创建补间动画。双击舞台上的“雪花”，进入该元件的编辑界面。选中“雪花”，单击鼠标右键，在弹出的菜单中选择“创建补间动画”命令，弹出提示信息对话框，如图4-1-15所示，提示是否将选定的多个对象转换为元件，以便创建补间。

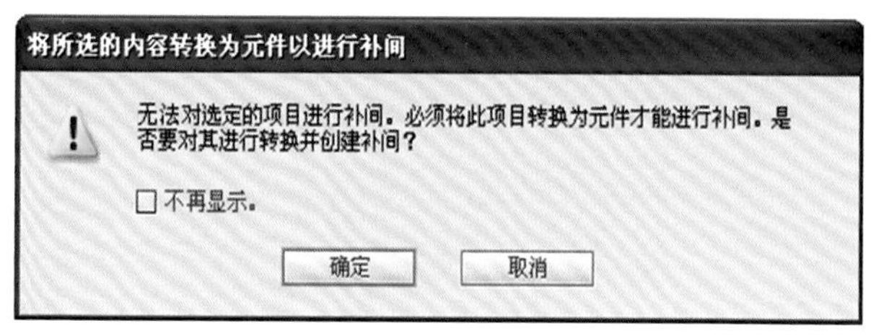

图4-1-15 提示信息对话框

（6）转换为补间图层。单击“确定”按钮，退出对话框。这时，Flash会自动将“雪花”转换为一个影片剪辑元件。同时把当前图层转换为补间图层，并延长帧至25帧，以便开始对实例制作动画。转换补间动画后的效果如图4-1-16所示。

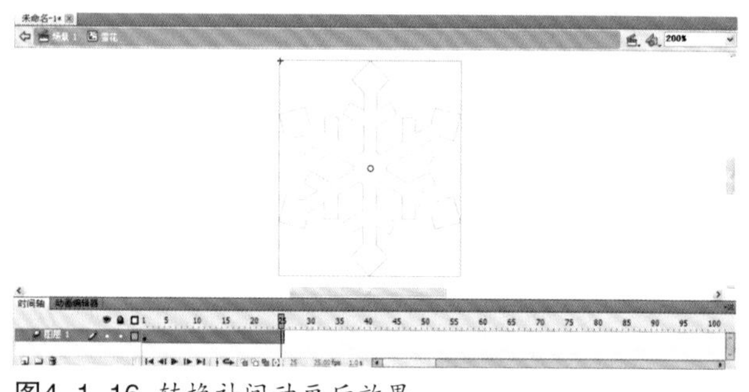
图4-1-16 转换补间动画后效果

（7）移动实例。选择时间轴的第50帧，按F5键延长帧，然后将“雪花”移至舞台的下方。这时，Flash会自动记录运动路径并生成属性关键帧，如图4-1-17所示。

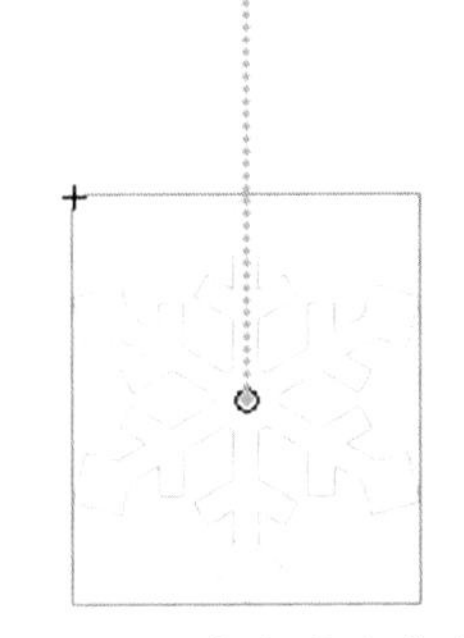

图4-1-17 生成属性关键帧

（8）生成属性关键帧。选择第1帧的“雪花”实例，将其移至舞台的上方，然后选择第20帧，将舞台上的实例向左边移动一段距离，如图4-1-18所示。这时，Flash会自动记录路径并生成属性关键帧。使用“选择工具”拖拽路径，形成一条流畅的S形曲线。按Enter键播放动画，可以看到“雪花”沿着路径飘落下来。

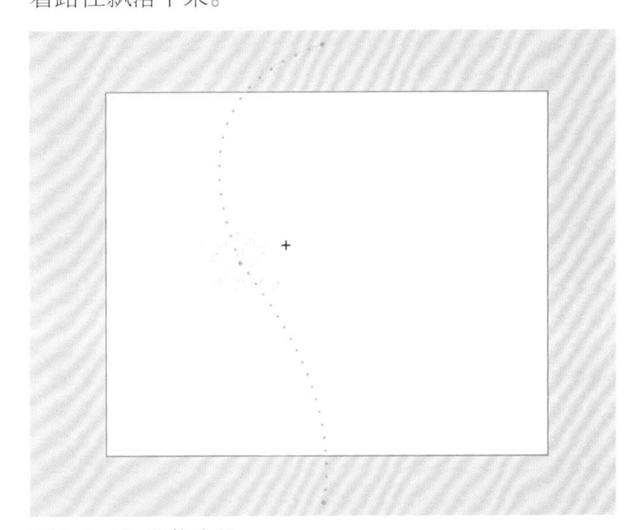

图4-1-18 调整路径

（9）设置旋转。通过设置旋转，使“雪花”飘落更加自然、生动。单击时间轴上的任意一帧，打开“属性”面板，在“旋转”选项栏中设置“旋转”为2次，方向为顺时针。

（10）播放动画。按Enter键播放动画，预览动画效果。可以看到雪花旋转着往下飘落。

（11）重复步骤（3）~（10），制作另一个“雪花2”影片剪辑。注意该元件的雪花大小、飘落速度与路径等，都要与“雪花”影片剪辑有所差别。

（12）复制实例。在场景中，将所有图层延长至60帧，然后将舞台上的实例复制几个，并改变他们的大小、角度等，有规律地摆放在舞台的上方。如图4-1-19所示。

图4-1-19 查看“雪花”运动轨迹

（13）测试影片。将“雪景”图层进行“取消隐藏”。选择【控制】—【测试影片】命令，或按Ctrl+Enter键测试影片，如图4-1-20所示。至此，制作一个“雪花”的补间动画就完成了。

图4-1-20 测试影片效果

在Flash CS 5.5中创建补间动画，会自动记录运动路径并生成属性关键帧。这样，当要创建沿路径运动的动画时，就变得非常简便，不再需要添加运动补间层。因此，在Flash CS 5以上版本，图层下方的“添加运动引导层”按钮都已被取消。

3. 创建形状补间动画

形状补间动画是补间动画的另一种形式，它是基于所选择的两个关键帧中的矢量图形存在形状、色彩、大小等差异而创建的动画关系，补间帧中的内容是依靠两个关键帧上的形状进行计算得到的。现通过一个简单实例，制作一个形状补间动画来掌握Flash软件中形状补间动画的创建方法。

（1）新建文档。按Ctrl+N键，新建一个Flash文档，并另存为fla文件。按Ctrl+J键打开“文档设置”对话框，设置背景色为#FFFFFF，大小为720×576像素，帧频为25帧每秒。

（2）绘制“五角星”元件。按Ctrl+F8键，新建图层元件，命名为“五角星”，然后用“多角星形工具”和“油漆桶工具”绘制出“五角星”元件，并返回场景，如图4-1-21所示。

图4-1-21 “五角星”元件

（3）绘制“五角星”元件。按Ctrl+F8键，重新新建图层元件，命名为“花朵”，利用“椭圆工具”、“线条工具”配合“选择工具”和“油漆桶工具”绘制出“花朵”元件，并返回场景，如图4-1-22所示。

图4-1-22 “花朵”元件

（4）设置第一个关键帧。把“五角星”元件拖拽到舞台，再选择“五角星”元件状态，选择【修改】—【分离】命令，将“五角星”元件打散，如图4-1-23所示。

图4-1-23 第一个关键帧

（5）设置第二个关键帧。在第35帧的位置，按F6创建关键帧。按Delete键删除打散的“五角星”图形。将“库”面板中的“花朵”元件拖拽到舞台中的适当位置，选择“花朵”元件，选择【修改】—【分离】命令，将“花朵”元件打散如图4-1-24所示。

图4-1-24 第二个关键帧

（6）创建形状补间动画。在第1~35帧中的任何一帧的位置，点击右键选择“创建补间形状”，完成形状补间动画，如图4-1-25所示。

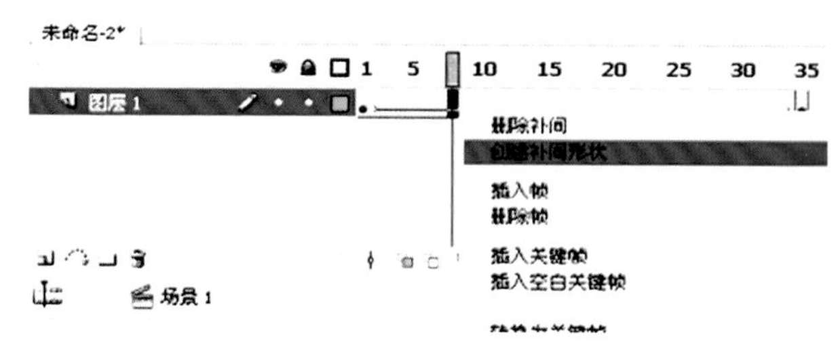

图4-1-25 创建形状补间动画

（7）测试影片。按Ctrl+Enter键测试影片效果，至此，创建的形状补间动画就完成了，如图4-1-26所示。

图4-1-26 测试形状的补间过程

Flash中形状的自动变形难以控制，变化过程难于把握，一般很少使用。

三、遮罩动画

遮罩动画是Flash中一种很重要的动画类型，很多效果丰富的动画都是通过遮罩动画来完成的。制作遮罩动画，至少需要遮罩层和被遮罩层。在图层窗口中，处在上层的是遮罩层，下层的是被遮罩层。遮罩项目就像是个窗口，透过它可以看到位于它下一层的链接层区域。也就是说，“被遮罩层”被“遮罩层”所遮罩。除了透过遮罩项目能显示下面的内容外，其余的所有内容都会被隐藏起来。

现通过一个简单实例来掌握Flash遮罩动画的制作技巧和方法。

（1）新建文档。按Ctrl+N键，新建一个Flash文档，并另存为fla文件。按Ctrl+J键打开“文档设置”对话框，设置背景色为#000033，大小为720×576像素，帧频为25帧每秒。

（2）新建图形元件。按Ctrl+F8键，新建元件，名称为“电子邮件”，类型为“图形”。

（3）设置字体。选择“文本工具”，输入“Microsoft Exchange Server”，设置字体大小、颜色等，如图4-1-27所示。

图4-1-27 设置字体

（4）创建新元件。按Ctrl+F8键创建新元件，名称为“元件1”，类型为“图形”。

（5）绘制正圆形。选择“椭圆工具”，并将圆形填充色设置为#000000。按Shift键点击鼠标左键拖拽出一个正圆形，并返回场景。

（6）调整元件。在“图层1”上，将“库”中的“电子邮件”元件拖拽到舞台中，并调整到合理的位置和大小。并在第40帧的位置“插入帧”。

（7）新建图层。点击“新建图层”按钮新建“图层2”，将“元件1”元件拖拽到舞台中的左侧，如图4-1-28所示。

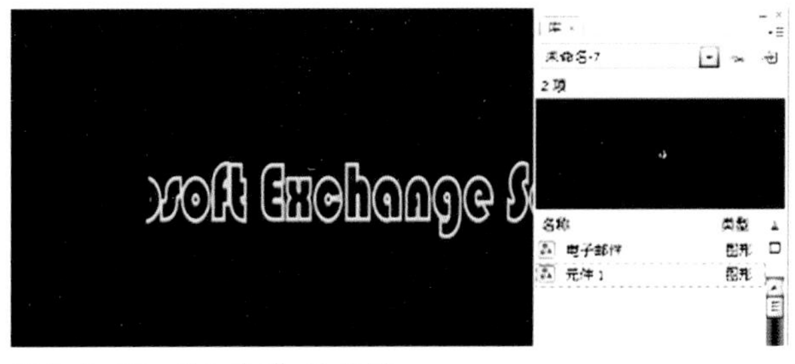

图4-1-28 “元件1”的位置

（8）设置关键帧。在图层2的第40帧位置“插入关键帧”，同时“元件1”元件拖拽到字体的右侧。

（9）创建补间动画。在图层2的第1—40帧中，任何一帧的位置点击鼠标右键，选择“创建传统补间动画”。

（10）设置遮罩。鼠标右键点击“图层2”，选择“遮罩层”设置遮罩层，“图层1”被“图层2”所遮罩，如图4-1-29所示。

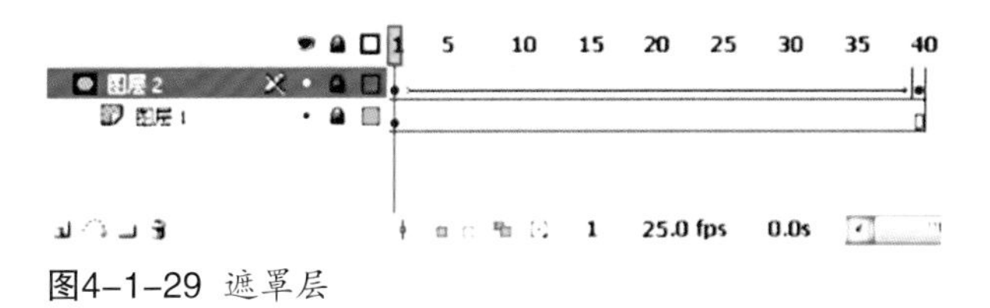

图4-1-29 遮罩层

（11）测试影片。按Ctrl+Enter键测试影片效果，至此，创建的遮罩动画就完成了，如图4-1-30所示。

图4-1-30 遮罩动画效果

四、动画预设

动画预设是Flash内置的补间动画，可以应用于舞台上的对象。要应用动画预设，只需选择对象并单击“动画预设”面板中的“应用”按钮即可。使用动画预设可极大地节约项目设计和开发的生产时间，特别是在经常使用相似的补间动画时尤其有用。

1. 预览动画预设

Flash内置的每个动画预设都可以在“动画预设”面板中预览。这样可以了解在将动画应用于FLA文件中的对象时所获得的结果。

选择【窗口】—【动画预设】命令，打开“动画预设”面板，如图4-1-31所示，从该面板的“默认预设”列表中选择一个动画预设，即可在面板顶部的“预设”窗口中播放。如果要停止播放预览，在该面板外单击即可。

2. 应用动画预设

在舞台上选择了可补间的对象后，可单击“动画预设”面板底部的“应用”按钮来应用预设。每个对象只能应用一个预设。如果将第二个预设应用

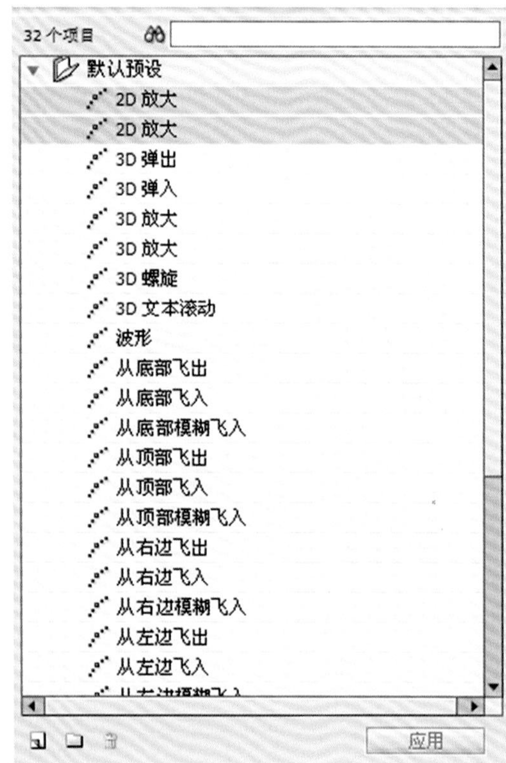

图4-1-31 “动画预设”面板

于相同的对象，则将替换第一个预设。现将舞台上的对象应用动画预设，其操作步骤如下：

（1）选择【窗口】—【动画预设】命令，打开“动画预设”面板。从“默认预设”列表中选择“波形”动画预设，如图4-1-32所示。

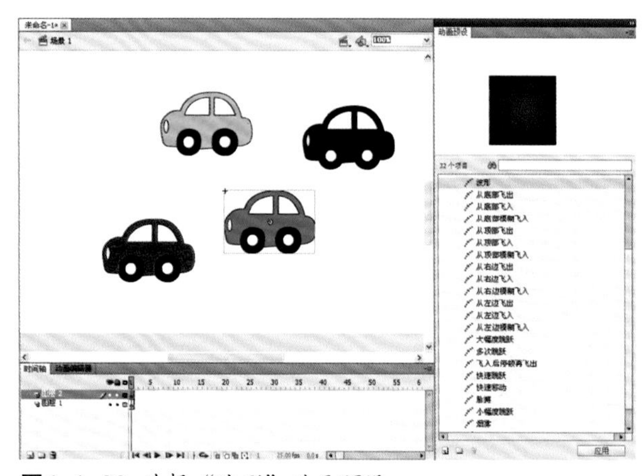

图4-1-32 选择“波形”动画预设

（2）单击“应用”按钮，将该动画预设应用到元件实例上其效果，如图4-1-33所示。

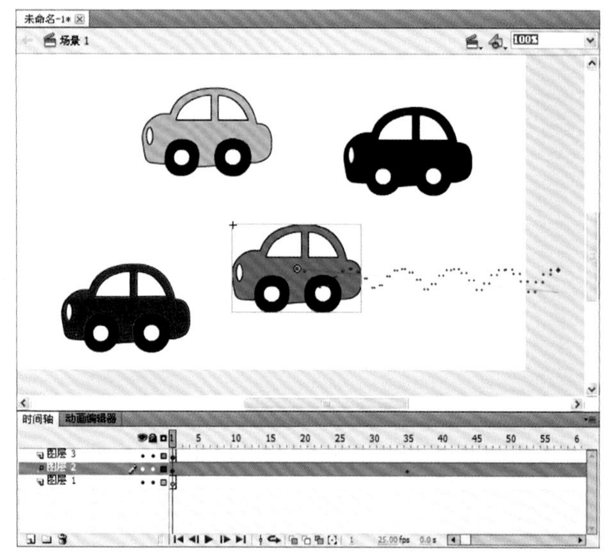

图4-1-33 应用动画预设效果

每个动画预设都包含特定数量的帧。在应用预设时，在时间轴中创建的补间范围将包含此数量的帧。如果目标对象已应用了不同长度的补间，补间范围将进行调整，以符合动画预设的长度。

3. 将补间另存为自定义动画预设

当创建了补间动画，或对“动画预设”面板中的补间进行了更改，可将其另存为新的动画预设。新预设将显示在“动画预设”面板中的“自定义预设”文件夹中。将补间另存为自定义动画预设，其操作步骤如下：

（1）选择时间轴的补间范围、舞台中应用了自定义补间的对象或舞台上的运动路径，然后单击“动画预设”面板左下角的“将选区另存为预设”按钮，如图4-1-34所示，或者右击补间范围，在

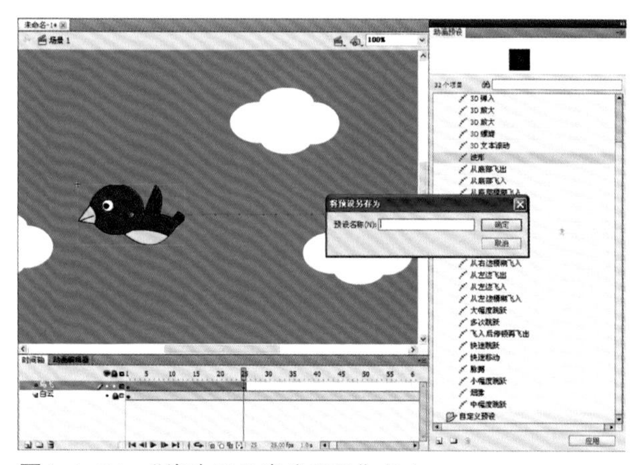

图4-1-34 “将选区另存为预设”按钮

弹出的快捷键菜单中选择“另存为动画预设”命令。传统动画不能保存为动画预设，只有补间动画才行。

（2）在弹出的“将预设另存为”对话框中输入新预设的名称“鸟飞”，然后单击“确定”按钮，即可将当前动画创建为新的“鸟飞”动画预设，如图4-1-35所示。Flash会将预设另存为XML文件。

图4-1-35 新的动画预设

4. 导入动画预设

Flash的动画预设都是以XML文件的形式存储在本地计算机中的。导入外部的XML文件，就可以将其添加到“动画预设”面板中。其操作步骤如下：

（1）单击“动画预设”面板右上角的按钮，在弹出的菜单中选择“导入”命令，打开“打开”对话框，从中选择要导入的XML文件。

（2）单击“打开”按钮，完成导入。Flash会将动画预设添加到面板中的“自定义预设”文件夹中。

应用自定义预设与应用默认动画预设的方法相同。

第二节 动作脚本动画

一、ActionScript编程环境

1. ActionScript简介

ActionScript（AS）是Flash内置的动作脚本语言。与JavaScript相似，ActionScript是一种编程语言，它遵循 ECMAscript第四版的Adobe Flash Player 运行时环境的编程语言。用它作为动画编程，可以实现各种动画特效、对影片的良好控制、强大的人机交互以及与网络服务器的交互功能。借助于ActionScript的使用，可以制作出具有良好性能的交互性动画，这就使Flash具有强大的多媒体处理功能。

Flash CS 5.5 Pro中的ActionScript语言版本是3.0，但与ActionScript 2.0不兼容，ActionScript 2.0编译器几乎可以编译所有ActionScript 1.0代码。ActionScript 2.0经过软件版本的数次改进与发展，ActionScript 3.0具有更好的编辑环境与良好的特征。

程序编辑：可以直接用Flash 8.0的Action Panel中的默认编辑环境（专家模式）编写程序内容。

数据类型：提供字符串型、数字型、布尔型、影片剪辑等多种数据类型。

对象：通过定义对象来处理特定的数据类型，如声音对象、日期时间对象、影片剪辑对象，还可以根据需要自定义对象的属性和方法。

调试器：使用此功能可以在程序运行时查看对象的属性和变量内容，具有很好的调试功能。

支持XML：可以提供事先定义的XML对象语言，程序员在线实时地将程序代码转换成XML文件，然后传送到服务器端调用。

组件：在Flash 8.0中可以灵活地使用组件来设计网页中的表单，利用Flash开发设计网站的技术更容易实现，大大减轻了设计的工作任务。

2. ActionScript编程环境

在Flash文档中，可以添加ActionScript的对象有三种，分别是“关键帧”、“按钮”和“影片剪辑”元件。为这三种对象添加语句需要使用“动作”面板，打开动作面板的方法有三种：一是选择【窗口】—【动作】命令；二是点击舞台下方的“动作面板”；三是直接按F9快捷键。

动作面板由动作工具箱、脚本导航器和脚本窗口三个部分组成，如图4-2-1所示。

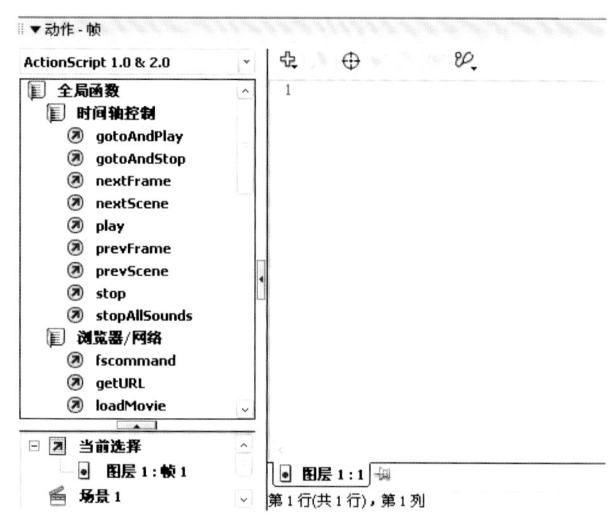

图4-2-1 “动作”面板

动作工具箱是各种动作命令的集合，常用的动作脚本语言元素在这个工具箱中都有一条对应的条目。

脚本导航器是Flash源文件中具有关联动作脚本位置的可视化表示形式，可以在这里查看Flash文件中的动作脚本代码。

脚本窗口是用来编辑ActionScript代码的区域。

代码编辑区功能按钮命令设在代码编辑器顶部，从左至右依次为将新项目添加到脚本中、查找、插入目标路径、语法检查、自动套用格式、显示代码提示和调试选项，如图4-2-2所示。

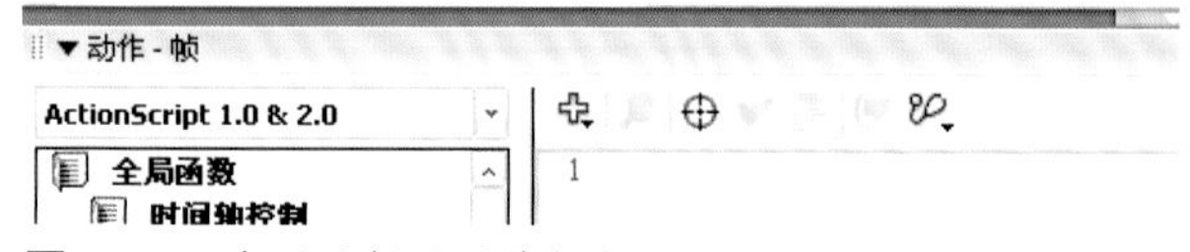

图4-2-2 代码编辑区功能按钮

3. 函数、属性和运算符

同其他图形动画软件相比，Flash最大的优势就是它的编程系统。它有着类似于C++的语言环境，借助如此有力的工具，在制作动画时能够方便许多，而函数、属性与运算符是该语言中的重要内容，对它们的深刻理解有助于用户正确地使用这些内容，并轻松地对动作脚本进行编辑操作。

（1）ActionScript数据类型。

作为一种程序语言，ActionScript所支持的数据类型有：布尔类型（Boolean），只有True和False两个有效值；字符串类型（String），可以由0—65500个字符组成；数字型（Number），可以是整数或者是浮点小数；对象类型（Object），是一组属性的集合，具有一组特定的方法；电影剪辑类型（Movie Clip），是Flash中最常用的类型。除了以上五种数据类型外，在Flash中还有常量和变量。

常量是在使用过程中其值始终不变的参数，有数值型、字符串型和逻辑型三种类型。

变量是用来为执行的语句提供一个可变的参数值，ActionScript支持声明全局变量和局部变量。全局变量是声明一次，即在ActionScript程序中都可以使用该变量；局部变量是在函数中声明，即只能在函数中被使用的局部性变量。

例如，设置一个名称为Name的变量，并且存入"小强"字符串的写法是：

Var Name = "小强"

值得注意的是，在编写程序过程中，Flash只认可英文字符为合法字符，尽量不要使用中文及其他特殊符号，并在英文输入法下用半角字符输入。

（2）函数。

函数是指可以重复利用的代码段，是用来对常量、变量进行某种运算的方法。ActionScript已经内建了许多函数。例如在"动作"面板的"动作工具箱"窗口中的"全局函数"列表中，可以看到系统提供的播放函数stop()、play()、nextsence等。

在Action Script中也可以自定义函数，函数的声明都是使用Function的，其定义格式如下：

Function函数名（参数1:类型，参数2:类型，...）：返回值类型｛语句｝

例如，自定义getmax函数，用于判断两个数中最大的一个。

```
Function getmax（x:Number， y: Number）:
Number{If(x>=y) {
    return x;
    } else {
    return y;
    }
}
```

（3）属性。

属性（property）用来表示目标对象的特征。例如：按钮、影片剪辑和文本字段对象的"_y"属性值表示当前对象所在的y坐标。Flash中提供了许多可用的属性，属性都是用下划线"_"开始，而且所有的字母都是小写。通过对这些属性的设置可以改变当前对象的多个参数值，在此列出其中最常用的部分参数值。

（_x）：对象的x轴坐标值。

（_y）：对象的y轴坐标值。

（_xscale）：对象的x轴方向的缩放比。

（_yscale）：对象的y轴方向的缩放比。

（_xmouse）：鼠标的x轴坐标。

（_ymouse）：鼠标的y轴坐标。

（_rotation）：对象的旋转角度。

（_alpha）：对象的透明度。

（_currentframe）：当前帧的位置。

（4）运算符和表达式。

ActionScript中的运算符是对数值、字符串、逻辑值进行运算的符号，运算符处理的值称为操作数。如"a=1;"中的"="是运算符，"a"是操作数。表达式是由常量、变量、函数和运算符按照运算法则组成的计算式。Flash提供的运算符主要有数值运算符、关系运算符、赋值运算符、逻辑运算符、位运算符等。

（5）ActionScript的基本语法。

语法是ActionScript编程编写时使用的基本书写格式，Flash有自己的语法规则和标点符号，只有编写正确的语句，才能确保程序的正常运行。

① 点语法。

点语法是ActionScript中最重要的语法之一，点语法可以指出对象或者影片剪辑的属性或方法，或者是指向一个影片剪辑或变量的目标路径。一个点语法表达式以对象或者影片剪辑的名字开始，后面跟一个点，以属性、方法或者变量来结束。例如，要控制场景中实例名称为fly影片剪辑的播放，可以使用以下语句：fly.play()；

在点语法中还有两个特别的属性：_root和_parent。这两个属性分别表示当前路径和上一级路径。例如，下面的语句就是用来调用主场景中影片剪辑fly的函数display()。

_root.fly.display()；

② 斜杠语法。

斜杠（/）主要用来指出影片剪辑的属性或方法，在最新的flash版本中已经不支持了，因为它的语法比较复杂，容易出错，建议在大家在编写ActionScript使用点语法。

③ 分号。

ActionScript语句以分号（；）表示句子的结束。例如：

gotoandplay（“main”，1）；

此语法的功能表示跳转到main场景的第一帧播放。

如果程序在编写过程中忘记加上分号了也没关系，只要在动作面板中用了“自动套用格式”按钮，在结尾处系统将自动添加分号。

④ 大括号。

ActionScript代码中使用大括号（{}）可以把一段代码括起来，用来组成一个代码段，完成一个相对完整的功能，这种代码处于子程序、函数或者功能组之中。比如鼠标响应、调用影片剪辑实例或者循环语句等。

```
On（realease）{
Setproperty（“snow”，_x，random（）*80+100；）；
Setproperty（“snow”，_y，random（）*60+100；）；
}
```

⑤ 注释。

用户可以在Flash的动作面板中添加注释，注释就是程序中并不参与执行的那些代码。它可以用来提醒用户某些代码的作用，方便用户组织和编写脚本。一个注释的例子，如：

```
// 将影片剪辑myMC的透明度设置为50%
myMC._alpha = 50；
```

该例的第1行是注释，注释以双斜线//开头，在//后面可以输入任意的文本和符号，Flash会自动将注释部分用灰色标示。

上例是将注释专门放在一行中，你也可以将注释放在一行代码的后面，如下所示：

```
myMC._alpha = 50；  // 将影片剪辑myMC的透明度设置为50%
```

只要使用//符号，Flash就会忽略它后面的部分。

二、ActionScript编辑实例

现通过制作“钟表”实例动画来掌握ActionScript在Flash动画中的应用。

1. 设计钟盘

（1）设计钟面。

① 新建文档。按Ctrl+N键，新建一个Flash文档，并另存为fla文件。按Ctrl+J键打开“文档设置”对话框，设置背景色为#00659C，大小为400×400像素，帧频为25帧每秒。单击“确定”按钮，完成设置。

② 新建“钟盘”元件。按Ctrl+F8快捷键打开“新建元件”面板，创建一个“钟盘”图形元件。将“图层1”命名为“钟盘”，如图4-2-3所示。

图4-2-3 创建“钟盘”图形元件

③ 绘制“钟盘”。选择工具栏中的“椭圆工具”并关闭填充色。按住Shift键并拖动鼠标左键，在“钟盘”元件的场景中拖出一个空心的正圆。用“选择工具”点选所绘制的空心圆后，设置其“属性”面板，如图4-2-4所示。

④ 填充“钟盘”。打开“混色器”面板，如图4-2-5所示，在类型中选择“放射状”选项。设置滑块的颜色为#880000和#650101。选择“颜料桶工具”工具，在空心圆中心单击鼠标左键填充颜色。

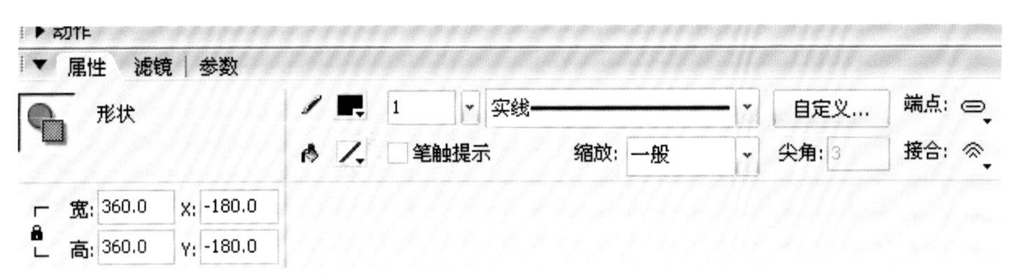

图4-2-4 “椭圆工具”属性面板

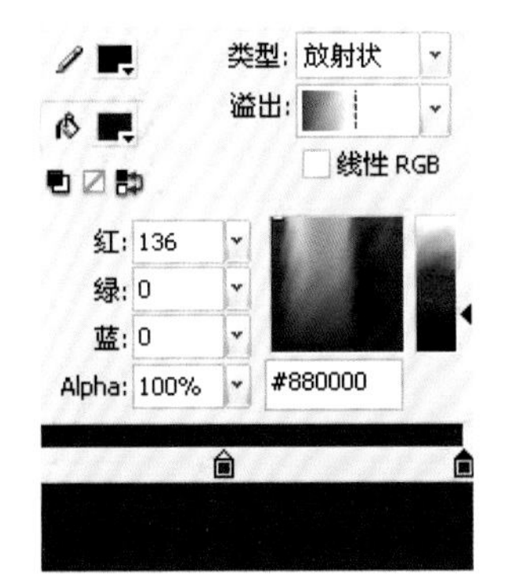

图4-2-5 设置“混色器”面板

⑤ 设置属性。点选刚绘制出的空心圆，复制出一个空心圆。在“属性面板”中将其大小设为280×280，X轴、Y轴均设为-140，线宽为2。使两个空心圆的圆心重合。删除圆最外的边线。内圆线宽为2，可以显示出钟盘的层次感。

⑥ 完成钟面。按Ctrl+A键，全选场景中的元素，按Ctrl+G键进行组合。至此，一个钟面就完成了，如图4-2-6所示。

图4-2-6 完成的钟面

（2）设计时钟刻度。

① 绘制刻度线。选择“线条工具”拉出一条长于钟面外圆直径的“横线”，用“选择工具”点选“直线”，按Ctrl+G键将其组合。在“属性”面板里把该“横线”的Y轴值设为0，即穿过圆心。同样方法绘制一条穿过圆心的“竖线”，按Ctrl+G键将其组合。点选“横线”，按Ctrl+C键复制，按Ctrl+V键粘贴出另一条横线，按Ctrl+T键打开“变形”面板，将“旋转”角度改为30°，按Enter键确定。用同样方法绘制出其他斜线。制作好的时钟刻度如图4-2-7所示。

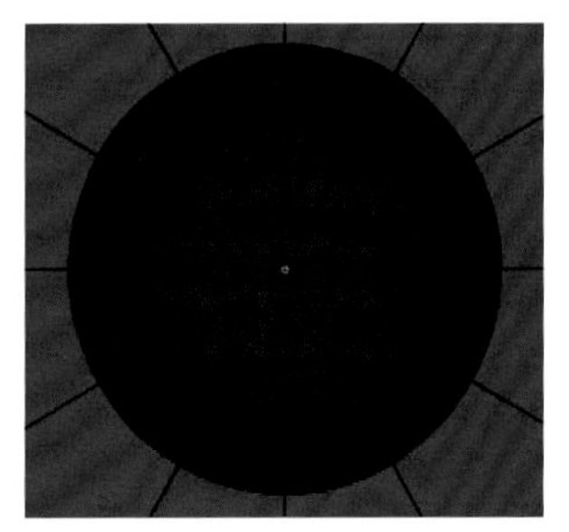

图4-2-7 制作时钟刻度

② 新建“刻度”图层。单击“时间轴”面板中的“插入图层”新建一个图层，将图层改名为“刻度”。

③ 标注数字刻度。点选“文本工具”，设置“属性”面板，如图4-2-8所示。“文本填充色”为#000000。在“钟盘”各刻度的位置上标注1～12的数字，最后删除刻度线。在标注数字中，有了刻度线，所标注的数字位置会更精准。

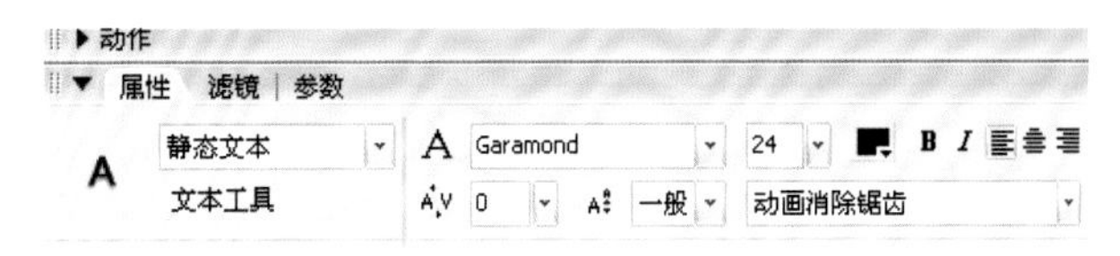

图4-2-8 设置“属性”面板

④ 完成钟盘。按Ctrl+A键全选所有数字，按Ctrl+G键组合所有数字。一个钟盘就完成了，如图4-2-9所示。

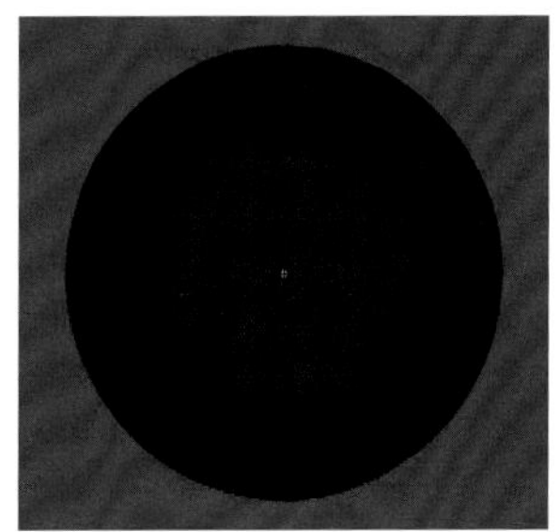

图4-2-9 完成的钟盘

2. 设计旋转指针

（1）设计指针。

按Ctrl+F8键打开“新建元件”面板，分别创建名为“时针”、“分针”、“秒针”的影片剪辑元件，根据需要设计出指针的形状，如图4-2-10所示。

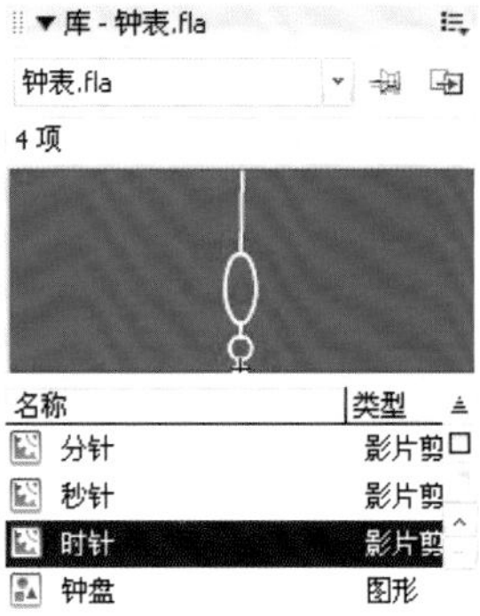

图4-2-10 “指针”元件

（2）旋转指针。

① 新建指针图层。按Ctrl+E键回到场景中。再新建四个图层，分别改名为“钟盘”、“时针”、“分针”和“秒针”。

② 拖指针到图层。打开“库”面板，把库中的“钟盘”、“时针”、“分针”和“秒针”元件分别拖到相应的图层。注意图层从下到上的顺序不要颠倒，如图4-2-11所示。

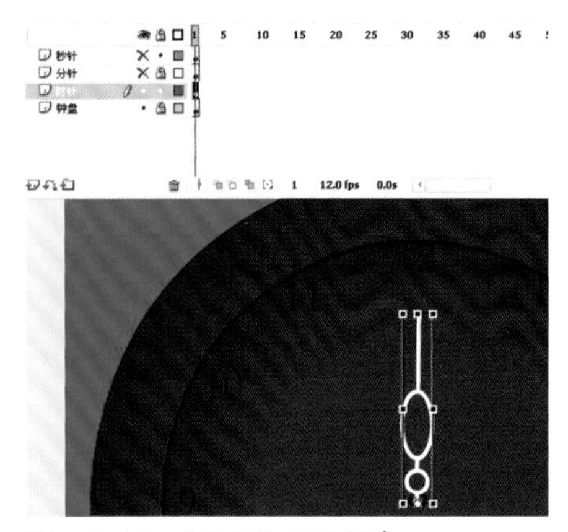

图4-2-11 “指针”层的顺序

③ 设置实例名称。分别点选“时针”、“分针”、“秒针”三个影片剪辑元件，在“属性”面板里分别设置实例名为“时针”、“分针”和“秒针”，如图4-2-12所示。

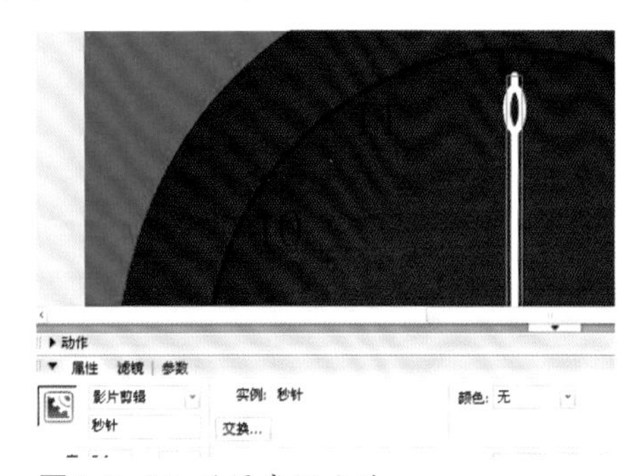

图4-2-12 设置实例名称

④ 设置“代码”。新建一个“代码”层，点选该层的第1帧，按F9键，弹出“动作”面板，输入如下代码：

```
function ClockFun() {
// 声明一个名为时间对象
time = new Date();
// 时针每小时旋转30度
hour = time.getHours()*30;
// 分针，秒针每分钟旋转6度
minute = time.getMinutes()*6;
second = time.getSeconds()*6;
// 每过10秒分针度数加1，增加真实性
minute += time.getSeconds()/10;
// 每过2分钟，时针度数加1
// _rotation是影片的角度属性，用来控制影片实例旋转
秒针._rotation = second;
分针._rotation = minute;
时针._rotation = hour;
}
// 每隔1000毫秒执行一次ClockFun函数
setInterval(ClockFun, 1000);
```

3. 测试“钟表”实例

按Ctrl+Enter键测试设计好的“钟表”实例，如图4-2-13所示。至此，制作一个“钟表”的动作脚本动画就完成了。

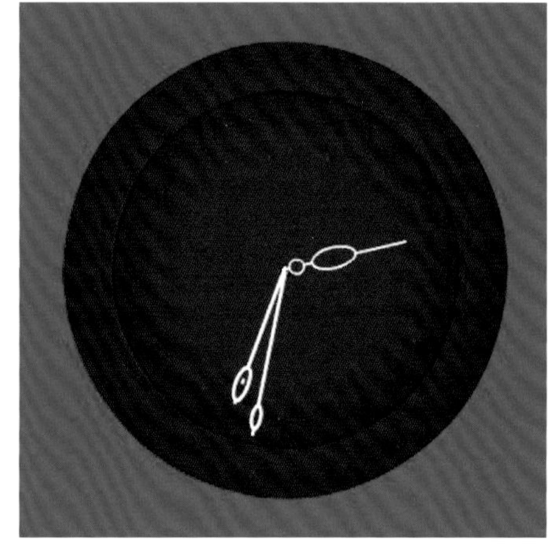
图4-2-13 测试“钟表”实例动画

第三节 多媒体应用

一、声音

声音在Flash动画的制作中占有重要的地位。声音的采样率、位深、声道以及声音的保存格式等，都是影响声音质量的主要因素。在Flash中声音有事件声音和流式声音两种类型。这两种不同类型的声音并不是文件本身不同，主要体现在动画的播放当中。也就是同一个声音文件加入到影片时，既可以是事件声音也可以是流式声音。

流式声音的播放与Flash动画紧密相关，流式声音是Flash动画的背景音乐，它随着动画的播放而播放、动画的停止而停止。

Flash可以加入AIFF、WAV、MP3这三种类型的声音文件。Flash支持8位和16位，采样率为11KHz、22KHz或44KHz的声音文件，并可以将高采样率的声音转换为低采样率的声音。

在Flash动画中，一旦加入声音，就可以选择“压缩”选项来控制声音在导出影片中的质量和大小，在“声音属性”对话框中，既可以为单个声音选择压缩选项，也可以在发布参数设置对话框中为影片中的所有声音设置参数。

1. 声音的导入

（1）单击“文件”菜单中的“导入”选项。

（2）在弹出的“导入”对话框中的选择路径中，文件类型选择为“所有文件”，如图4-3-1所示。

（3）选择所需要的声音文件，然后单击“打开”按钮，这样，在“库面板”中就能看到刚导入的声音文件，如图4-3-2所示。

图4-3-1 声音的导入

图4-3-2 “库面板”中的声音文件

2. 声音的编辑

（1）声音被导入到动画后，可以通过“属性”面板进行编辑，如图4-3-3所示。

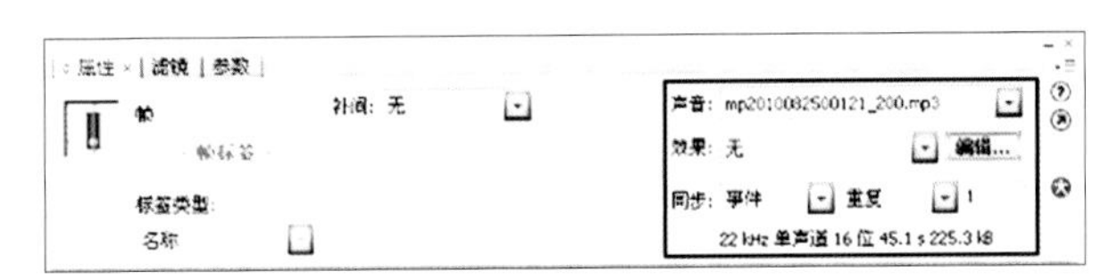

图4-3-3 “属性”面板

（2）在“属性”面板中，从“效果”下拉菜单中选择所需要的“效果”选项，如图4-3-4所示。

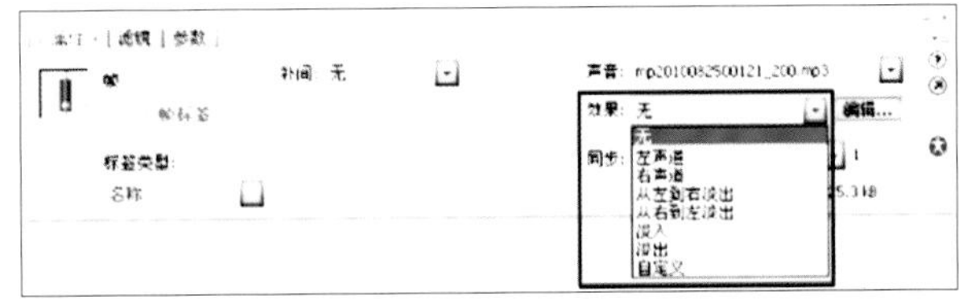

图4-3-4 “效果”选项

“属性”面板中“效果”的子选项如下：

效果“无”选项：不对声音文件有任何效果。

效果“左声道”/“右声道”选项：选择哪个声道就是在哪个声道中播放声音。

效果“从左到右淡出”/“从右到左淡出”选项：声音从一个声道淡出到另一个声道。

效果“淡入”选项：声音在持续中逐渐增加幅度。

效果“淡出”选项：声音在持续中逐渐减小幅度。

效果“自定义”选项：通过使用“编辑封套”创建声音淡入和淡出点，如图4-3-5所示。

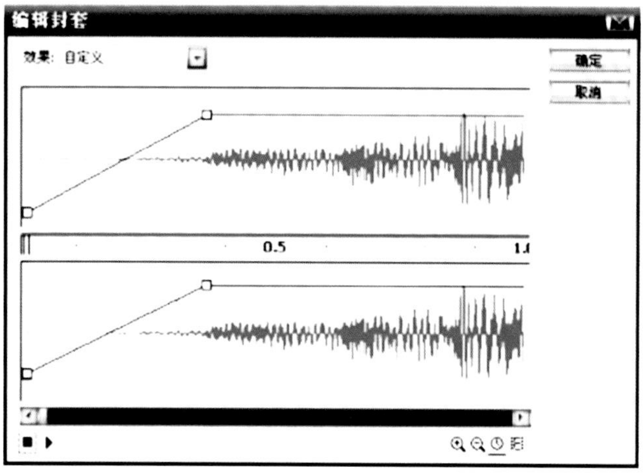

图4-3-5 “编辑封套”对话框

3. 声音的压缩

在Flash动画中，由于网络或影片的要求，在对声音的大小有了限制时，不得不考虑通过压缩声音来完成任务。双击“库”面板中的声音文件，出现“声音属性”对话框，如图4-3-6所示，在“压缩”下拉列表中选择压缩格式进行压缩。

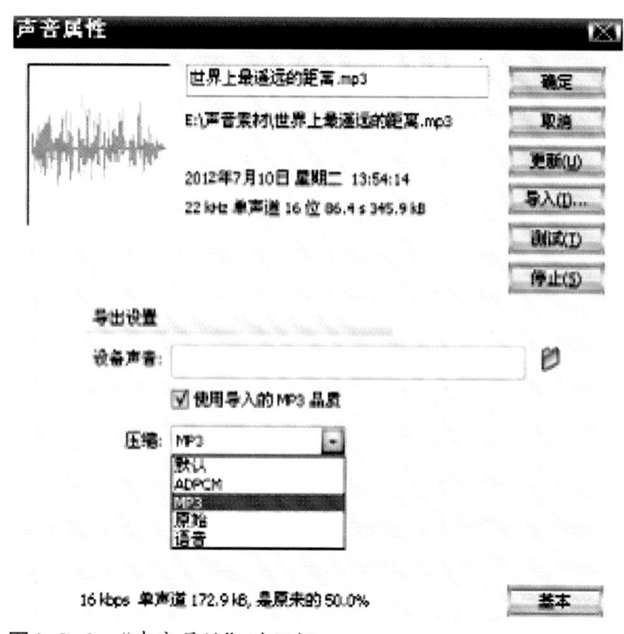

图4-3-6 “声音属性”对话框

二、视频

在Flash中，根据导入的视频格式以及导入方法的不同，可以将包含视频的影片发布为SWF格式的影片或MOV格式的QuickTime。

下面通过导入视频的格式以及导入视频文件的具体步骤，来掌握处理视频的技术和方法。

1. 导入的视频格式

如果系统安装了QuickTime 4或更高版本，则可以导入.avi/.dv/.mpg、.mpeg/.mov等格式的视频文件。

如果系统安装了DirectX 7或更高的版本，则可以导入.avi/.mpg、.mpeg/.wmf、.asf等格式的视频文件。

2. 导入视频文件

（1）选择【文件】—【打开】命令，将“素材文件”打开，如图4-3-7所示。

图4-3-7 素材文件

（2）选择“视频”图层的第一帧，选择【文件】—【导入】—【导入视频】命令，弹出“导入视频”对话框，如图4-3-8所示，单击“浏览”按钮，在弹出的“打开”对话框中选择一个视频文件，单击“打开”按钮，再返回“导入视频”对话框。

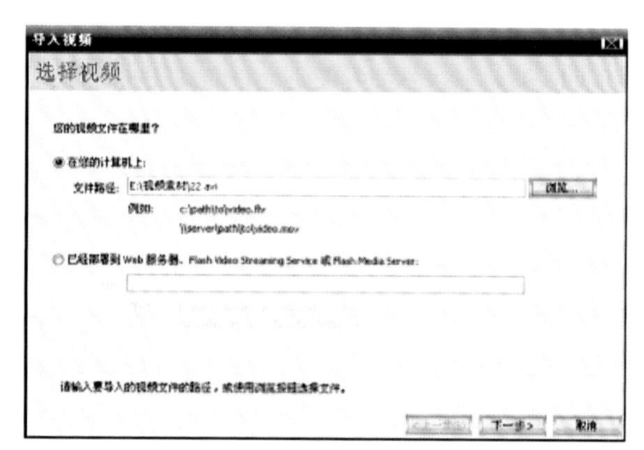

图4-3-8 “导入视频”对话框

（3）单击“下一步”按钮，进入“部署”页面，选中“在SWF中嵌入视频并在时间轴上播放”，如图4-3-9所示。

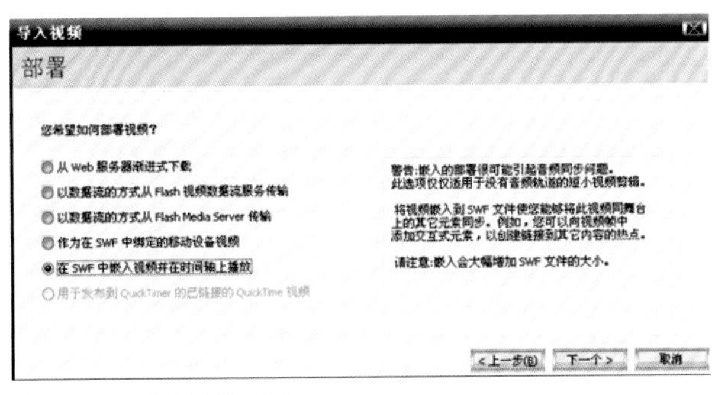

图4-3-9 “部署”页面

（4）单击“下一步”，进入“嵌入”页面，如图4-3-10所示，选择“符号类型”右下侧的三角按钮，在弹出的对话框中选择“嵌入的视频”选项。

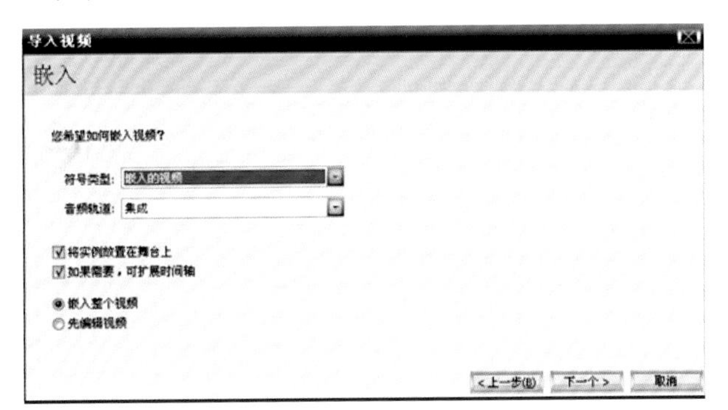

图4-3-10 “嵌入”页面

（5）单击“下一步”，进入“编码”页面，如图4-3-11所示，在“请选择一个Flash视频编码配置文件”列表框中，选择“Flash 8—中等品质（400kbps）”选项。

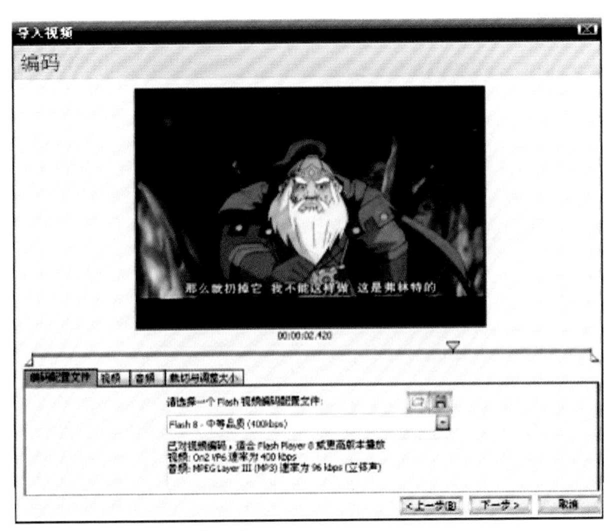

图4-3-11 “编码”页面

（6）单击“下一步”，进入“完成视频导入”页面，单击“完成”即可，如图4-3-12所示。

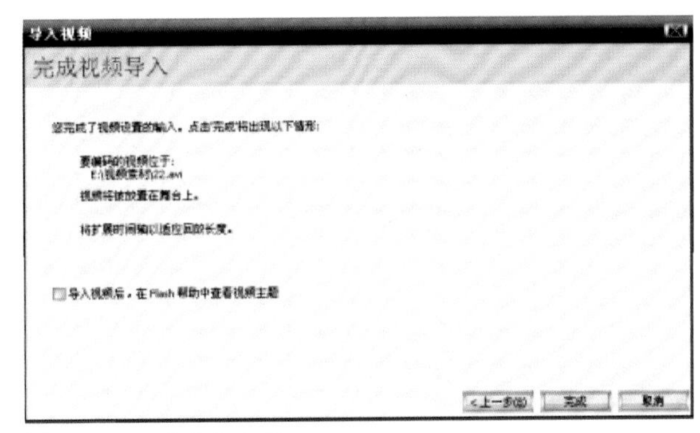

图4-3-12 完成视频导入

（7）选择“任意变形工具”，对视频画面的大小与位置进行适当调整，如图4-3-13所示。

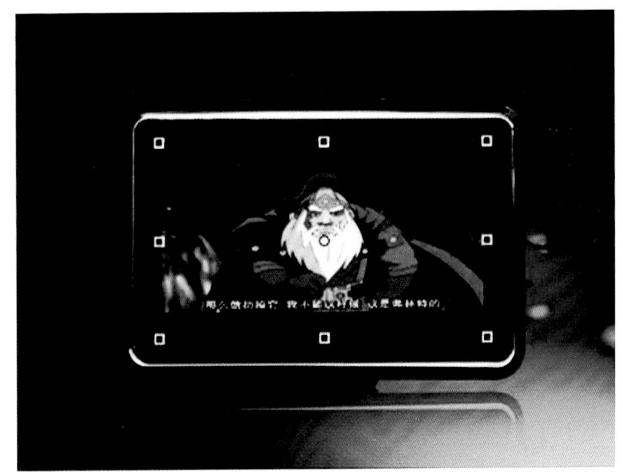

图4-3-13 调整视频大小及位置

（8）按Ctrl+Enter键测试影片，即可预览视频播放效果，如图4-3-14所示。

图4-3-14 视频效果

第四节　动画的测试和发布

一、Flash动画的测试

随着Flash文件容量的增加，通过Internet上传、下载和回放影片的时间也会相应增加。为了获得最佳的回放质量，可以对Flash文档、文档中的元素、文档中的文本、各个对象的颜色进行调整和优化，使Flash动画在播放时变得更加流畅。

1. 测试动画的下载性能

（1）打开Flash动画素材。使用【文件】—【打开】命令，打开Flash动画素材。

（2）测试动画效果。单击【控制】—【测试影片】命令，或按Ctrl+Enter键测试动画效果，其测试窗口如图4-4-1所示。

图4-4-1 测试影片窗口

（3）选择下载设置。在“测试影片”窗口中，选择【视图】—【下载设置】命令，选择一种不同的设置选项，如图4-4-2所示。

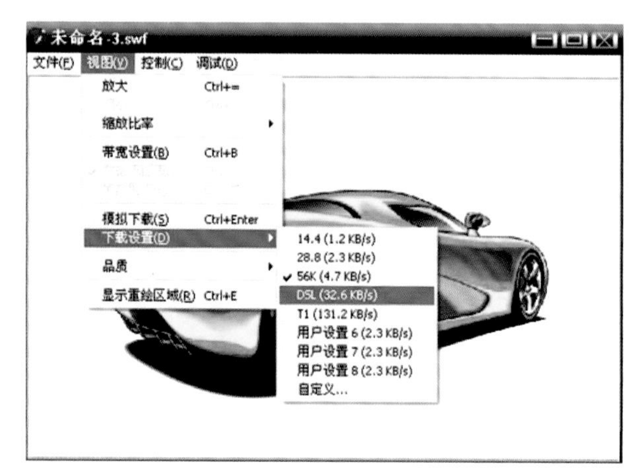

图4-4-2 “下载设置”菜单

（4）自定义下载设置。如果选择了“自定义”设置，弹出“自定义下载设置”对话框，如图4-4-3所示，在该对话框中进行相应的设置。

自定义下载设置

菜单文本:	比特率:		
14.4	1200	字节/秒	确定
28.8	2400	字节/秒	取消
56K	4800	字节/秒	重置(R)
DSL	33400	字节/秒	
T1	134300	字节/秒	
用户设置 6	2400	字节/秒	
用户设置 7	2400	字节/秒	
用户设置 8	2400	字节/秒	

图4-4-3 “自定义下载设置”对话框

（5）带宽检测图。为了了解可能出现的停顿状况，可以选择【视图】—【带宽设置】命令，将显示“带宽检测图”，如图4-4-4所示。

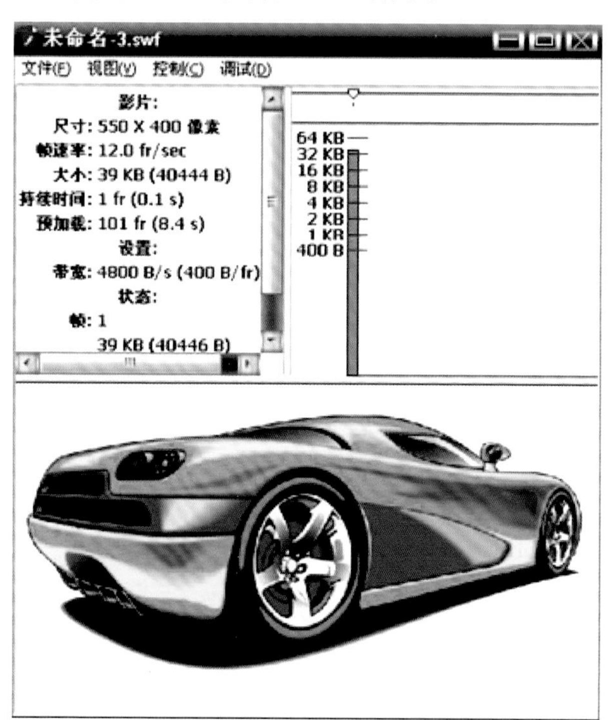

图4-4-4 带宽检测图

2. 优化动画的技巧

动画制作完成后，要对动画进行优化，使其效果看起来更加流畅、紧凑，更具动感。主要是优化动画中角色的细节以及动画片段的衔接、音效与动画播放时的稳定，以保证动画作品最终的效果与质量。

对于需要多次使用的元素，应该使用图形元件、影片剪辑元件或按钮元件。

在可能的情况下，使用补间动画的方式比使用大量关键帧的动画能减少很多资源。

在绘制动画的过程中，实线所占的尺寸要比虚线、点线、折线等特殊线小得多，使用铅笔工具绘制出的线比笔刷绘制出的线要小很多。

尽量减少使用文字和字体样式的数量。

在绘制动画的过程中，往往一个造型是由很多个大小不同、长短不一的线条构成的。这些线的数量越少，文件的尺寸也就越小，可以使用【修改】—【优化】命令来优化线条，弹出如图4-4-5所示对话框。

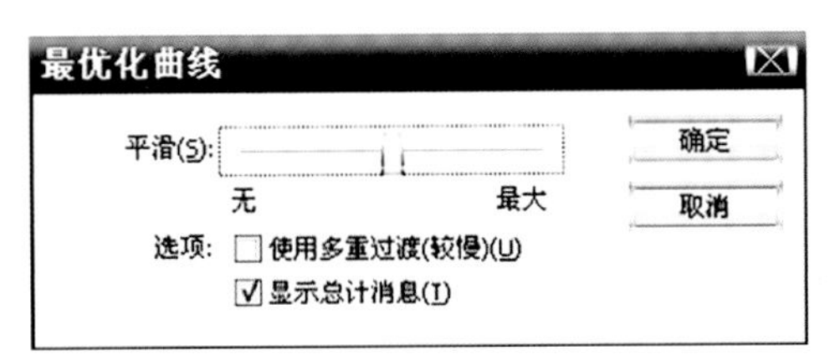

图4-4-5 “优化曲线”对话框

目前为止，MP3格式的音频是在所有网络音频中压缩率最高的，可以尽可能地使用MP3格式来输出声音。

同等区域，渐变色与某种固定色相比，文件的尺寸要超出50字节，因此应尽量减少动画中渐变色的使用次数。

二、Flash动画的发布

发布动画是Flash动画的最后一步，可以对动画的格式、画面质量、声音等进行设置。在进行发布设置时，应根据动画的用途、使用环境等进行设定，而不要一味追求高品质、高质量，以防止增加文件的大小，避免影响动画的传输。

1. 动画的发布

（1）设置“格式”选框。选择【文件】—【发布设置】命令，弹出“发布设置”对话框。默认的“发布设置”面板只包括“格式”、“Flash”和“HTML”三个选框。在“格式”选框中选择所需要的“类型”选项，如图4-4-6所示。

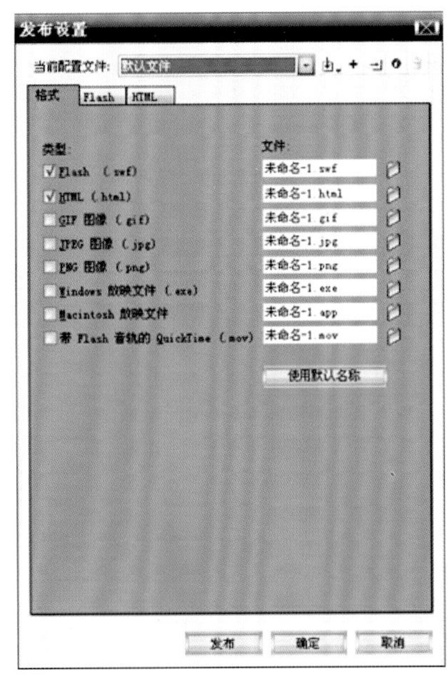

图4-4-6 设置“格式”选框

（2）设置“Flash”选框。在“发布设置”对话框中，选择“Flash”选框并进行参数设置，如图4-5-7所示。

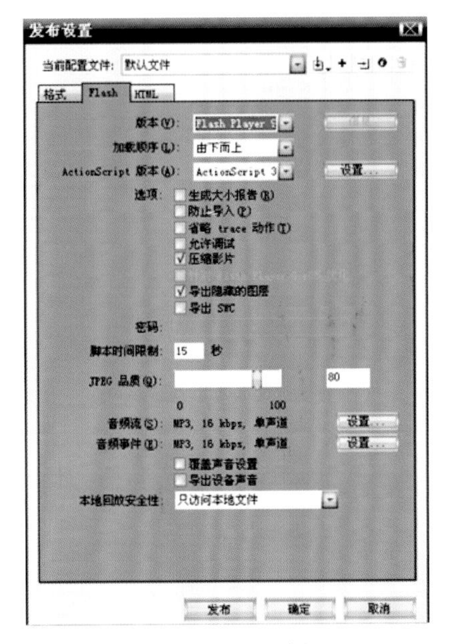

图4-4-7 设置“Flash”选框

“版本”选项：设置导出的Flash动画的版本，默认为Flash Player 10。在Flash CS 5.5中，可以导出Flash 1—10的各版本。

“加载顺序”选项：设置Flash加载影片各层，以显示影片第一帧的顺序，有“由下而上”和“由上而下”两种方式。此选项控制着网速慢时的显示顺序。

“ActionScript版本”选项：用于设置ActionScript的版本，可以选择ActionScript 1.0、ActionScript 2.0或ActionScript 3.0。

选项“生成大小报告”复选框：为了减少影片文件的尺寸，Flash可以产生一个文本文件，这将起到一定的指导性作用，此类输出文件以“txt”作为扩展。

选项“防止导入”复选框：可以防止其他的Flash影片被导入，并将它转换回Flash的FLA文档。如果选择了该项，可以选择用密码保护Flash影片。

选项“省略trace动作”复选框：取消Flash中各交互脚本中的trace语句。

选项“允许测试”复选框：会激活调试器并允许远程调试Flash动画。

选项“压缩影片”复选框：压缩Flash动画以减少文件大小以及下载时间。此选项对于有大量文本或ActionScript语句的动画特效特别有效。

选项“导出隐藏的图层”复选框：（默认）导出Flash文档中所有隐藏的图层。取消选中“导出隐藏的图层”将阻止把生成的SWF文件中标记为隐藏的所有图层导出。

选项“导出SWC”复选框：导出SWC文件，该文件用于分发组件，包含一个编译剪辑、组件的ActionScript类文件，以及描述组件的其他文件。

“脚本时间限制”选项：用于设置脚本在SWF文本中执行时可占用的最大时间量。默认为15秒，Flash Player将取消执行超出此限制的任何脚本。

“JPEG品质”选项：设置作品中位图素材的导出压缩的JPEG格式的图像，并根据其本身设置的压缩比例或这里设置的比例进行压缩处理。压缩率可以在0~100进行选择。

“音频流”/“音频事件”选项：设置作品中音频素材的压缩格式和参数。在Flash中，对于不同的音频引用可以指定不同的压缩方式分别进行设置。单击“设置”按钮，弹出“声音设置”对话框，选择“压缩”、“比特率”和“品质”选项。

“本地回放安全性”选项：设置动画播放的安全性，有“只访问本地文件”和“只访问网络”两个选项。

（3）发布Flash动画。当设置好所有选项后，单击“发布”按钮，则会出现一个发布进度条，Flash动画即可被发布为一个独立的电影文件了。

2. 图形文件的发布

Flash可以把源文件发布成GIF、JPEG、PNG等图形文件。由于这三种格式的“发布设置”步骤类似，在这里只介绍GIF文件的发布。

（1）打开“素材文件”。选择【文件】—【打开】命令，打开“素材文件”，如图4-4-8所示。

图4-4-8 素材文件

（2）发布设置。选择【文件】—【发布设置】命令，在弹出的“发布设置”对话框“格式”选框中，只勾选类型“GIF图像（.gif）”，如图4-4-9所示。

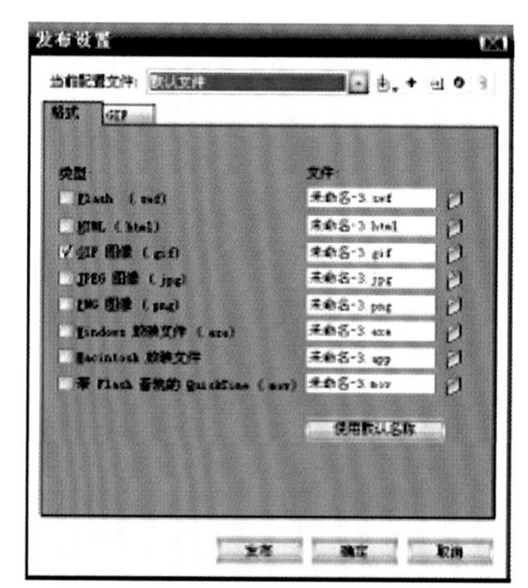

图4-4-9 “发布设置”对话框

（3）选择发布目标。单击GIF图像选框右侧的“选择发布目标”图标，弹出“选择发布目标”对话框，如图4-4-10所示，在“文件名”文本框中输入文件名，单击“保存”。

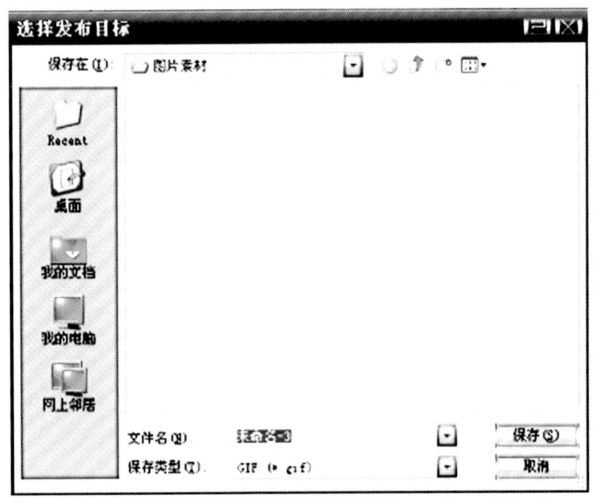

图4-4-10 “选择发布目标”对话框

（4）设置“GIF”选框。返回“发布设置”对话框后，点击“GIF”选框，如图4-4-11所示，根据需要进行参数设置，单击“发布”即可发布影片。

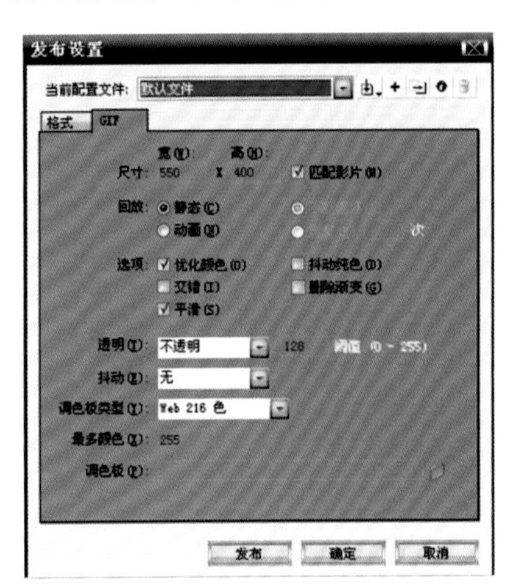

图4-4-11 设置“GIF”选框

3. 可执行文件的发布

使用发布命令可以创建适用于Windows系统和Macintosh系统可执行文件。通过发布建立的EXE文件比.SWF动画文件要大一些。因为EXE文件内建Flash播放器，可以在没有安装Flash的计算机上播放Flash动画。

在“发布设置”对话框“格式”选项中，勾选“Windows放映文件”或“Macintosh放映文件”选框，单击“发布”按钮，就可以发布EXE或HQX可执行文件了。

4. QuickTime的发布

在“发布设置”对话框“QuickTime”选框中设置参数，如图4-4-12所示，最后“发布”QuickTime。

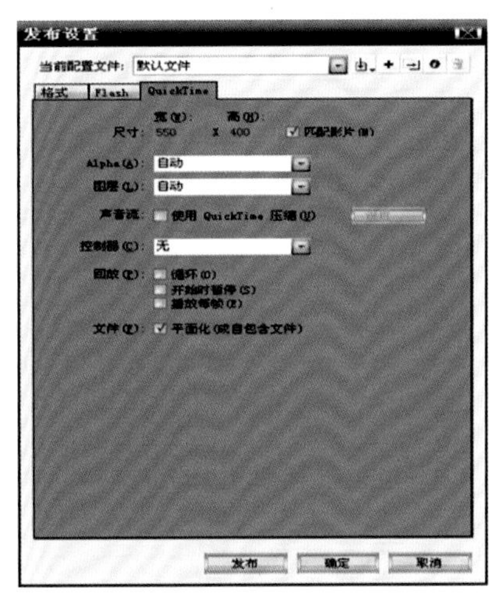

图4-4-12 QuickTime发布设置

“尺寸”设置：用于设置Flash动画屏幕的大小，若勾选“匹配影片”复选框，那么，高和宽不可用，输出动画的屏幕与电影原始屏幕相同。

“Alpha”选项：用于设置输出QuickTime电影的透明模式。

“图层”选项：设置作品播放时Flash动画图层的位置。

“声音流”选项：用于Flash影片的所有音频流输出至QuickTime音轨，按照QuickTime音频设置压缩音频。

“控制器”选项：用于设置输入影片的QuickTime控制器类型。

回放“循环”复选框：可以将影片循环播放。

回放“开始时暂停”复选框：可以设置在影片开始时，动画暂停在第一帧上不播放。

回放“播放每帧”复选框：可以设置将作品的外部导入对象IQI放置到生成的QuickTime电影中。假如没有勾选“播放每帧”，则要求外部导入对象必须能被电影找到。

第五章

FLASH动画商业案例

第一节　贺卡动画

随着Flash动画的风靡，Flash电子贺卡逐渐成为一种时尚的节日问候方式。Flash电子贺卡不但经济环保，可以通过网络快捷传输，而且声音效果惊人，动画时间一般在30～60秒内，同时制作难度也不高。因此，在各类节日中，越来越多的网友开始自己动手为朋友制作Flash电子贺卡。现通过“教师节”贺卡案例，学习贺卡动画的制作技巧和方法。

一、先睹为快

“教师节”贺卡剧照如图5-1-1所示。

（a）

（b）

（c）

（d）

图5-1-1　贺卡剧照

二、知识点拨

此贺卡为剧场类贺卡，按制作方的制作思路完成，在整个制作过程中应用了Flash软件中的元件制作和补间动画知识。

三、制作步骤

1. 制作方案：教师节贺卡

文字：一路上有您的教导，才不会迷失方向；一路上有您的关注，才更加的自信勇敢……老师，谢谢您!

画面：老师拿着一本书，表情严肃地看着书，学生在旁边低着头，然后画面重叠，老师摸着学生的头微笑，老师微笑，结束按钮是一束花。

音乐：符合“教师节”贺卡要求的“背景音乐”文件素材。

2. 绘制分镜

（a）

（b）

（c）

（d）

图5-1-2　绘制分镜头台本

按制作方提供的信息，绘制出分镜头台本，如图5-1-2所示。

值得注意的是，如果设计师手绘能力比较强，有能力把握整个画面，角色和场景设计就没必要设计得很具体；如果设计者是初学者，建议开始先设计好所有的角色三视图、主场景及色指定等。

贺卡分镜不需要绘制得特别精细，只需要把故事表达清楚，使设计师能够理解画面所要表达的意思即可。

3. 制作元件库

（1）新建Flash文档。设置尺寸为440×330px，帧频为12fps，背景颜色为任意色。

（2）创建图形元件。选择【插入】—【新建元件】—【图形元件】命令，新元件名称为“背景图案”，如图5-1-3所示。

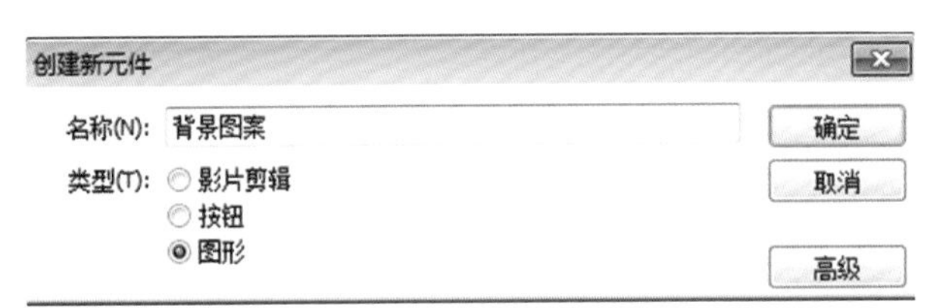

图5-1-3 新建图形元件

（3）设置颜色。在工具面板中选择填充颜色类型为“放射状”，并设置将来“圆形”的参数，如图5-1-4所示。

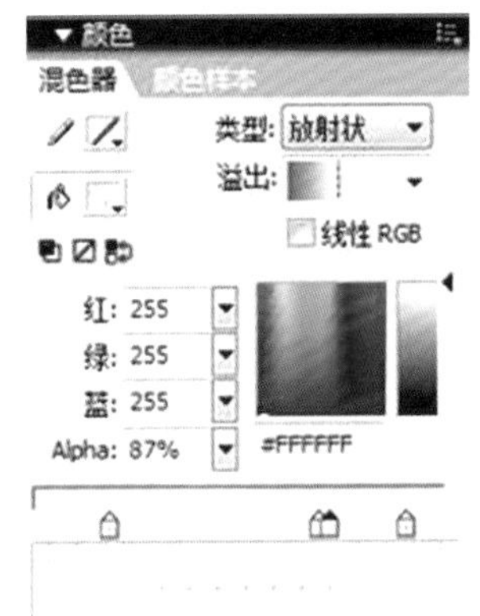

图5-1-4 混色器面板

（4）在工具面板中选择“圆形”工具，在选项中激活“对象绘制”按钮，在元件内绘制图形，如图5-1-5所示。

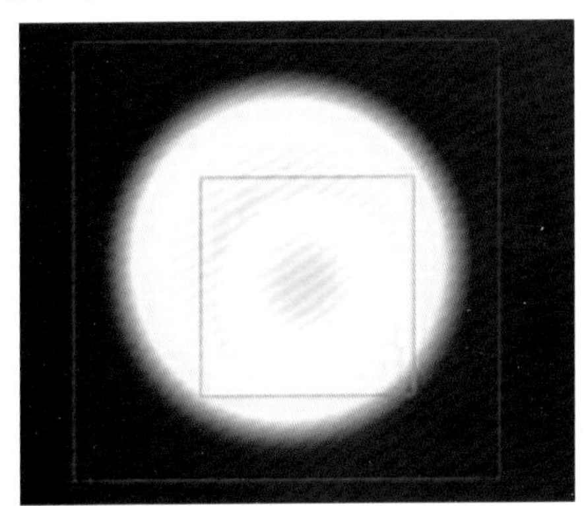

图5-1-5 绘制图形

（5）用同样的方法绘制出其他不同色彩的图形，如图5-1-6所示。

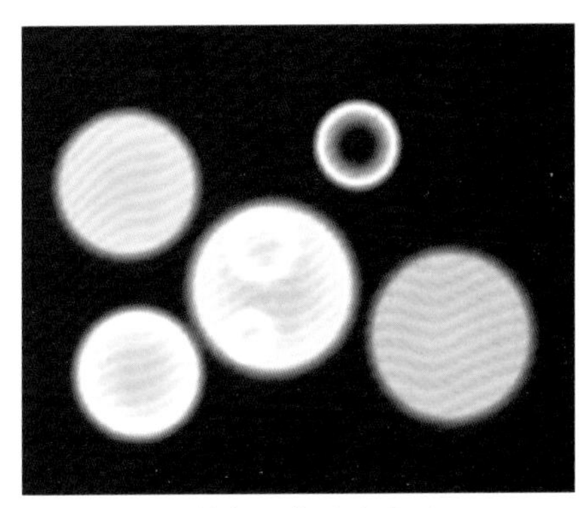

图5-1-6 绘制与调整后的图形

（6）新建图形元件。选择【插入】—【新建元件】—【图形元件】命令，新元件名称为“背景1”，如图5-1-7所示。打开“库”后，将“背景图案”元件拖入到“背景”元件中，图形任意排列。

图5-1-7 创建图形元件并排列图形

（7）新建图形元件。选择【插入】—【新建元件】—【图形元件】命令，新元件名称为“场景2”，如图5-1-8所示。

图5-1-8 创建图形文件

（8）在“场景2”元件中，选择【文件】—【导入】—【导入到舞台】命令。将分镜头台本导入到元件“背景2”中，将所在的图层命名为“分镜”，如图5-1-9所示。

图5-1-9 导入分镜头

（9）再新建一层，将“图层2”命名为“黑板”。将“分镜”层锁定，如图5-1-10所示。

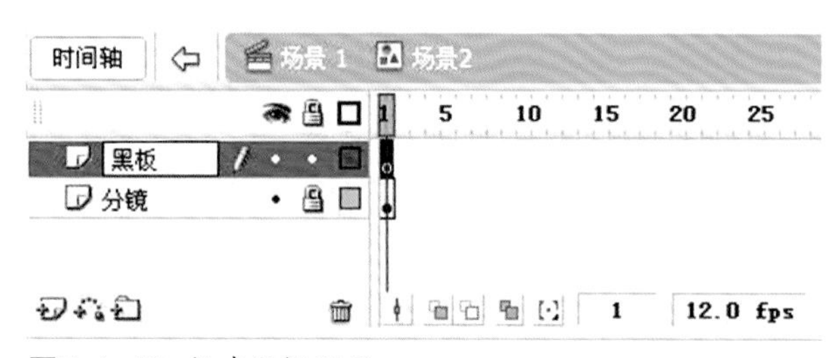

图5-1-10 新建黑板图层

（10）选择工具栏中的“直线工具”，并设置“属性”面板，如图5-1-11所示。

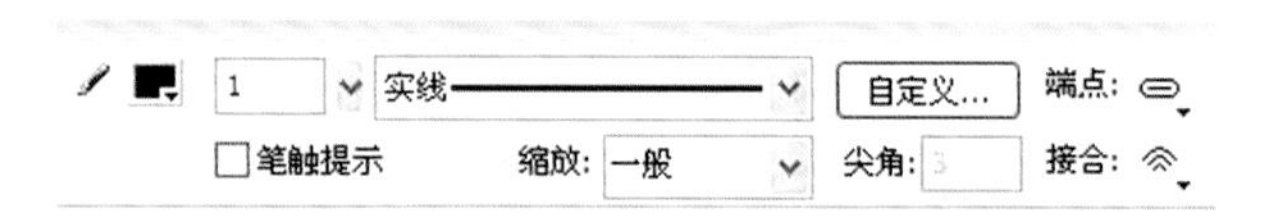

图5-1-11 调整线条的属性

（11）根据分镜要求，在“黑板”所在的层内绘制黑板的造型，如图5-1-12所示。在绘制中，要

图5-1-12 绘制背景

注意比例、透视与线条的封口，以便下一步的上色能顺利进行。

（12）在“黑板”所在的层上再新建一层，命名为“课桌”，如图5-1-13所示。

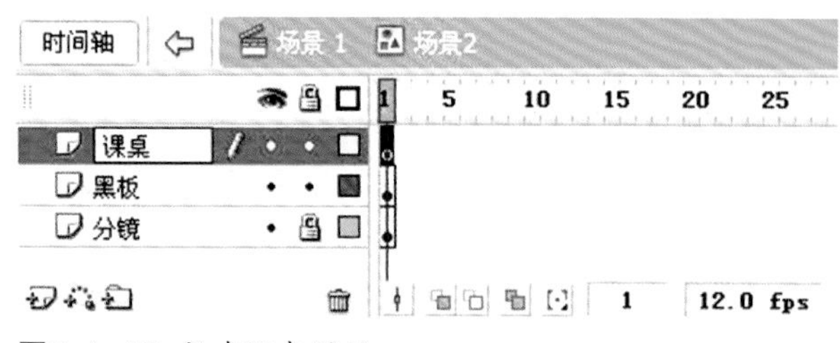

图5-1-13 新建课桌图层

（13）根据要求，在“课桌”所在的层内绘制课桌造型，如图5-1-14所示。

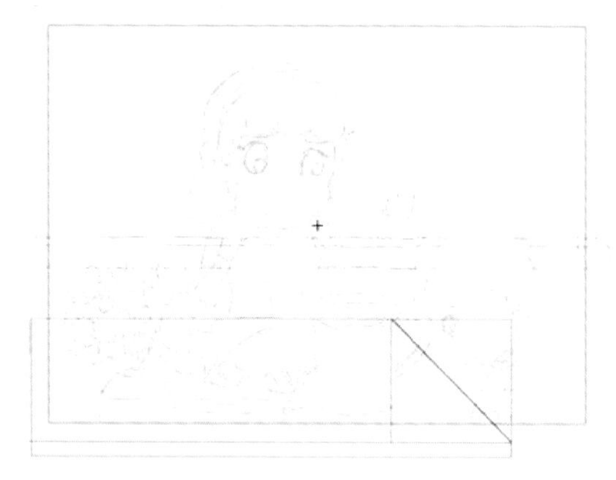

图5-1-14 绘制前景造型

（14）用同样的方法绘制其他道具。如：花、茶杯、眼镜、铅笔和粉笔等，如图5-1-15所示。

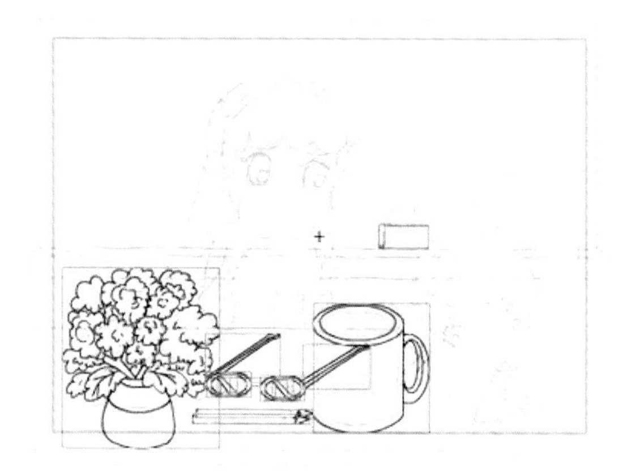

图5-1-15 绘制道具造型

（15）选择工具栏中的“颜色桶工具”和“填充颜色”，根据美术设计要求，对每个造型进行色彩填充，其效果如图5-1-16所示。

图5-1-16 填色后的造型与背景

（16）新建图形元件。选择【插入】—【创建元件】—【图形元件】命令，命名为“老师”。使用工具栏中的“直线工具”和“选项工具”，绘制出“老师”的造型，如图5-1-17所示。

图5-1-17 绘制老师角色

（17）用相同方法，绘制出“学生”的造型，如图5-1-18所示。

图5-1-18 绘制学生角色

（18）根据美术设计要求，对“老师”和“学生”造型进行上色，如图5-1-19所示。并将“学生”造型转化为“图形元件”，命名为“学生”。

图5-1-19 上色后的角色

4. 动作设计

通过对贺卡分镜头台本的理解，在此场景中，学生只有一个低头姿势，没有动作；而老师有看试卷的动作，因此只需要设计好老师在看试卷的动作即可。

（1）新建图形元件。用“直线工具”选中“老师头部”，如图5-1-20（a）所示，选择【插入】—【新建元件】—【图形元件】命令，名称为“老师头部动作”，如图5-1-20（b）所示。

（a）

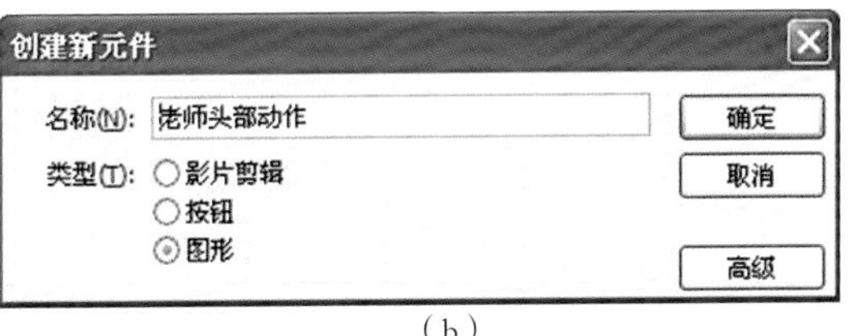

（b）

图5-1-20 选择局部造型并转化图形元件

（2）在工具栏中，用“任意变形工具”将时间轴的第一帧选中，如图5-1-21（a）所示，并将中心点位置调整至需要运动的关节部位，如图5-1-21（b）所示。

（a）

（b）

图5-1-21 调整角色头部的位置大小

（3）在时间轴的第25帧和第55帧分别插入关键帧，如图5-1-22所示。

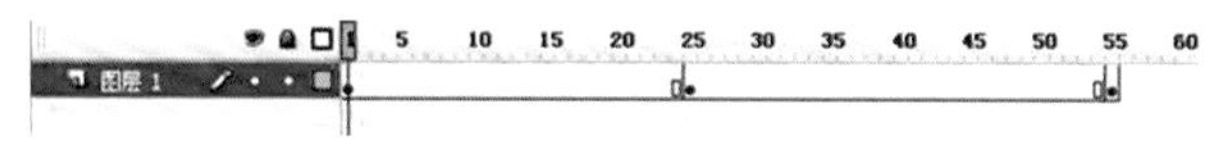

图5-1-22 创建关键帧后的时间轴

（4）用“任意变形工具”分别将时间轴的第25帧和第55帧选中，并设计动作，分别如图5-1-23（a）、（b）所示。

（a）第25帧

（b）第55帧

图5-1-23 调整角色头部的位置大小

（5）设置补间动画。选择【插入】—【补间动画】命令，分别在第1帧、第25帧和第55帧中创建补间“动画”，如图5-1-24所示。

图5-1-24 创建补间动画

（6）返回到“老师”图形元件中，在时间轴的185帧处“插入帧”，如图5-1-25所示。

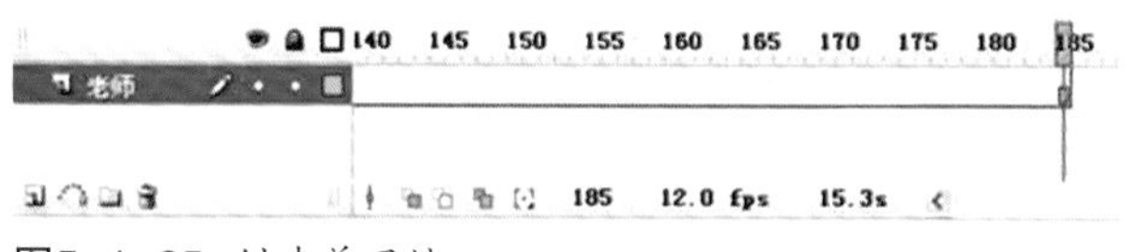

图5-1-25 创建普通帧

（7）合成影片。回到场景，在时间轴中分别建立“背景前层”、“背景后层”、“老师层”和“学生层”，并调入所对应的元件，如图5-1-26所示。

图5-1-26 影片各层的分布

（8）新建两层。分别命名为“文字层”和“音乐层”，并输入相应的文字和音乐。如图5-1-27所示。

（9）用相同方法制作出其余分镜头台本中的动画。

（10）最后给贺卡添加声音。新建图层并命名

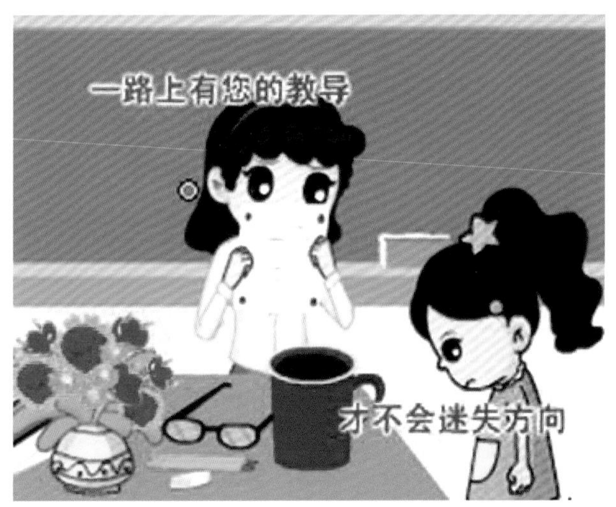

一路上有您的教导
才不会迷失方向
图5-1-27 输入文字

为“背景音乐”，执行【文件】—【导入】—【导入到库】命令，打开已经准备好的“背景音乐”文件，然后打开【库】面板，把“背景音乐”文件拖放到工作区内。

（11）选择“背景音乐”图层的第1帧，在“属性”面板中，选择“同步”下拉列表为“数据流”，即声音与帧同步，如图5-1-28所示。

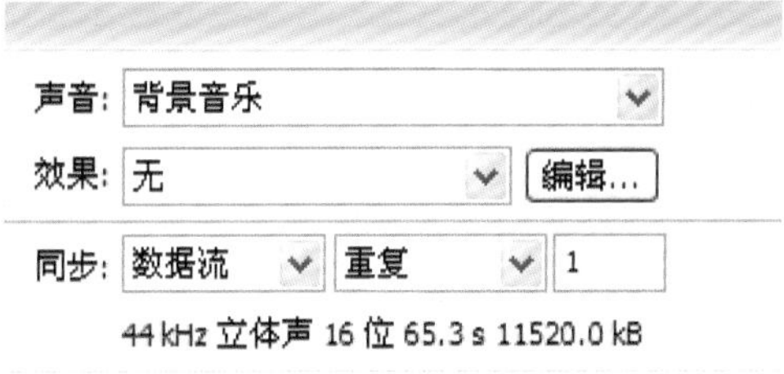
声音: 背景音乐
效果: 无
编辑...
同步: 数据流
重复
1
44 kHz 立体声 16 位 65.3 s 11520.0 kB
图5-1-28 音效属性设置

（12）测试影片。还可以给贺卡添加互动控制。最后，按Ctrl+Enter键，测试贺卡动画的制作效果。

第二节　广告动画

公益广告属于非商业性广告，是社会公益事业的一个重要部分。公益广告的主题具有广泛的社会性，其内容有着深厚的社会基础，取材于百姓日常生活中的酸甜苦辣和喜怒哀乐，并运用创意独特、内涵深刻的艺术制作广告手段，表现鲜明的立场及健康向上的生活导向。现通过“生命”公益广告案例，学习广告动画的制作技巧和方法。

一、先睹为快

“生命”公益广告如图5-2-1所示。

图5-2-1　“生命”公益广告

二、知识点拨

本案例制作的公益广告，在整个制作中应用了Flash软件中的按钮设计原理、遮罩效果、滤镜效果和动画补间，另外还应用了一些动作代码知识。

三、动画制作步骤

（1）新建Flash文档。设置尺寸为550×400px，背景颜色为#000000，帧频为12fps，如图5-2-2所示。

图5-2-2　设置影片文档属性

（2）选择【文件】—【导入】—【导入到舞台】命令，将所需图片导入到场景中，如图5-2-3所示。

图5-2-3　导入素材

（3）选中该图片，打开“属性”面板，设置图片的尺寸为550×400px，X和Y都为0。

（4）按Ctrl+B键，将图片“分离”，如图5-2-4所示。

图5-2-4　分离素材

（5）选择【套索】—【选项】—【多边形模式】命令，将图片划分为两部分，如图5-2-5所示。

图5-2-5　分割素材

（6）按Ctrl+G键，将分开的两部分图片分别“组合”，如图5-2-6所示。

图5-2-6 组合素材并调整位置

（7）选中上面部分，选择【修改】—【转化为元件】命令，类型为“影片剪辑”，名称为“上墙”，如图5-2-7所示。

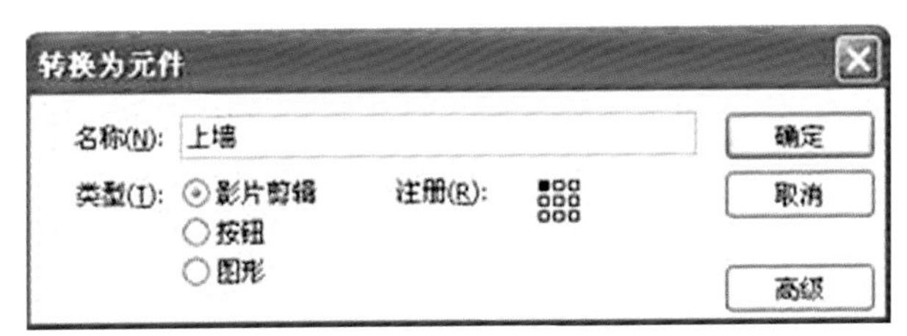

图5-2-7 转换影片剪辑元件

（8）用相同的方法，将下面部分的图片转化为“影片剪辑”元件，名称为“下墙”。

（9）选中上下两部分元件，按鼠标右键，选择【分散到各图层】命令，并删除时间轴的“图层1”，如图5-2-8所示。

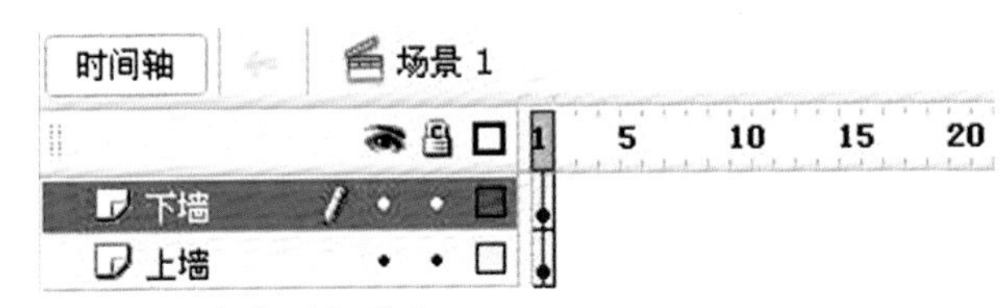

图5-2-8 分散到各图层

（10）分别在图层“下墙”和“上墙”的第6帧、第14帧“插入关键帧”，如图5-2-9所示。

（11）选中图层“下墙”的第14帧，在“属

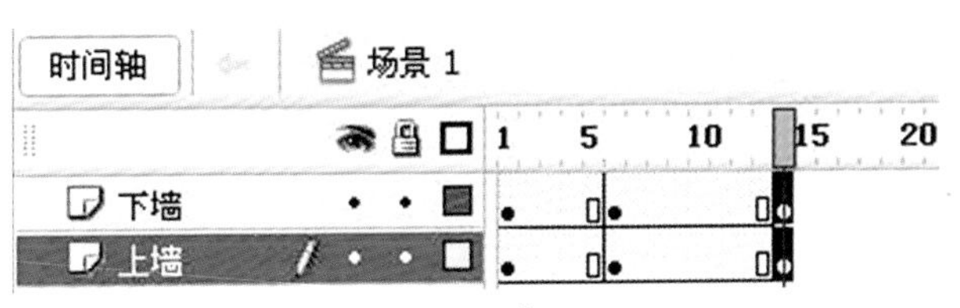

图5-2-9 时间轴中关键帧的分布

性”面板中，选择颜色为“Alpha”，值为“0%”，如图5-2-10所示。

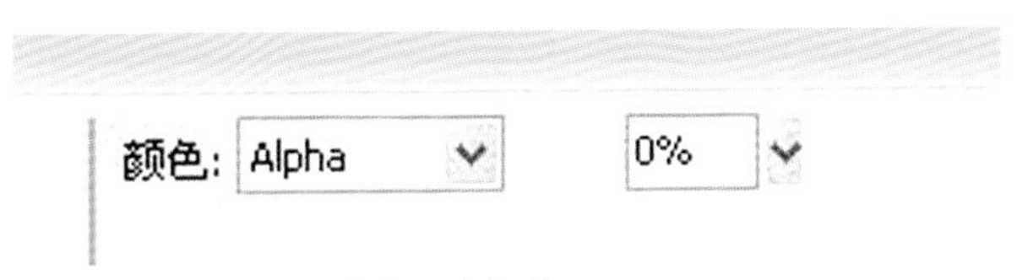

图5-2-10 设置元件透明度数值

（12）选中图层“下墙”的第14帧，将图形下移到“场景”以外，如图5-2-11所示。

图5-2-11 调整元件位置

（13）用同样的方法，将图层“上墙”的图形上移到“场景”以外。

（14）分别在两个图层的第6帧和第14帧间，按鼠标右键，选择【创建补间动画】命令，创建补间动画，如图5-2-12所示。

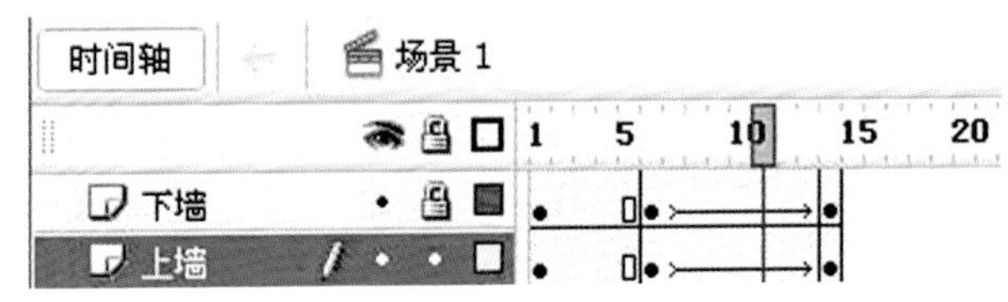

图5-2-12 创建动画补件

（15）选择【插入】—【新建元件】命令，类型为"图形"，名称为"枯枝"，如图5-2-13所示。

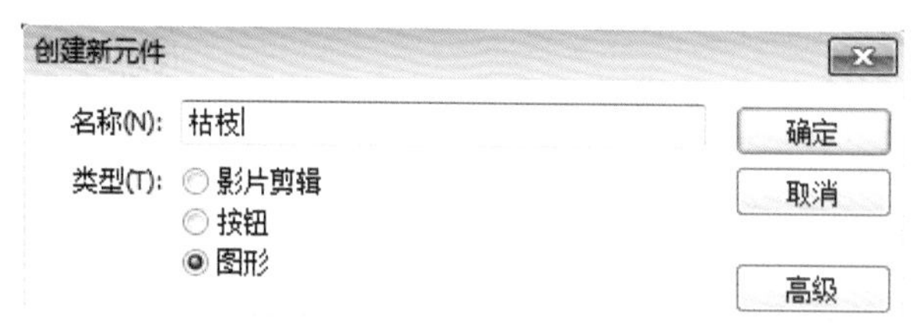

图5-2-13 创建图形元件

（16）在"枯枝"元件中，选择【文件】—【导入】—【导入到舞台】命令，将前期准备好的"gif格式"素材导入到元件内，完成后返回到场景，如图5-2-14所示。

图5-2-14 导入素材

（17）在场景中，选择【插入】—【新建元件】命令，类型为"影片剪辑"，名称为"字"，如图5-2-15所示。

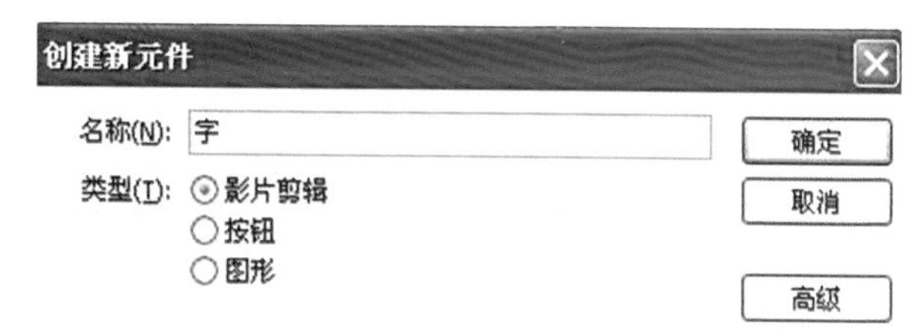

图5-2-15 创建影片剪辑元件

（18）在"字"元件中，选择工具栏中的"文本工具"，在"属性"面板中，选择字体为黑体，大小为96，颜色为#FFCC00，如图5-2-16所示。

图5-2-16 设置文本属性

（19）在元件中，输入文本"绿"，选择【窗口】—【对齐】命令，选择"相对于舞台"、"水平中齐"和"垂直居中分布"，效果如图5-2-17所示。

图5-2-17 输入文字

（20）新建"图层2"，并将其拖到"图层1"的下面。将"库"面板中的"枯枝"元件拖入到"图层2"中，其效果如图5-2-18所示。

图5-2-18 调整文字与背景的位置

（21）分别在"图层1"和"图层2"的第18帧处"插入帧"，如图5-2-19所示。

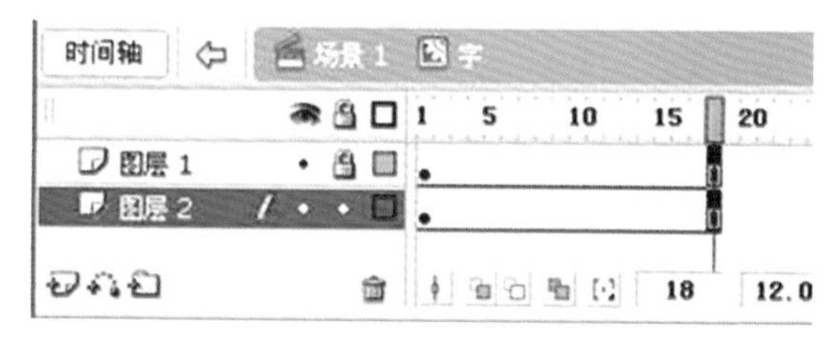

图5-2-19 创建普通帧

（22）选中"图层1"，按鼠标右键，选择【遮罩层】命令，创建遮罩动画，完成后返回到场景，如图5-2-20所示。

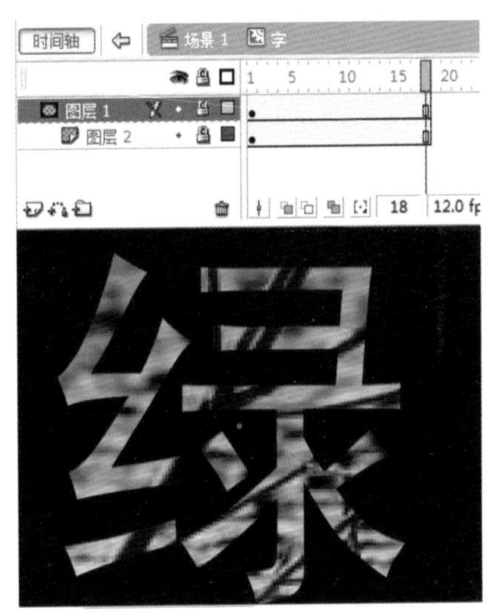

图5-2-20 遮罩层的效果

（23）在场景中，新建一个图层，将其命名为“字”，并将“字”图层拖到最低层。将“字”元件拖入到“字”图层中。在该图层的第13帧、16帧、45帧和69帧“插入关键帧”，在第95帧“插入帧”，如图5-2-21所示。

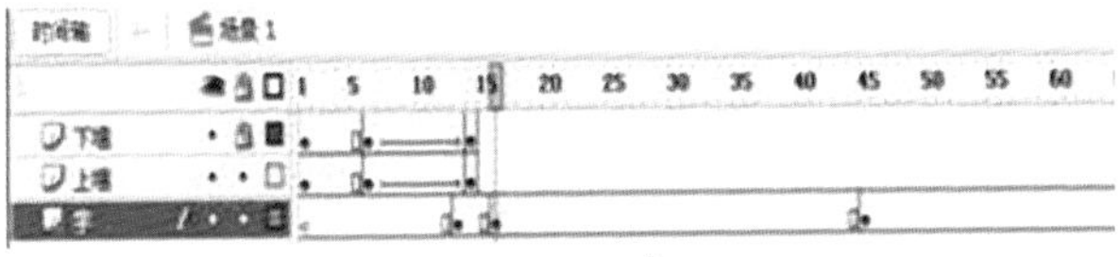

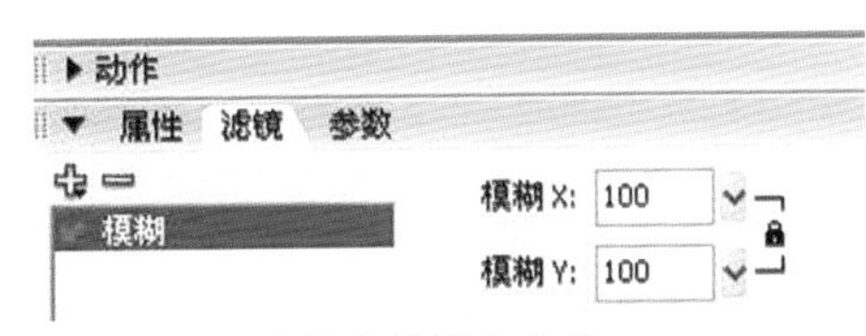

图5-2-21 场景中创建关键帧与普通帧

（24）选择“字”图层的第13帧，选择【滤镜】—【模糊】命令，将X、Y设置为100，如图5-2-22所示。

图5-2-22 调整滤镜模糊数值

（25）将第13帧的“字”元件上移到“场景”以外，在第13帧与16帧之间“创建补间动画”，如图5-2-23所示。

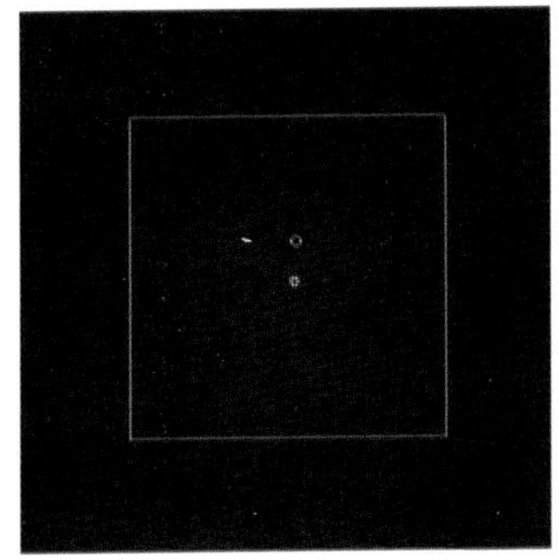

图5-2-23 模糊后的动画效果

（26）选中第69帧，选择【滤镜】—【模糊】命令，将X、Y设置为100。在第45帧与69帧之间“创建补间动画”，如图5-2-24所示。

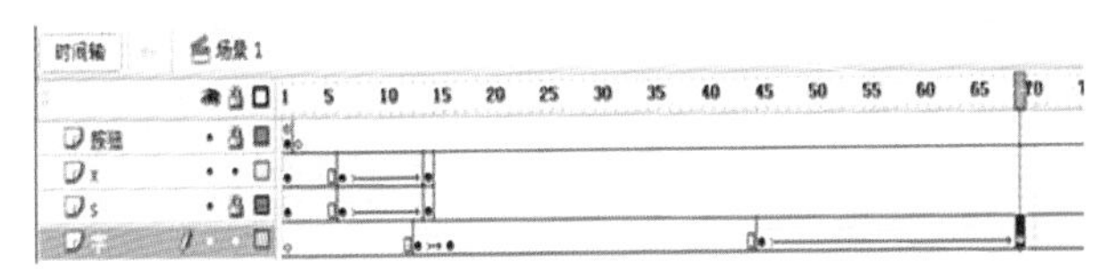

图5-2-24 场景中的补间动画

（27）选择【插入】—【创建元件】命令，类型为“影片剪辑”，名称为“小草”。使用“椭圆工具”、“直线工具”、“选择工具”和“颜料桶工具”，绘制出“小草”元件，如图5-2-25所示。

图5-2-25 绘制元件小草

（28）在“小草”元件中，新建“图层2”，选择“矩形工具”，取消笔触颜色，填充颜色为任意色，绘制一个完全覆盖“小草”元件的矩形，如图5-2-26所示。

图5-2-26 绘制矩形造型

（29）在“图层2”的第30帧处“插入关键帧”，在“图层1”的30帧处“插入帧”，如图5-2-27所示。

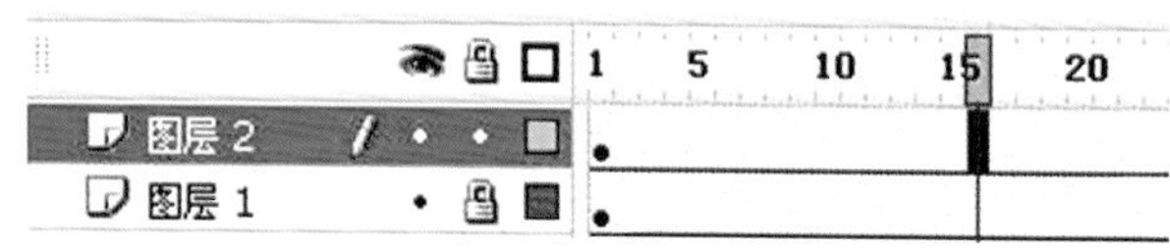

图5-2-27 场景中时间轴的分布

（30）在“图层2”的第1帧，选择“任意变形工具”，将中心点移至下方，并将矩形压扁，如图5-2-28所示。

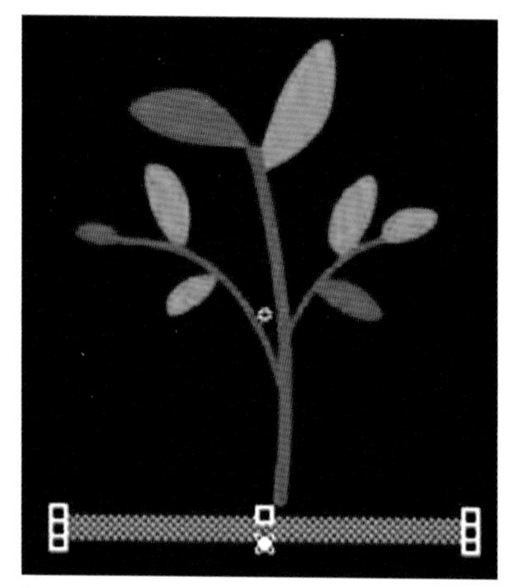
图5-2-28 压扁后的矩形造型

（31）选择“图层2”的第30帧，选择“任意变形工具”，将中心点调至与第1帧相同的位置，如图5-2-29所示。

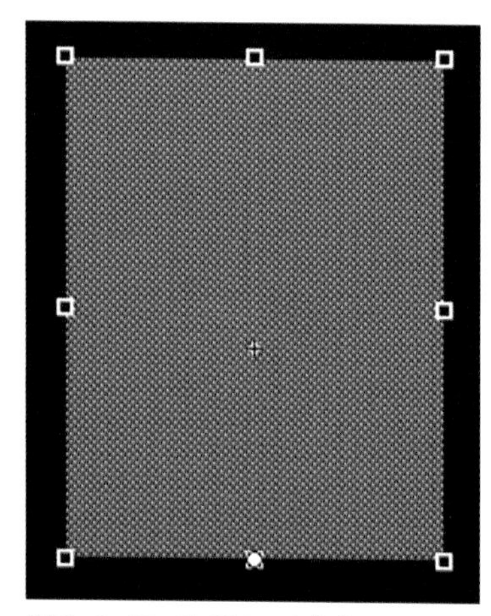
图5-2-29 设置矩形的中心点

（32）选择“图层2”中的第1帧与第30帧之间的任意帧，在“属性”面板中，选择补间“形状”，创建补间形状动画，如图5-2-30所示。

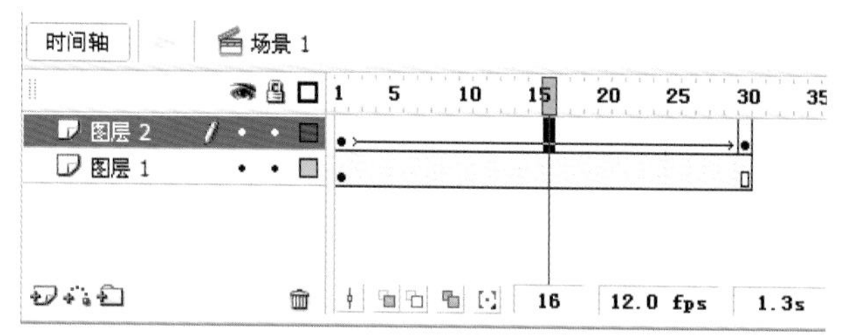

图5-2-30 场景中创建补间形状动画

（33）选中“图层2”，按击鼠标右键，选择“遮罩层”，创建遮罩动画，如图5-2-31所示。

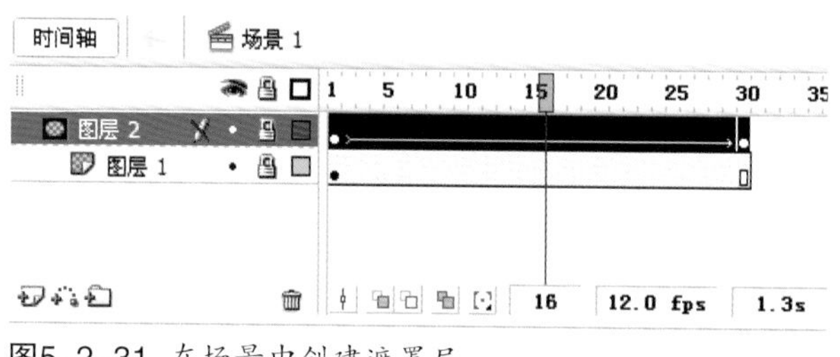

图5-2-31 在场景中创建遮罩层

（34）选择“图层2”的第30帧，在“动作”面板中，选择【全局函数】—【时间轴控制】文件夹，然后双击“stop”动作，将该动作增加到“脚本编辑区”中，完成后返回到场景，如图5-2-32所示。

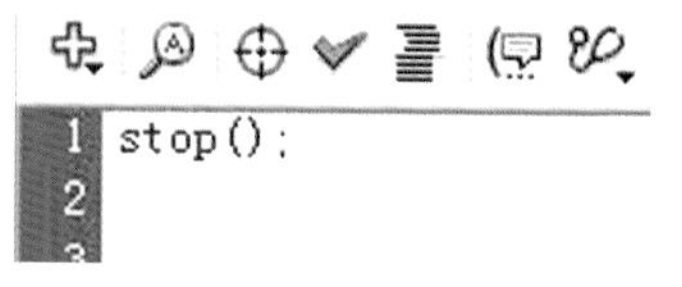

图5-2-32 添加动作代码

（35）在场景中，选择【插入】—【创建元件】命令，类型为“按钮”，名称为“生命”，如图5-2-33所示。

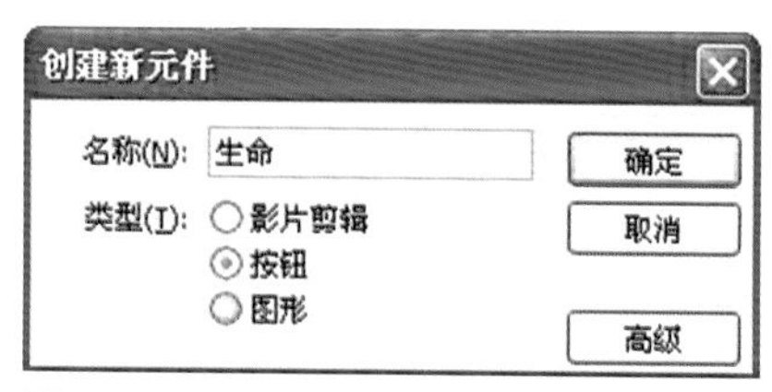

图5-2-33 创建按钮元件

（36）在按钮编辑区内，打开“库”面板，将“小草”元件拖入到“图层1”。新建“图层2”，在“指针经过”处设置关键帧，使用“文本工具”输入文本“生命”。新建“图层3”，使用“矩形工具”绘制一个与“小草”元件大小一致的“矩形”

元件，选择颜色为“Alpha”，值为“0%”，在“指针经过”处选择“矩形”颜色为“Alpha”，值为“50%”，完成后返回到场景，如图5-2-34所示。

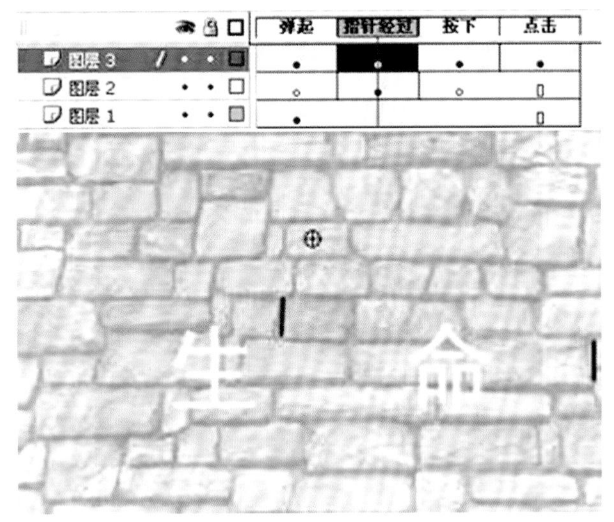

图5-2-34 设置按钮的动画效果

（37）在场景中，将“生命”按钮拖到适合的位置。选中“生命”按钮，在“动作”面板中，选择【全局函数】—【影片剪辑控制】文件夹，双击“on”动作，将该动作增加到“脚本编辑区”中，在弹出的选项中双击“release”动作。将鼠标移至{}内，选择【时间轴控制】文件夹，双击“play”动作，如图5-2-35所示，完成后返回到场景。

```
1 on (release) {play();
2
3 }
4
```

图5-2-35 填写影片开始代码

（38）在场景中，选中“生命”按钮所在的帧，在“动作”面板中，选择【全局函数】—【时间轴控制】文件夹，双击“stop”动作，将该动作增加到“脚本编辑区”中，如图5-2-36所示。完成后返回到场景。

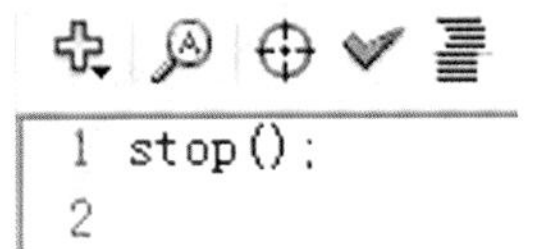

图5-2-36 填写影片停止代码

（39）选择【控制】—【测试影片】命令，测试广告动画的片头制作效果。

（40）选择【文件】—【导入】—【导入到库】命令，将相关素材导入到库中。

（41）选择【插入】—【新建元件】命令，类型为“影片剪辑”，名称为“图1”。将图片拖到编辑区中并居中对齐，如图5-2-37所示。

图5-2-37 在元件编辑区将素材居中对齐

（42）选择【插入】—【新建元件】命令，类型为“影片剪辑”，名称为“图2”。将图片拖到编辑区中并居中对齐，如图5-2-38所示。

图5-2-38 在元件编辑区将素材居中对齐

（43）选择【插入】—【新建元件】命令，类型为“影片剪辑”，名称为“图3”。将图片拖到编辑区中并居中对齐，如图5-2-39所示。

图5-2-39 在元件编辑区将素材居中对齐

（44）选择【插入】—【新建元件】命令，类型为“影片剪辑”，名称为“图4”。将图片拖到编辑区中并居中对齐，如图5-2-40所示。

图5-2-40 在元件编辑区将素材居中对齐

（45）选择【插入】—【新建元件】命令，类型为“影片剪辑”，名称为“文字1”。在编辑区中输入文本，如图5-2-41所示。

看，蓝色的地球多美呀！
千万不要让她变成单调的黄色！

图5-2-41 在元件中输入文字

（46）选择【插入】—【新建元件】命令，类型为“影片剪辑”，名称为“文字2”。在编辑区中输入文本，如图5-2-42所示。

含一滴水，
还一份真情！

图5-2-42 在元件中输入文字

（47）选择【插入】—【新建元件】命令，类型为“影片剪辑”，名称为“文字3”。在编辑区中输入文本，如图5-2-43所示。

没有绿色，
生命就没有希望。

图5-2-43 在元件中输入文字

（48）选择【插入】—【新建元件】命令，类型为“影片剪辑”，名称为“文字4”。在编辑区中输入文本，如图5-2-44所示。

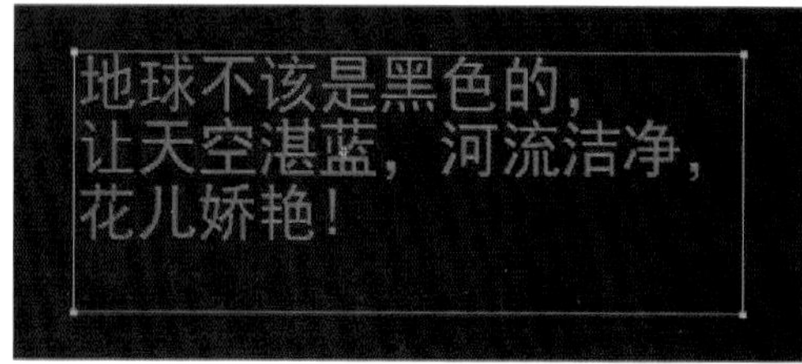

图5-2-44 在元件中输入文字

（49）在“库”面板中，选择“文字2”元件，点击元件进入元件编辑区，按Ctrl+B键将文本打散。选择文本，按鼠标右键，选择“分散到图层”选项，将各文字分散到不同的图层。并删除“图层1”。从上面图层开始向下选择关键帧，并依次向后拖曳一帧。在“！”图层的第30帧处“插入关键帧”，如图5-2-45所示，并在其“动作”面板中，选择【全局函数】—【时间轴控制】文件夹，双击“stop”动作，将该动作增加到“脚本编辑区”中，完成后返回到场景。

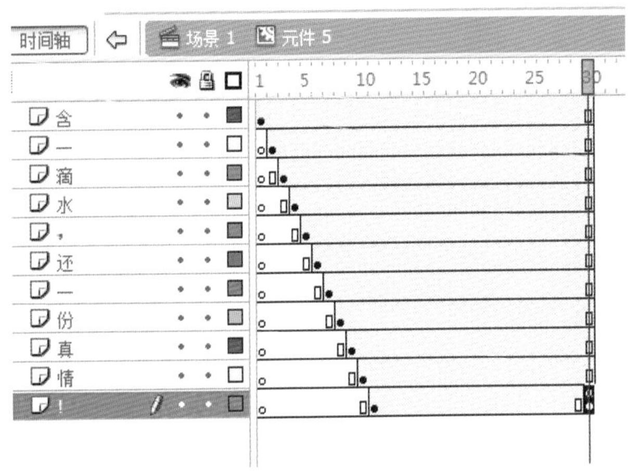

图5-2-45 元件“文字2”中时间轴的分布

（50）用同样的方法，制作影片剪辑“文字3”元件，如图5-2-46所示。

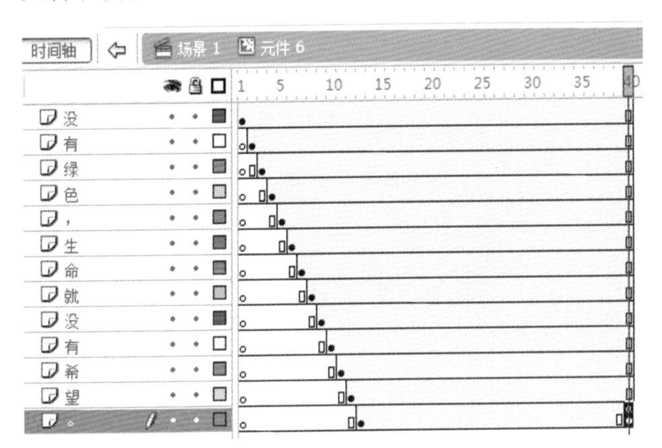

图5-2-46 元件“文字3”中时间轴的分布

（51）在场景中，新建“图层5”，将“图1”元件拖到场景中，居中对齐该元件，并选择颜色为“Alpha”，值为“0%”。在第110帧处“插入关键帧”，选择“图1”元件的颜色为“Alpha”，值为“100%”，并在第95帧至第110帧之间创建补间“动画”。在第190和第195帧处“插入关键帧”，选择第195帧中的“图1”元件，在“属性”面板中，选择颜色为“亮度”，值为“100%”，在第190帧至195帧之间创建补间“动画”。

（52）新建“图层6”，将“图1”元件拖到场景中并居中对齐。在第140帧和第150帧处“插入关键帧”，选择第150帧的“图1”元件，并对其进行调整，如图5-2-47所示。在第140至150帧之间创建补间“动画”。在第200帧处“插入帧”，最后，将“图层6”设置为“图层5”的“遮罩层”动画。

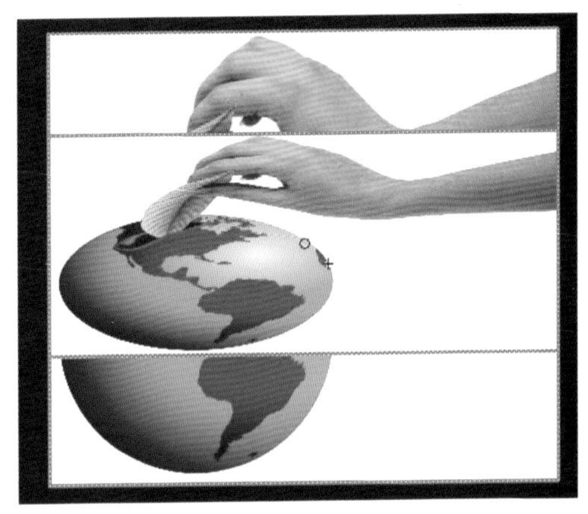

图5-2-47 调整素材间的位置大小

（53）新建“图层7”，在第150帧处“插入关键帧”，将“文字1”元件拖到场景。

在第170帧、第195帧和第200帧处“插入关键帧”。选择第150帧的“文字1”元件，选择“滤镜”面板，点击“+”按钮，添加“模糊”命令，设置X为100、Y为0，在第150帧至170帧之间创建补间“动画”。选择第200帧的“文字1”元件，在“滤镜”面板中，点击“+”按钮，添加“模糊”命令，设置X为100、Y为0，在第195帧至200帧之间创建补间“动画”，如图5-2-48所示。

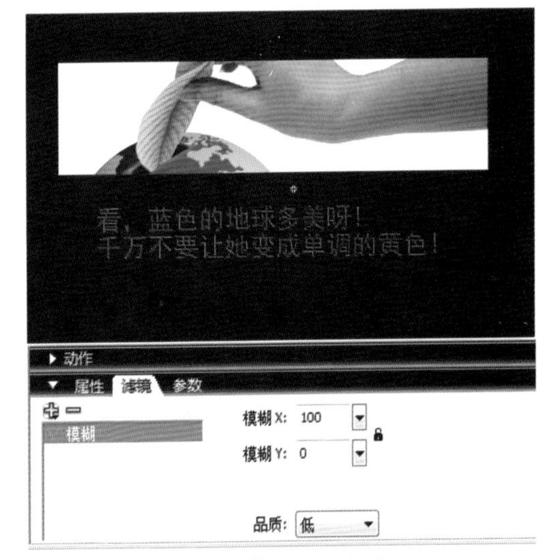

图5-2-48 设置滤镜中的模糊数值

（54）新建“图层8”，在第210帧处“插入关键帧”，将“图2”元件拖到场景中。在第235帧处“插入关键帧”，将该帧的“图2”元件向下移动一段距离，在第210帧至235帧之间创建补间“动画”，在第300帧处“插入帧”，如图5-2-49所示。

图5-2-49 调整后的画面效果

（55）新建"图层9"，在第200帧处"插入关键帧"，将"图3"元件拖到场景中，并调整其尺寸和位置，使之与"图层6"中"图1"元件相一致。在第210帧"插入关键帧"，设置该帧"图3"元件的宽度与原宽度一致，然后在第200帧与第210帧之间创建补间"动画"。分别在第235帧和第243帧处"插入关键帧"，将第243帧中"图3"元件的尺寸设置为原尺寸。在第290帧和第296帧处"插入关键帧"，第296帧中"图3"元件的设置效果如图5-2-50所示。在第290帧与第296帧之间创建补间"动画"。最后，将"图层9"设置为"图层8"的"遮罩层"动画。

图5-2-50 新建图层调整素材间的位置

（56）新建"图层10"，复制"图层9"的第200帧至210帧，粘贴在"图层10"的第200帧至210帧之间。分别选择第200帧和第210帧中的"图3"元件，在"属性"面板中，选择颜色为"亮度"，值为"100%"。

（57）新建"图层11"，打开"库"面板，将"图3"拖入到场景并对齐居中。在"图层11"的第297帧和第307帧处"插入关键帧"，在第362帧处"插入帧"，选择第297帧的"图3"元件，调整实例的大小和位置，并选择"滤镜"面板，点击"+"按钮，添加"模糊"命令，设置X为100、Y为0，在第297帧与第307帧之间创建补间"动画"，如图5-2-51所示。

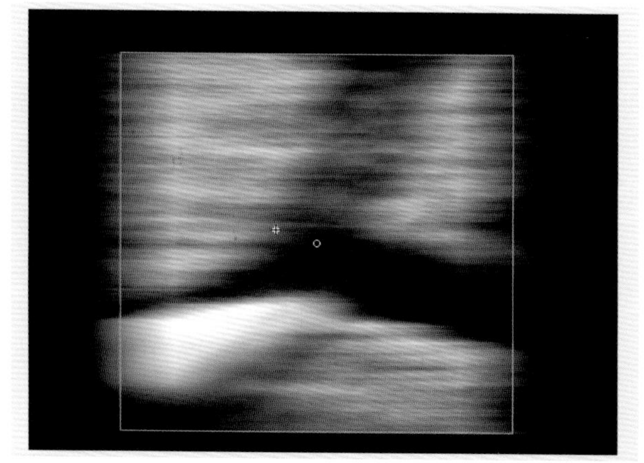

图5-2-51 创建补间动画后的画面效果

（58）新建"图层12"，在第337帧处"插入关键帧”，打开“库”面板，将“文字2”元件拖入到场景，在第362帧处“插入帧”，如图5-2-52所示。

图5-2-52 调出元件并调整位置

（59）新建“图层13”，在第365帧处“插入关键帧”，将“图4”元件拖到场景并居中对齐，选择颜色为“Alpha”，值为“0%”。在第375帧处“插入关键帧”，设置“图4”元件的颜色为“Alpha”，值为“100%”，在第365帧至第375帧之间创建补间“动画”。在第430帧和第440帧处“插入关键帧”，设置第440帧中“图4”元件的颜色为“亮度”，值为“100%”。在第445帧处“插入关键帧”，并对“图4”元件进行调整，如图5-2-53所示。在第430帧至第445帧之间创建补间“动画”。在第450帧处“插入帧”。

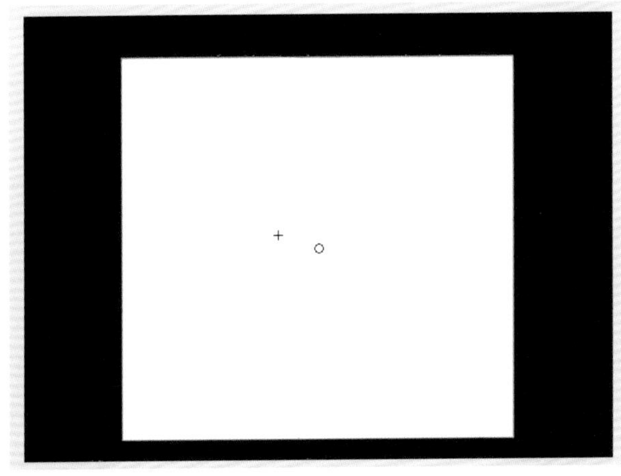

图5-2-53 调整素材的亮度效果

（60）新建“图层14”，在第365帧处“插入关键帧”，将“图4”元件拖到场景中，并对其尺寸和位置进行调整，如图5-2-54所示。在第375帧和第385帧处“插入关键帧”，将第385帧中的元件设置为原来的尺寸，在第375帧至385帧之间创建补间“动画”，在第450帧处“插入帧”。最后，将“图层14”设置为“图层13”的“遮罩层”动画。

图5-2-54 调整素材的位置大小

（61）新建“图层15”，在第364帧处“插入关键帧”，复制“图层14”中的第365帧，粘贴在“图层15”的第364帧处，设置“图4”元件的颜色为“亮度”，值为“100%”，在第375帧处“插入关键帧”，调整“图4”元件的颜色为“亮度”，值为“0%”，在第364帧至第375帧之间创建补间“动画”。

（62）新建“图层16”，在第451帧处绘制一个矩形，如图5-2-55所示。

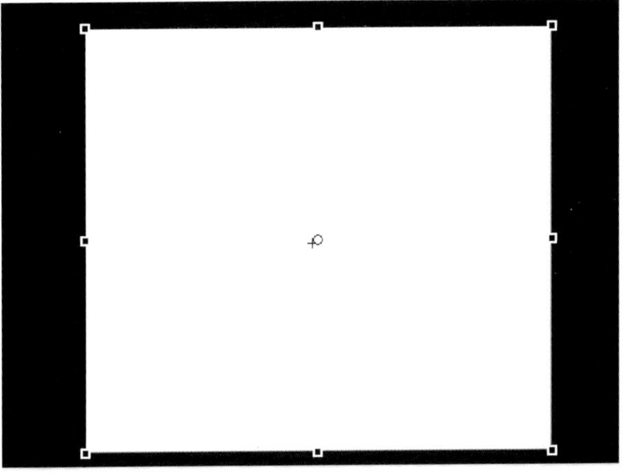

图5-2-55 在新图层中绘制矩形

（63）新建“图层17”，在第465帧处“插入关键帧”，将“文字3”元件拖到场景，调整其位置和大小，如图5-2-56所示。

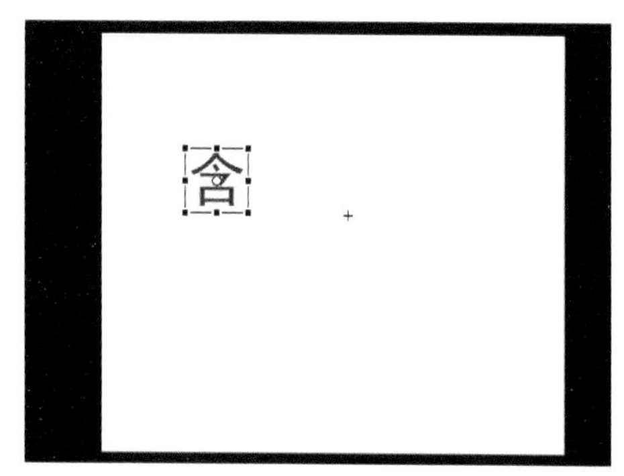

图5-2-56 新建图层调出元件“文字3”

（64）新建“图层18”，在第485帧处“插入关键帧”，将“文字4”元件拖到场景，调整其文字和大小，如图5-2-57（a）所示。选择第465帧中的“文字4”元件，在“滤镜”面板中，点击“+”按钮，添加“模糊”命令，设置X为100、Y为5，如图5-2-57（b）所示。在“属性”面板中，选择颜色为“Alpha”，值为“0%”。在第500帧处“插入关键帧”，设置“文字4”元件的颜色为“Alpha”，值为“100%”，在第465帧至第500帧之间创建补间“动画”。

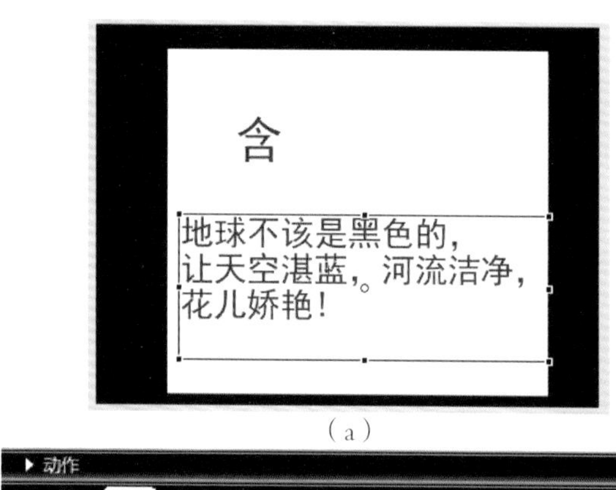

（a）

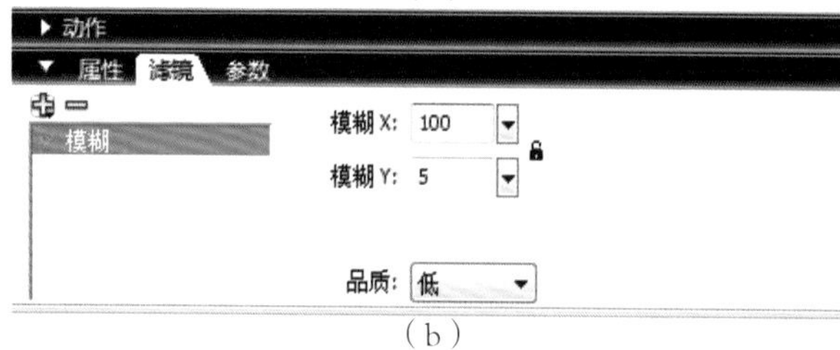

（b）

图5-2-57 设置滤镜模糊数值

（65）在按钮层的第500帧处“插入关键帧”，选择【插入】—【新建元件】命令，类型为“按钮”。设计一个“再看一遍”按钮，将“再看一遍”拖到舞台，并调整其大小与位置，如图5-2-58（a）所示。选择第500帧，在“动作”面板中，选择【全局函数】—【时间轴控制】文件夹，双击“stop”动作，将该动作增加到“脚本编辑区”中。选择“再看一遍”按钮，在“动作”面板中，选择【全局函数—【影片剪辑控制】文件夹，双击“on”动作，将该动作增加到“脚本编辑区”中，在弹出的选项中双击“release”动作。将鼠标移至{}内，选择【时间轴控制】文件夹，双击“gotoAndPlay”动作，在()中输入“2”，完成后返回到场景，如图5-2-58所示。

（66）按Ctrl+S键，保存“公益广告”文件。按Ctrl+Enter键，对“公益广告”动画进行测试。

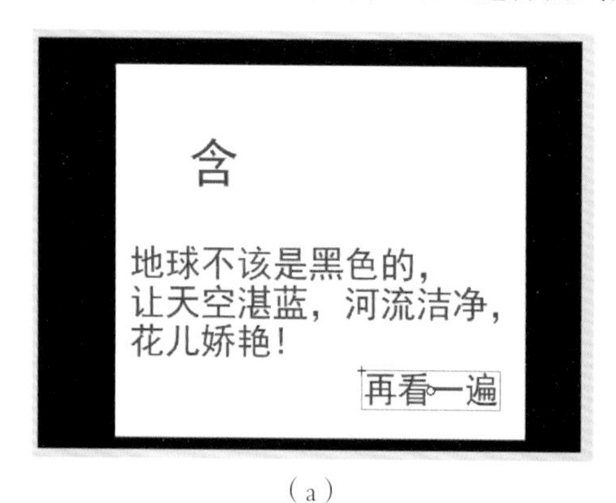

（a）

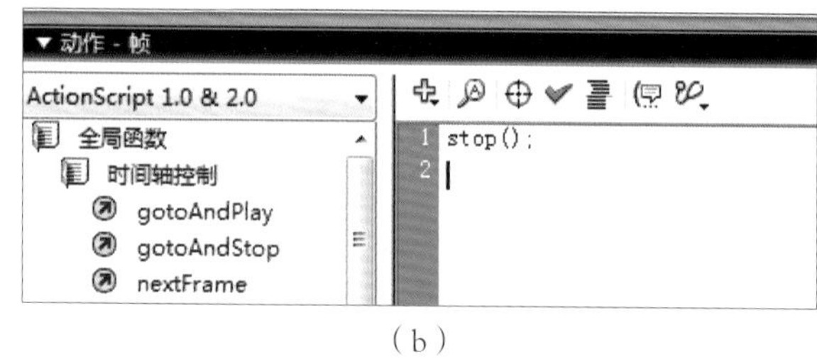

（b）

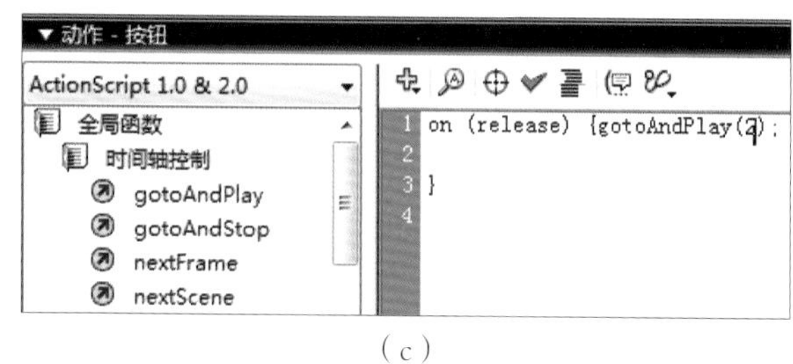

（c）

图5-2-58 添加按钮的代码

第三节　MV动画

MV（Music Video）动画就概念而言，它是利用动画手段来补充音乐所无法涵盖的信息和内容，是从音乐的角度去创作动画，而不是从动画的角度去理解音乐。广告是宣传产品，而MV是宣传歌曲和歌手。优秀的MV动画应该诠释音乐和展示歌手。现通过《卓玛》MV动画案例来学习MV动画的制作技巧和方法。

一、先睹为快

《卓玛》MV动画案例如图5-3-1所示。

二、知识点拨

本案例介绍了制作MV动画的基本过程。在制作过程中，学习了如何使用外部音乐、图像素材，如何协调歌词、音乐以及场景的变化等知识。

特别注意：在制作前，一定要将声音文件的属性设置为“数据流”。

图5-3-1 MV动画剧照

三、制作步骤

在制作MV动画之前，根据制作方所提供的内容和要求，共同讨论MV动画的风格类型，确定影片的受众群体。根据所提供的歌曲或歌词，便可以罗列一个提纲，把影片的中心内容总结出来，并设计好中间剧情和一些特殊效果。

一般情况下，制作方会提供一些与音乐内容相关的素材以供选择。我们也应该准备一些常用素材，并使用图像处理软件对其进行优化处理。最后，根据确定好的方案，便可以着手制作了。

（1）新建Flash文档。设置尺寸为550×400px，帧频为12fps，背景颜色为#FFFFFF，如图5-3-2所示。

图5-3-2 设置影片文档属性

（2）选择【文件】—【导入】—【导入到库】命令，将“声音”文件及“图片”素材导入到“库”中。

（3）将“图层1”命名为“银幕下”。在工具面板中选择“矩形工具”，取消笔触颜色，填充颜色为#000000，在该图层的第1帧处绘制一个矩形，宽为550px、高为200 px，如图5-3-3所示。

图5-3-3 绘制下银幕

（4）选择该图层的第31帧并插入“关键帧”，选中该元件，打开“属性”面板，将“矩形”元件设置宽为550px、高为100px，如图5-3-4所示。

图5-3-4 调整下银幕的宽度

（5）选中该图层的第1帧和第31帧之间的任意帧，在“属性”面板中，创建补间“形状”动画，如图5-3-5所示。

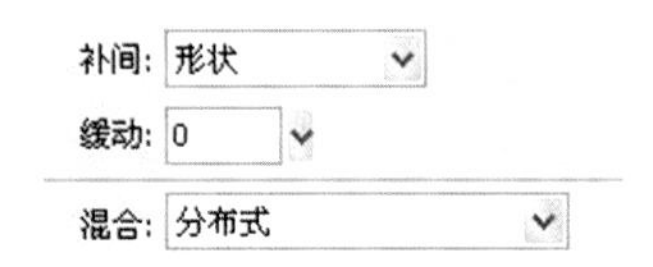

图5-3-5 创建补间形状动画

（6）新建“图层2”，将其命名为“银幕上”。用同样的方法，创建另一个补间“形状”动画，如图5-3-6所示。

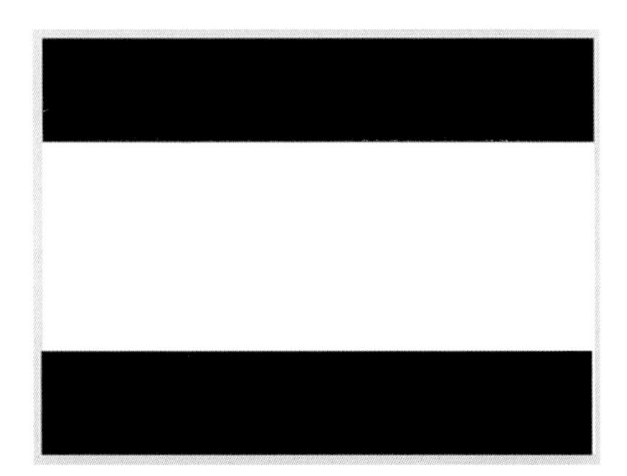

图5-3-6 场景中完成银幕绘制

（7）新建“图层3”，将其命名为“音乐层”，选中该层的第32帧，打开“库”面板，将音乐“卓玛”文件拖到“音乐层”，并在该层的第1850帧“插入普通帧”。

（8）分别在“银幕上”和“银幕下”这两层的第1850帧处“插入帧”。

（9）选择“音乐层”，打开“属性”面板，选择“同步”下拉列表为“数据流”，如图5-3-7所示。

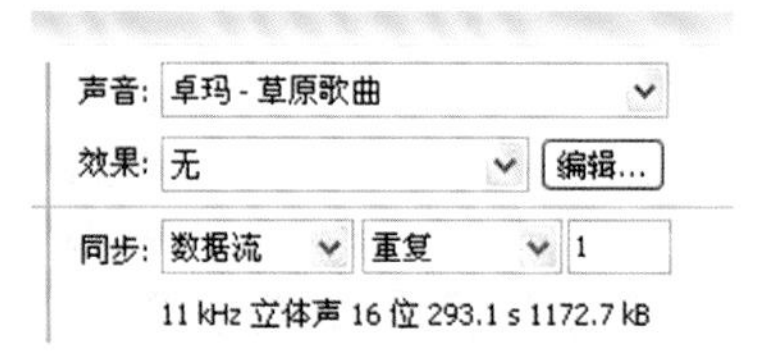

图5-3-7 导入音乐并调整音效属性

（10）新建一层，将该图层命名为“歌词”。在该图层的第106帧、149帧、270帧、321帧、370帧、430帧、504帧、612帧、722帧、768帧、817帧、864帧、917帧、971帧、1019帧、1067帧、1131帧、1243帧、1337帧、1388帧、1436帧、1489帧、1543帧、1648帧、1744帧处“插入空白关键帧”。

（11）选择“歌词”图层的第106帧，在工具面板中选择“矩形工具”，取消笔触颜色，填充颜色为#FFFFFF，然后绘制三个大小不一致的“矩形”，并将三个矩形分别转化为图形元件，如图5-3-8所示。

图5-3-8 绘制大小不同的矩形

（12）选择“文本工具”，在“属性”面板中，选择字体为宋体，大小为49，颜色为#FFFFFF，如图5-3-9所示。

图5-3-9 设置文字的属性

（13）输入第一句歌词“草原的风”，选择歌词文本，按Ctrl+B键，将文本打散。分别将打散的字“转化为元件”，类型为“图形”，如图5-3-10所示。

图5-3-10 输入歌词并转换元件

（14）选中第106帧所有实例，选择【修改】—【转化为元件】命令，类型为“图形”，名称为“歌词1”，如图5-3-11所示。

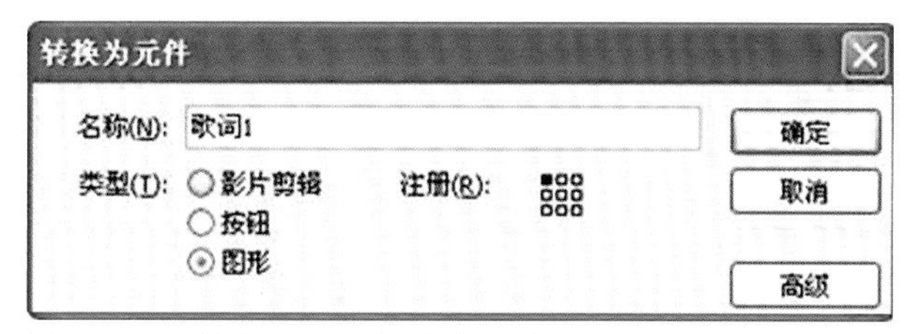

图5-3-11 转换图形元件“歌词1”

（15）进入元件“歌词1”的编辑区，新建“图层2”，将“图层1”的实例全部复制到“图层2”中，分别在“图层1”和“图层2”的第43帧处“插入帧”，并锁定“图层1”，如图5-3-12所示。

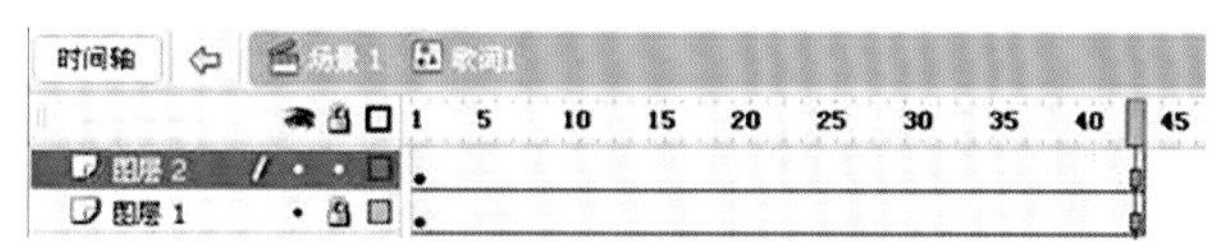

图5-3-12 元件中的图层分布

（16）选择“图层2”的所有内容，点击鼠标右键，选择“分散到图层”，并排列好图层的顺序，删除“图层2”，如图5-3-13所示。

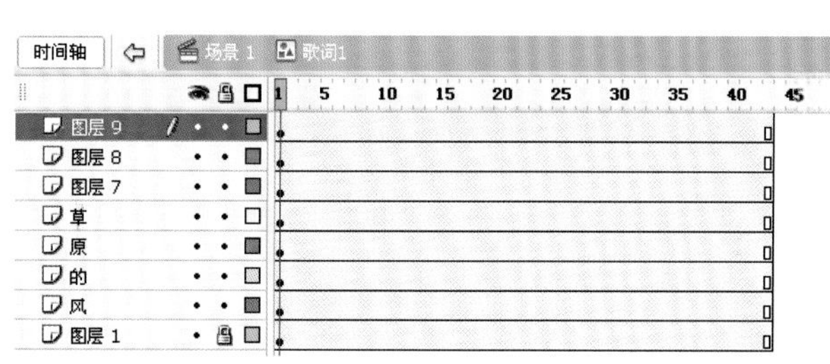

图5-3-13 在元件中分散图层

（17）以5帧的距离，将各图层中的帧调整好，如图5-3-14所示。

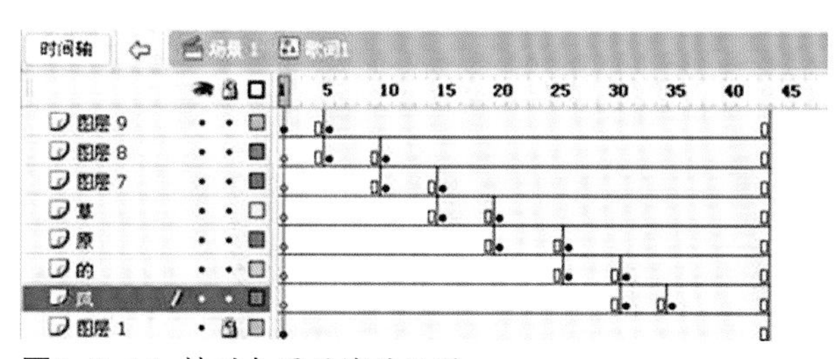

图5-3-14 排列各图层帧的位置

（18）分别选中图层9的第5帧、图层8的第10帧、图层7的第15帧，打开其“属性”面板，选择颜色为“色调”，Red值为“255”，如图5-3-15所示。

图5-3-15 设置元件色调调整值

（19）分别在“图层9”的第1帧与第5帧、“图层8”的第5帧与第10帧、“图层7”的第10帧与第15帧之间“创建补间动画”，如图5-3-16所示。

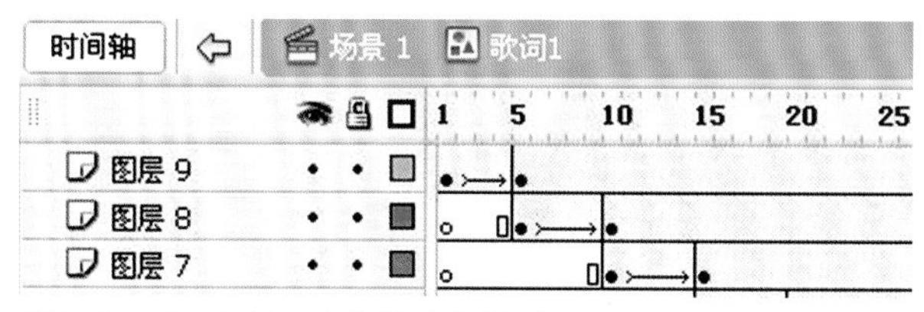

图5-3-16 创建图层中帧的补间动画

（20）选择“草”图层的第20帧、“原”图层的25帧、“的”图层的第30帧、“风”图层的第35帧，打开“属性”面板，选择颜色为“色调”，Blue值为“255”，如图5-3-17所示。

图5-3-17 设置元件色调数值

（21）分别在“草”图层的第15帧与第20帧、“原”图层的第20帧与第25帧、“的”图层的第25帧与第30帧、“风”图层的第30帧与第35帧之间“创建补间动画”，如图5-3-18所示，完成后返回场景。

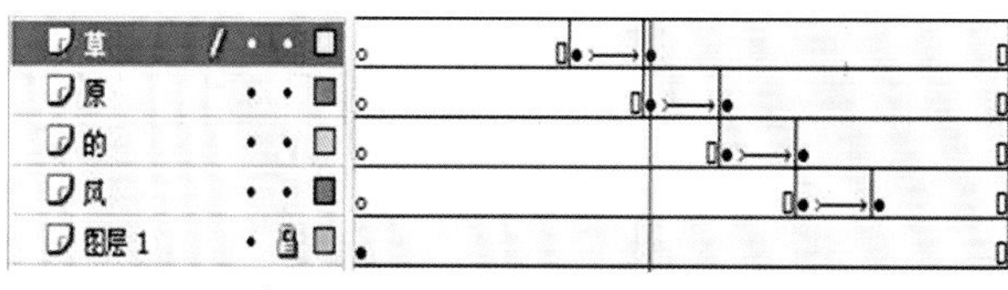

图5-3-18 创建补间动画并返回场景

（22）在场景中新建图层，将其命名为“正片”，在“正片”图层的第32帧处插入“空白关键帧”。选择“文本”工具，在合适的位置输入片名、作曲及演唱内容，如图5-3-19所示。

图5-3-19 在场景中输入影片名称

（23）选择文字，选择【修改】—【转化为图形元件】命令，类型为“图形”，名称为“片头”，如图5-3-20所示。

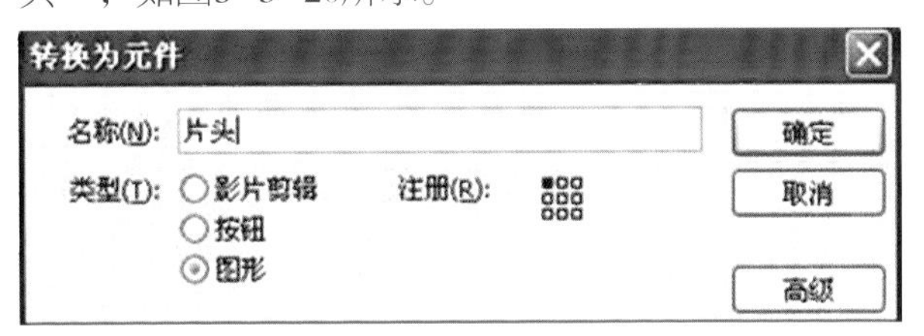

图5-3-20 创建片头的图形元件

（24）进入元件编辑区。选中“文字”，点击鼠标右键，选择“分散到图层”，并在两个图层的第75帧处“插入帧”。

（25）新建“图层2”，将该图层放置到“卓玛”图层的下面，选择“矩形工具”，取消笔触颜色，填充颜色为“线性渐变色”的最后一项。在“图层2”的第一帧处绘制一个“矩形”，如图5-3-21所示。

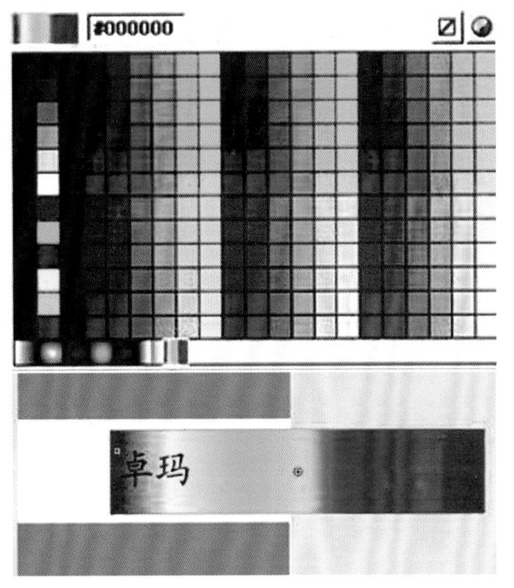

图5-3-21 制作彩色色条

（26）分别在“图层2”的第30帧和第65帧处“插入关键帧”，如图5-3-22所示。

第30帧的位置

第65帧的位置

图5-3-22 调整彩色的位置

（27）分别在“图层1”的第1帧与第30帧、第30帧与第60帧之间“创建动画补间”。

（28）选择“卓玛”图层，按鼠标右键，选择【遮罩层】命令，创建遮罩动画，如图5-3-23所示。

图5-3-23 遮罩层的效果

（29）新建“图层3”，将该图层放置在“作曲”图层的下面，如图5-3-24所示。

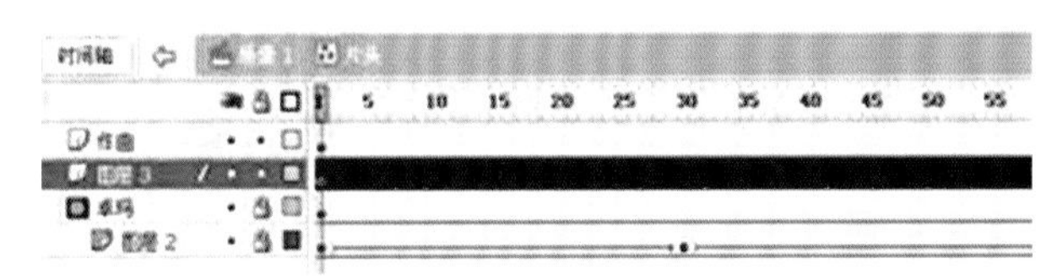

图5-3-24 新建作曲图层

（30）用同样的方法，制作作曲和演唱的“彩色文字”动画效果，如图5-3-25所示。完成后返回场景。

图5-3-25 制作片头

（31）在场景中，在“正片”图层的第49帧、第90帧和第105帧处分别“插入关键帧”。

（32）选择“正片”图层中第32帧的元件，打开“属性”面板，选择颜色为“Alpha”，值为“0%”；选中第105帧的元件，打开“属性”面板，选择颜色为“亮度”，值为“100%”。最后，在第32帧与第49帧、第90帧与第105帧之间“创建补间动画”。

（33）在“正片”图层的第106帧处“插入空白关键帧”。打开“库”面板，将“布达拉宫”图片拖到场景，设置图片的尺寸为550×400px，如图5-3-26所示。然后选择该图，选择【修改】—【转化为元件】命令，类型为“影片剪辑”，名称为“图1”。

图5-3-26 调入素材并调整位置

（34）再次选中“图1”元件。选择【修改】—【转化为元件】命令，类型为“图形”，名称为“SC—01”，选择“确定”按钮，如图5-3-27所示。

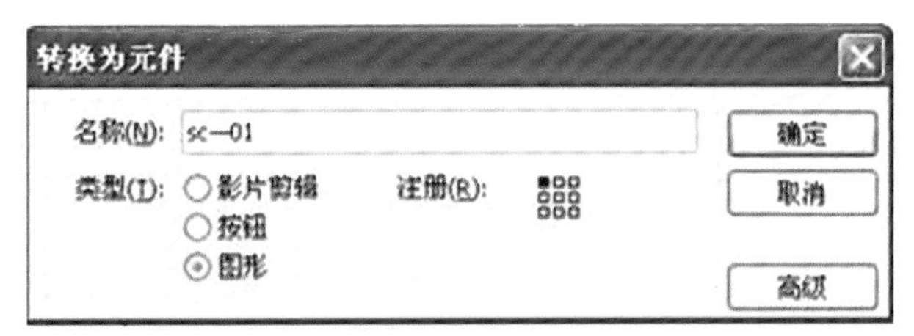

图5-3-27 新建镜头01图形元件

（35）选择“SC—01”元件，进入元件编辑区内。在“图层1”的第60帧处“插入帧”，第30帧处“插入关键帧”，选择第一帧，打开“属性”面板，设置该帧元件的宽为825 px，宽为600px，X和Y都为0，如图5-3-28所示。

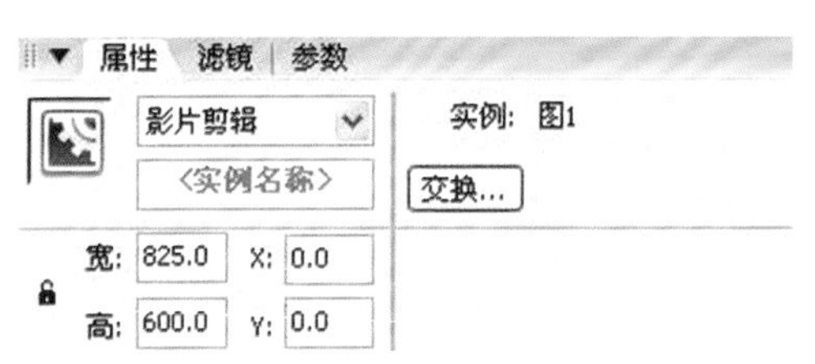

图5-3-28 设置元件的属性大小

（36）选择“图层1”中的第1帧与第30帧之间的任意一帧，创建补间“动画”。

（37）在“图层1”的第50帧、第60帧处“插入关键帧”，选择第60帧的元件，选择“滤镜”面板，点击“+”按钮，添加“模糊”命令，分别设置X、Y为100。

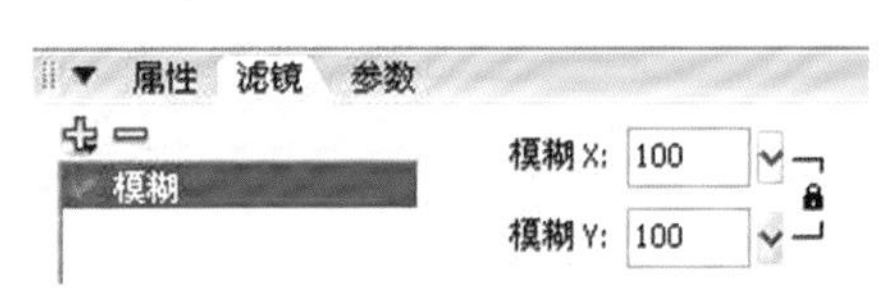

图5-3-29 设置元件的滤镜模糊数值

（38）再次选中第60帧，打开“属性”面板，选择该元件的颜色为“亮度”，值为“100%”。如图5-3-30所示。

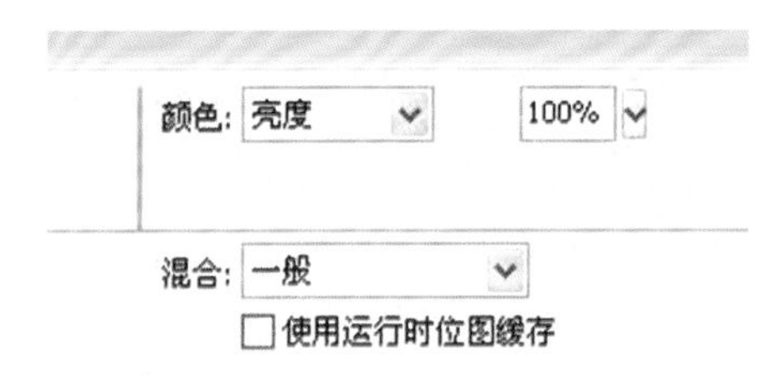

图5-3-30 设置元件的亮度数值

（39）选择第50帧与第60帧之间的任意一帧，创建补间“动画”，如图5-3-31所示。

图5-3-31 创建动画补间效果

（40）用“SC—01”元件和“歌词1”元件的制作方法，设计其他镜头和歌词的内容。

（41）选择【文件】—【保存】命令，文件名为“MV”。

（42）再新建一个Flash文档，并设置尺寸为550×400px，帧频为12fps，背景颜色为#FFFFFF。

（43）在“工具栏”中，选择“文本工具”，在舞台中央绘制一个文本框，如图5-3-32所示。

图5-3-32 在舞台中绘制文本框

（44）选择绘制好的文本框，打开“属性”面板，将文本框属性选择为“动态文本”，变量命名为“bfb”，如图5-3-33所示。

图5-3-33 设置文本属性为动态文本

（45）选择【插入】—【新建元件】命令，类型为“影片剪辑”，名称为“loading”，如图5-3-34所示。

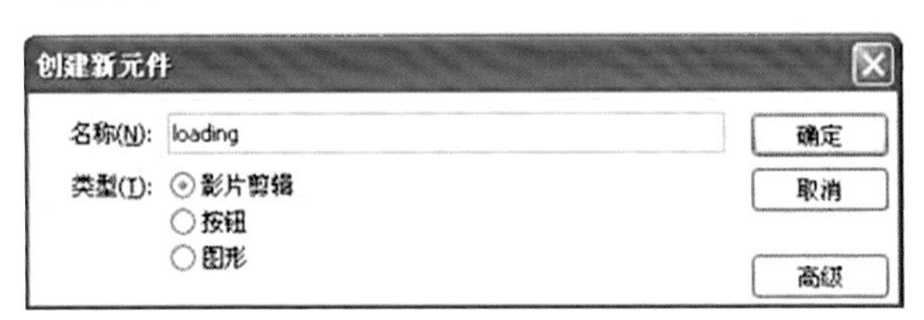

图5-3-34 创建loading影片元件

（46）选择“loading”元件，进入元件编辑区内。选择“矩形工具”，笔触颜色为#000000，取消填充颜色，激活对象绘制按钮，在舞台绘制一个“矩形”，如图5-3-35所示。

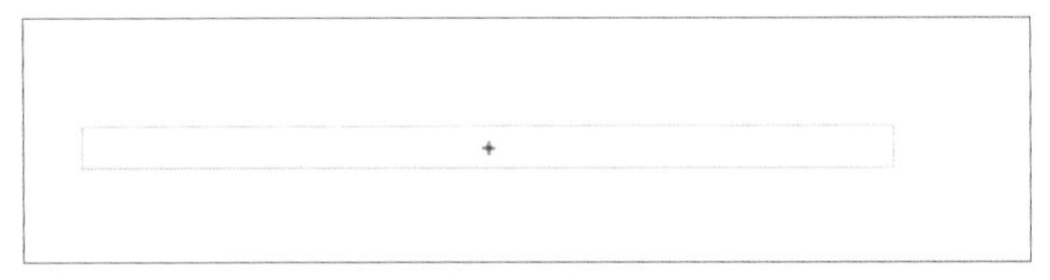

图5-3-35 绘制loading 动画区域

（47）在“图层1”的第100帧处“插入普通帧”。新建“图层2”，将该图层放置在“图层1”的上面。选择“图层1”中的矩形，按鼠标右键，选择“复制”，点击“图层2”的第1帧，按鼠标右键，选择“粘贴到当前位置”，如图5-3-36所示。

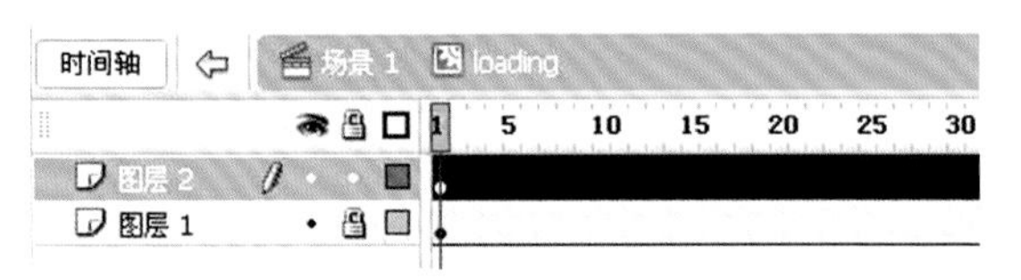

图5-3-36 新建图层、复制并粘贴图形

（48）在“图层2”的第一帧，在“工具栏”中，选择填充颜色为#FF0000，如图5-3-37所示。

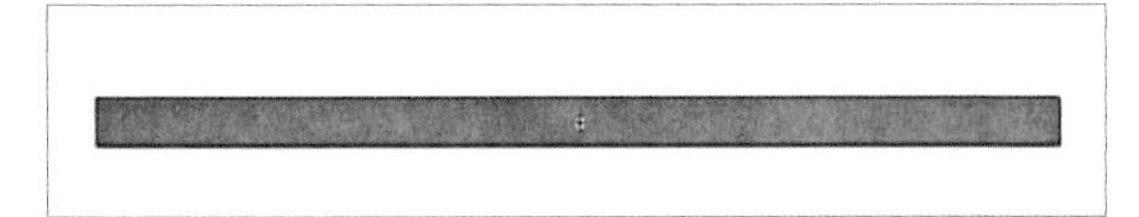

图5-3-37 设置loading的颜色

（49）在“图层2”的“第100帧处”插入关键帧，然后选择“图层1”的第1帧，打开“属性”面板，设置第1帧元件的宽为1，如图5-3-38所示。

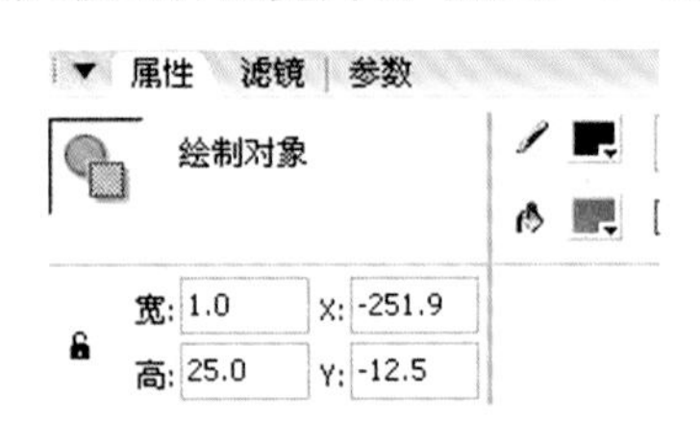

图5-3-38 设置元件的属性大小

（50）选择“图层2”的第1帧与第100帧之间的任意一帧，打开“属性”面板，设置为补间“形状”动画，如图5-3-39所示。

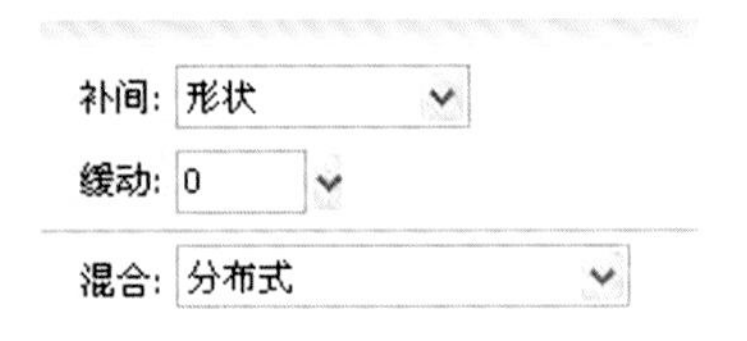

图5-3-39 创建形状补间动画

（51）选中“图层2”的第一帧，在“动作”面板中，选择【全局函数】—【时间轴控制】文件夹，双击“stop”动作，将该动作增加到“脚本编辑区”中，完成后返回到场景，如图5-3-40所示。

图5-3-40 输入停止代码

（52）在场景中，打开“库”面板，将“loading”元件拖到场景，如图5-3-41所示。

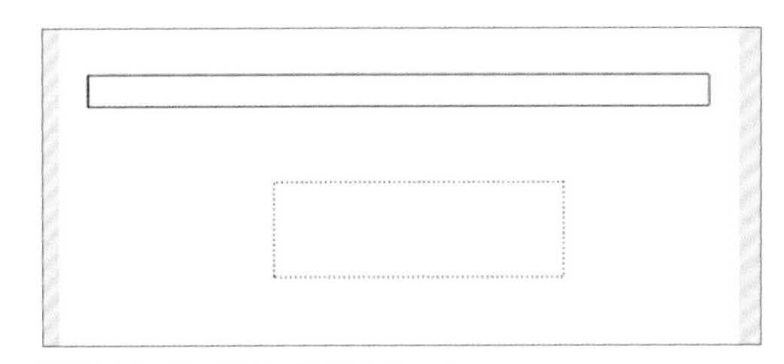

图5-3-41 场景中调入loading

（53）在“图层1”的第3帧处“插入帧”，并新建“图层2”，如图5-3-42所示。

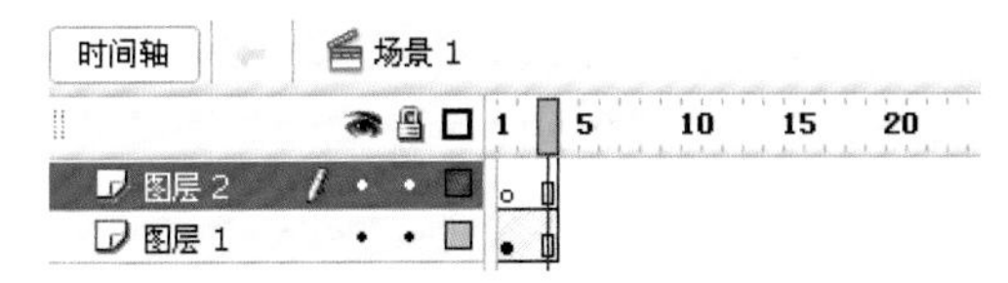

图5-3-42 在场景中新建图层

（54）选择“loading”元件，打开“属性”面板，输入名称“mc”，如图5-3-43所示。

图5-3-43 设置影片剪辑元件loading的属性名称

（55）在“图层2”的第2帧处“插入空白关键帧”，打开“动作”面板，在“脚本编辑区”依次输入代码，完成后返回到场景，如图5-3-44所示。

```
1 yxz=_root.getBytesLoaded();
2 zxz=_root.getBytesTotal();
3 bfb=int(yxz/zxz*100)+"%"
4 mc.gotoAndStop(int(yxz/zxz*100));
5
```

图5-3-44 第2帧输入的动作代码

（56）在“图层2”的第3帧处“插入空白关键帧”，打开“动作”面板，在“脚本编辑区”依次输入代码，如图5-3-45所示，完成后返回到场景。

```
1 if (yxz==zxz) {
2     gotoAndPlay(4);
3 } else {
4     gotoAndPlay(1);
5
6 }
```

图5-3-45 第3帧输入的动作代码

（57）选择【文件】—【保存】命令，保存文件。

（58）打开“mv动画制作”文件，如图5-3-46所示。

图5-3-46 打开MV动画制作文件

（59）在文件“mv动画制作”中，选择【窗口】—【其他面板】—【场景】命令，弹出如图5-3-47所示的窗口。

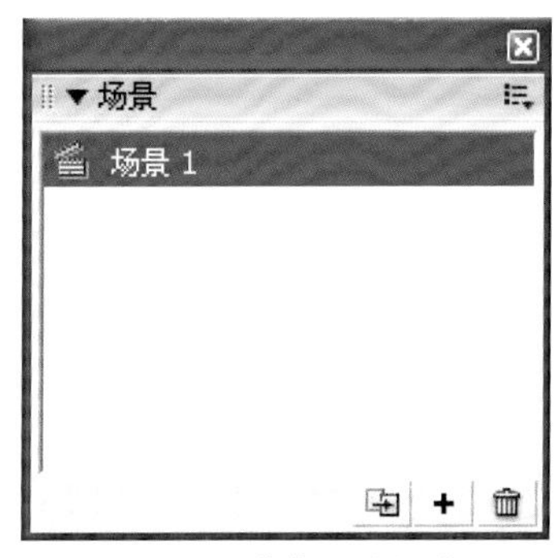

图5-3-47 场景窗口的场景1

（60）在该弹出窗口中，点击“+”按钮，添加场景，并将新建的“场景2”拖到“场景1”的上面，如图5-3-48所示，完成后关闭窗口。

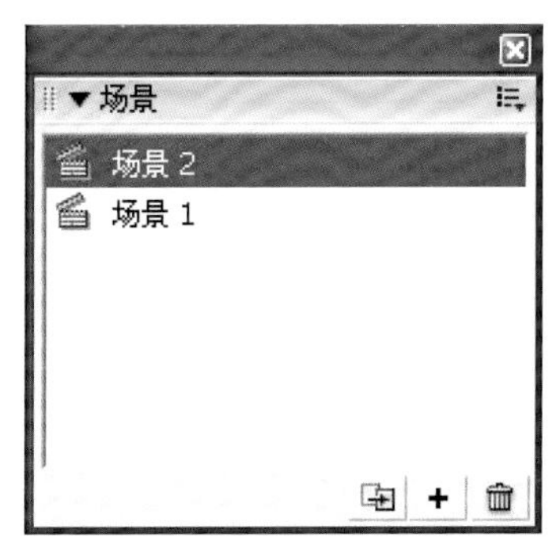

图5-3-48 调整场景窗口中场景1和场景2的位置

（61）打开“loading”文件，复制文件中的所有帧，返回到“mv动画制作”文件中，打开新建的“场景2”，粘贴到“场景2”中，如图5-3-49所示。

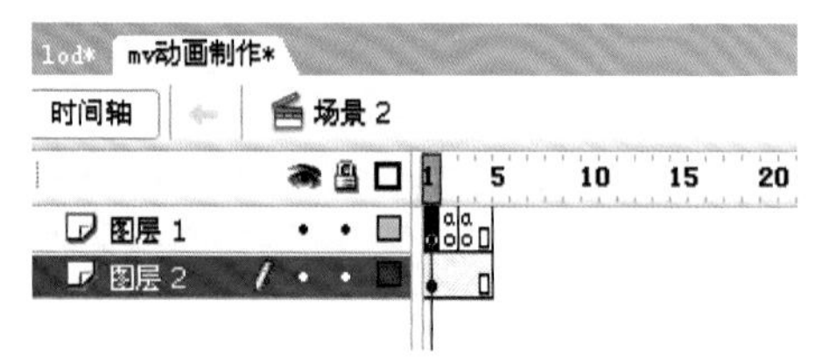

图5-3-49 场景2中时间轴的分布

（62）选择【文件】—【保存】命令，保存文件。按Ctrl+Enter键，对《卓玛》MV动画进行测试。

第四节 FLASH动画片

Flash动画设计师在一部动画的制作中担负着重要的创作任务，是每个角色动作的设计者。他不但要具有绘画和表演的才能，更重要的是必须熟练掌握动画设计的技法和Flash软件的技术，才能胜任这项复杂而又繁重的工作。现在通过某动画公司制作的大型Flash动画《晶码战士》的商业案例来学习Flash动画片的动画设计技巧和方法。

一、研读动画分镜头台本

导演的分镜头台本是摄制Flash动画片各道工序的工作蓝本。在设计动作前，首先要仔细研读动画分镜头台本，了解影片主题、故事情节、角色性格、艺术风格和镜头处理等，对每一场戏、每一个角色的创作意图有一个全面的认识，然后对所分配的任务进行认真思考，设计出一套比较理想的动画设计，如图5-4-1所示。

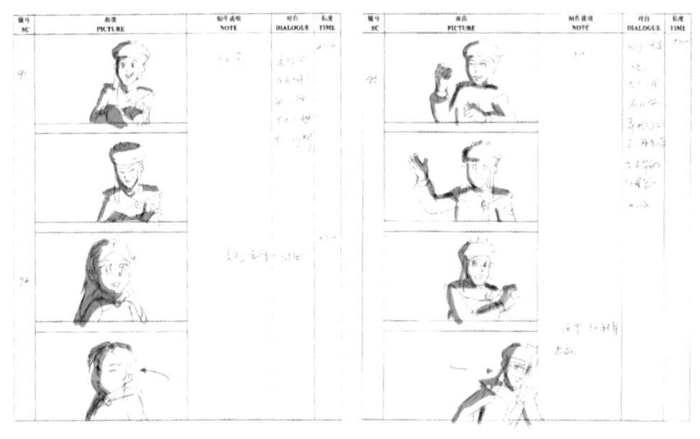

图5-4-1 动画分镜头台本

二、熟悉美术设计和角色性格

动画的场景设计是塑造角色和美术风格的关键。熟悉和理解剧本中角色所处的历史背景、时代特征等，场景设计师会根据剧作内容和导演的整体构思创作出符合要求的场景设计。如图5-4-2所示。

为了准确地设计角色的动作，塑造鲜明的角色形象，首先要熟悉每个角色的造型特点，如角色比例、结构、转面、服饰和局部特征等。影片中的各类角色都具有不同的性格特点，有的刚直、善良；有的活泼、调皮；有的奸诈、凶残等。因此，我们要熟悉和掌握各类角色的不同特征和习惯性动作，才能设计好各类角色的动作特点，如图5-4-3所示。

图5-4-2 动画场景设计

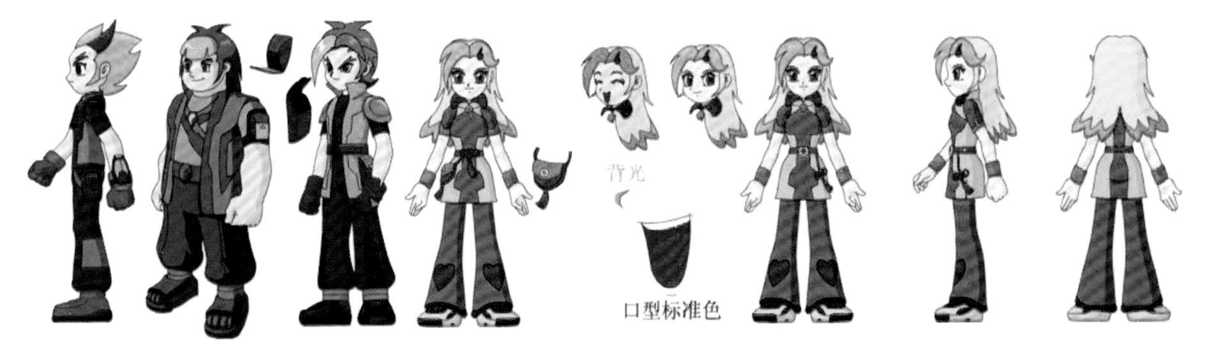

图5-4-3 动画角色造型和色指定

三、动画制作规范和标准要求

根据客户提供的动画的制作规范和制作标准，进行动画设计。其制作规范和制作标准如下：

（1）每帧造型的面要是标准型；

（2）人物视线要明确；

（3）动画画动作要符合动画动作规律，如：快动作要有预备缓冲；慢动作要有加、减动作等；

（4）人物表情及POSE要遵照镜头内容的意图；

（5）镜头与镜头间的视点、POSE、表情及动效要连戏；

（6）动画审核时必须配上通过的背景设计稿；

（7）审核时原画如果应用了设计稿应具体说明；

（8）严格遵守镜头规定的时间，同时应对照分镜头中口型的对白长度；

（9）特殊效果（烟、雾、水等）造型风格要统一，层次要分明（指分层），与人物动作及背景的透视要配合，做特效的原画要分两个层次或者以上；

（10）在两种情况下动画可以修改造型动态：a.动作的POSE不好；b.动作的节奏不好；

（11）原动画以1拍2为基础进行制作；

（12）二三维结合的镜头，原画应该配合三维文件进行制作；

（13）使用Flash8制作，分辨率1280/720、帧频25/秒；

（14）文件名命名：片名编号+镜头编号+制作人名（例如：第五集第36号镜头制作人张三，文件名存为：A005-036-张三）

四、Flash动画设计

通过对分镜头台本的把握，动画设计师下一步的任务就是按分镜头台本的要求，设计原动画。下面通过SC—92的制作来学习Flash动画的制作步骤及方法。分镜头台本所提供的信息为：画面是美柯的两个关键姿势；文字是“美柯嘟嘴：讨厌”；时间是2秒，如图5-4-4所示。

（1）新建Flash文档。

设置尺寸为1280×720px，帧频为25fps，背景颜色为#FFFFFF，如图5-4-5所示。

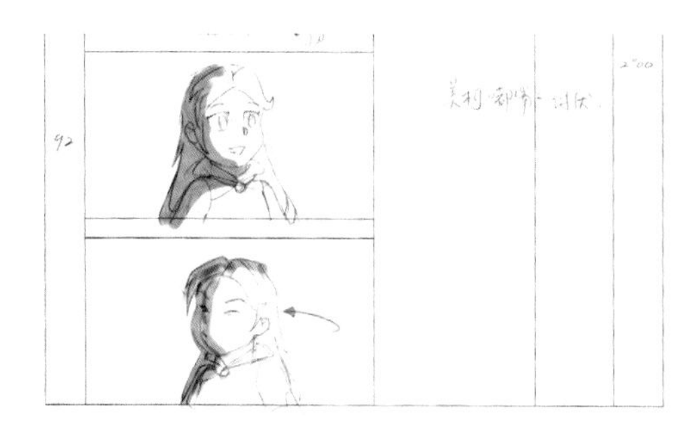

图5-4-4 分镜头角色关键动画帧

图5-4-5 设置影片属性大小

（2）将“图层1”命名为“遮幕”，在工具面板中选择“矩形工具”，取消笔触颜色，填充颜色为#000000，打开对象绘制按钮，在场景四边绘制出遮幕，如图5-4-6所示。

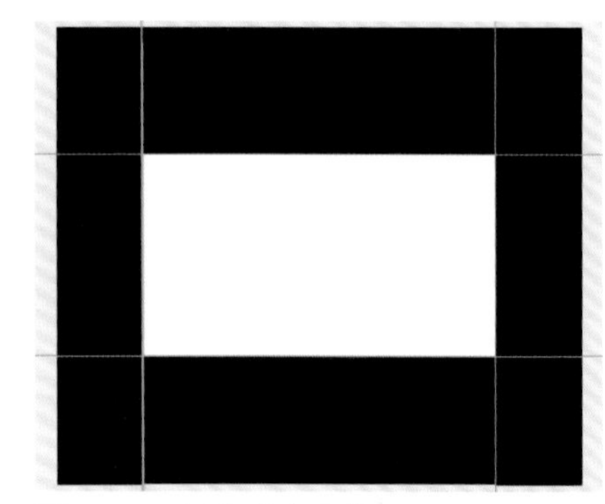

图5-4-6 制作影片遮幕

（3）新建“图层2”，将其命名为“台本”。分别在“遮幕”和“台本”图层的第50帧处“插入关键帧”，并锁定“遮幕”图层，如图5-4-7所示。

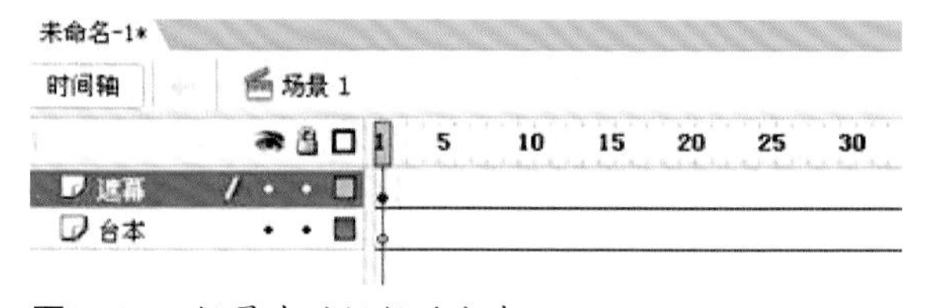

图5-4-7 场景中时间轴的分布

（4）选择图层“台本”，选择【文件】—【导入】—【导入到舞台】命令，将分镜头台本“SC—92”导入到舞台，使用“任意变形工具”，按Shift键，将“SC—92”的第一个关键姿势同比例缩放，并调整到合适的大小，如图5-4-8所示。

图5-4-8 导入台本pose1调整大小位置

（5）在图层“台本”的第35帧处“插入关键帧”，将“SC—92”的第二个关键姿势同比例缩放，并调整到合适的大小，如图5-4-9所示。

图5-4-9 导入台本pose2调整大小位置

（6）选择图层“台本”，新建图层，将其命名为“动画”，并放置在“台本”上面，如图5-4-10所示。

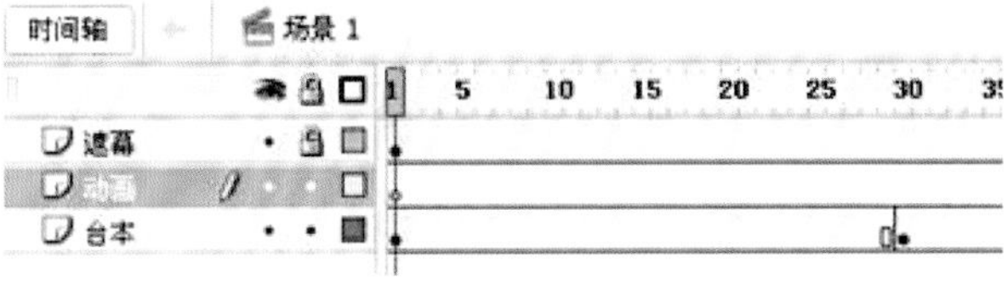

图5-4-10 在场景中新建动画层

（7）打开“美柯”的造型库，找到比较合适的造型，放置在图层“动画”的第一帧。并用“任意变形工具”调整其位置，如图5-4-11所示。

图5-4-11 调出造型调整位置大小

（8）选择“动画”图层的第一帧，按F8键，将对象转化为“图形”元件，名称为“动画”，如图5-4-12所示。

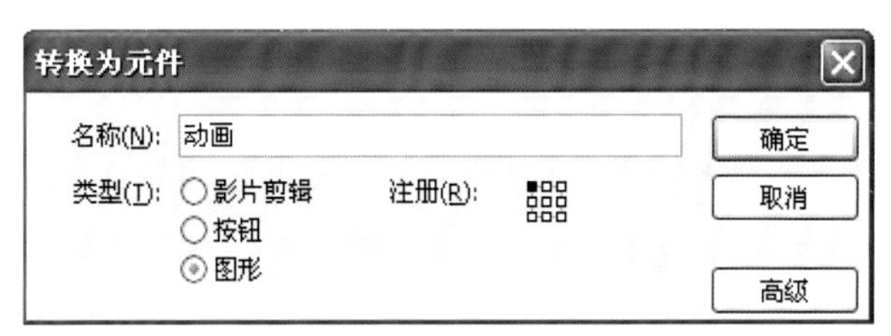

图5-4-12 转换动画图形元件

（9）双击“动画”元件，进入元件的编辑区，在“图层1”的20帧处“插入空白帧”，在“美柯”的造型库中找到适合该动作的元件，并将其粘贴到第20帧处，用“任意变形工具”调整其位置，如图5-4-13所示。

图5-4-13 在元件编辑区调整角色位置及时间轴位置

（10）参考角色转面的运动规律原理，对该镜头进行动画设计，如图5-4-14所示。

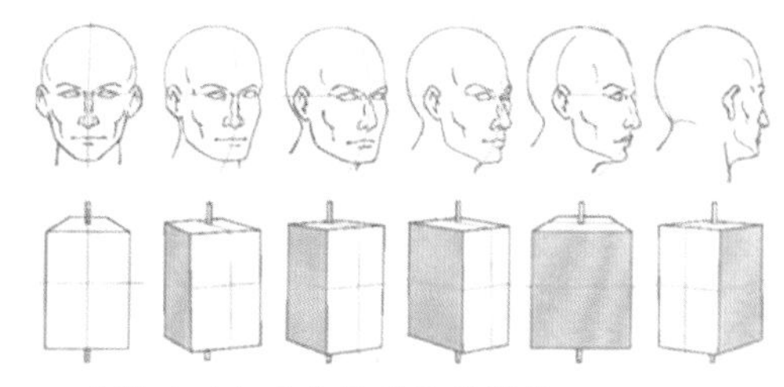
图5-4-14 角色转面运动规律

（11）在做动画之前，首先要确定好动作的“弧形”运动轨迹，如图5-4-15所示。

图5-4-15 角色转面运动轨迹

（12）选择“动画”元件的第20帧，按F8键，将其转化为“图形”元件，名称为“转身”，如图5-4-16所示。

创建新元件

名称(N): 转身 确定

类型(T): 影片剪辑 取消

按钮

图形 高级

图5-4-16 创建转身图形元件

（13）双击“转身”元件，进入元件的编辑区，在第16帧处“插入空白帧”，在“美柯”的造型库中找到适合该动作的元件，并将其粘贴到第16帧处，用“任意变形工具”调整其位置，如图5-4-17所示。

图5-4-17 设置角色关键动作2的位置

（14）在第4帧处“插入空白关键帧”，在“美柯”的造型库中找到适合该动作的元件，并将其粘贴到第4帧处，用“任意变形工具”调整其位置，如图5-4-18所示。

图5-4-18 设置角色转面的中间动作

（15）在第7帧处“插入空白关键帧”，在“美柯”的造型库中找到适合该动作的元件，并将其粘贴到第7帧处，用“任意变形工具”调整其位置，如图5-4-19所示。

图5-4-19 角色转面的预备动作

（16）在第10帧处插入空白关键帧，在“美柯”的造型库中找到适合该动作的元件，并将其粘贴到第10帧处，用“任意变形工具”调整其位置，如图5-4-20所示。

图5-4-20 角色转面的过程动作

（17）在第13帧处插入空白关键帧，在“美柯”的造型库中找到适合该动作的元件，并将其粘贴到第13帧处，用“任意变形工具”调整其位置，如图5-4-21所示。

图5-4-21 角色转面的缓冲动作

（18）此时的时间轴如图5-4-22所示。

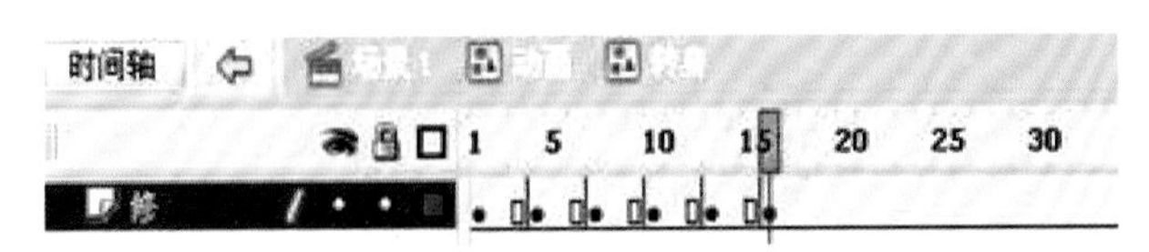

图5-4-22 时间轴关键帧分布

（19）选择第16帧的眼睛和嘴巴，按F8键，将其转化为“图形”元件，名称为“五官”，如图5-4-23所示。

图5-4-23 转换角色五官图形元件

（20）双击“五官”元件，在元件编辑区内，将对象分散到各图层。在第35帧处“插入帧”，如图5-4-24所示。

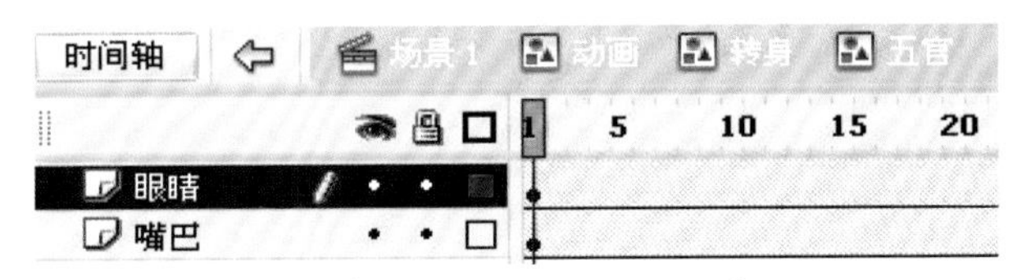

图5-4-24 角色五官元件中帧与图层的分布

（21）在图层“眼睛”的第3帧和第5帧处“插入关键帧”，分别设计眼睛的“半闭眼”和“全闭眼”，如图5-4-25所示。

图5-4-25 设计角色眼睛的动画

（22）返回到“动画”元件，双击角色，直至到“头部”的元件编辑区，如图5-4-26所示。

图5-4-26 “头部”的元件编辑区

（23）按F8键，将五官转化为“图形”元件，名称为“四分之三五官”，如图5-4-27所示。

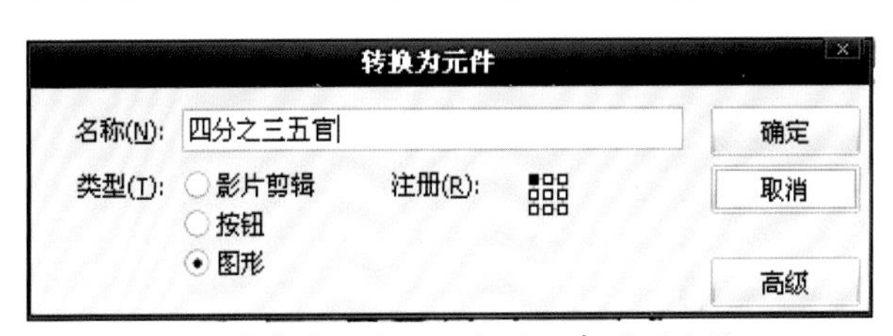

图5-4-27 新建角色四分之三侧的五官图形元件

（24）双击“四分之三五官”元件，进入到该元件的编辑区，分散到各图层，锁定“眼睛”图层，在“嘴巴”图层的第4、8、12、16帧处“插入空白关键帧”，并按造型库的要求设计出4个口型，如图5-4-28所示。

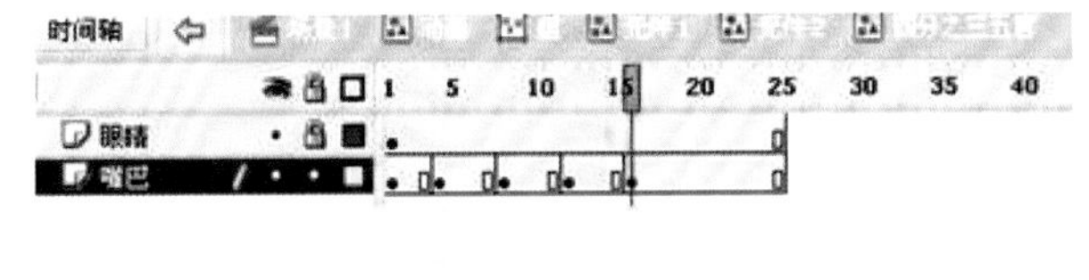

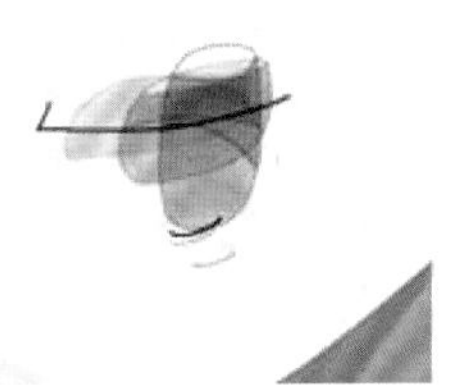

图5-4-28 制作角色口型动画

（25）返回到场景，选择【控制】—【测试影片】命令，测试“SC—92”。选择【文件】—【另存为】命令，保存“SC—92”文件。此时，镜头“SC—92”就制作完成了。

如果要制作高质量的Flash动画特效，可以在AE（After Effects）中添加效果。将需要做特效的动画镜头重新在Flash软件中打开，选择【文件】—【导出】—【导出影片】命令，保存类型为“PNG序列文件（*.png）”。导出PNG序列帧文件并导入到AE中做特效。

通过Flash动画商业案例的制作和分析，会发现除了动画制作的具体内容不同以外，其动画制作的本质都是相同的。因此，不管是Flash动画初学者还是传统动画设计者，都需要熟练地掌握动画的技术和艺术，这样，才能设计出优秀的Flash动画作品。

参 考 文 献

[1] 张骏. 动画技术基础[M]. 北京：高等教育出版社，2009.

[2] 智丰工作室. Flash CS5动画设计宝典[M]. 北京：清华大学出版社，2011.

[3] [美]弗兰克·托马斯，奥利·约翰斯顿. 生命的幻象： 迪斯尼动画造型设计[M]. 北京：中国青年出版社，2011.

[4] [英]理查德·威廉姆斯. 原动画基础教程： 动画人的生存手册[M].北京：中国青年出版社，2006.

[5] 吴云初. 动画技法实例[M].上海：上海交通大学出版社，2011.

[6] 杨文广. 神匠：中文版Flash8动画设计技法轻松全掌握[M]. 上海：上海科学普及出版社，2007.

[7] 孙立军，张凡. Flash动画基础与范例教程[M].北京：机械工业出版社，2007.